『软件开发·名师讲坛』

Python 编程
从入门到实践
微课 视频版

沐言科技　李兴华　著

中国水利水电出版社
www.waterpub.com.cn
·北京·

内 容 提 要

《Python 编程从入门到实践（微课视频版）》是一本系统讲解 Python 完整编程语法和实战开发应用的程序设计图书。全书分为三篇，基础篇讲解了 Python 的语言特点、开发环境搭建、基础语法、程序逻辑结构、序列、函数、模块、PyCharm 开发工具等内容；进阶篇分析了类与对象、继承与多态、异常处理、程序结构扩展等内容；实践篇详解了并发编程、IO 编程、图形界面等编程的开发应用。本书知识体系详尽全面，实例丰富，基础知识的讲解辅以大量图文解析，实例代码均给出了详细注释，帮助读者迅速领悟编程思想和掌握编程的核心知识，快速提高 Python 程序开发的实战技能。另外，本书对关键知识点设置了"提示""提问""注意"等模块，可帮助读者扫除知识盲点，快速掌握编程开发精髓与技术难点。

《Python 编程从入门到实践（微课视频版）》也是一本视频版教程，全书包含 148 集 1780 分钟的教材同步教学视频，赠送所有实例的源码文件，跟着视频边看边操作，学习效率更高。另外，本书赠送 PPT 课件和拓展项目实战资源，并提供 QQ、微博等在线交流与答疑服务，方便教师教学与读者自学。

《Python 编程从入门到实践（微课视频版）》适合 Python 从入门到精通各层次的读者，既可作为应用型高等院校以及培训机构相关专业的教材，又可作为技术爱好者的学习资料，还可作为程序员的工作参考手册。

图书在版编目（C I P）数据

Python编程从入门到实践 ：微课视频版 / 李兴华著.

-- 北京：中国水利水电出版社，2021.2

ISBN 978-7-5170-9390-9

Ⅰ . ①P… Ⅱ . ①李… Ⅲ . ①软件工具－程序设计

Ⅳ . ①TP311.561

中国版本图书馆 CIP 数据核字 (2021) 第 010510 号

书　　名	Python 编程从入门到实践（微课视频版） Python BIANCHENG CONG RUMEN DAO SHIJIAN
作　　者	沐言科技　李兴华　著
出版发行	中国水利水电出版社 （北京市海淀区玉渊潭南路 1 号 D 座　100038） 网址：www.waterpub.com.cn E-mail：zhiboshangshu@163.com 电话：（010）62572966-2205/2266/2201（营销中心）
经　　售	北京科水图书销售中心（零售） 电话：（010）88383994、63202643、68545874 全国各地新华书店和相关出版物销售网点
排　　版	北京智博尚书文化传媒有限公司
印　　刷	北京天颖印刷有限公司
规　　格	148mm×210mm　32 开本　10.25 印张　401 千字
版　　次	2021 年 2 月第 1 版　2021 年 2 月第 1 次印刷
印　　数	0001—8000 册
定　　价	69.80 元

前　言

时光的年轮定格在 2021 年。在过去的一年里，发生了很多事，不幸的、幸运的……如雪片般纷至沓来，又飘落至渺茫人间。2020 年，幸运的你，学习了吗？如果没有，2021 年，我们继续等你，赶快乘坐科技的飞船，一起遨游科技时代的高空，揽世间万象，搏科技之巅！

Python，这门简洁易学的编程语言，在人类探索未来科技的道路上披荆斩棘、独占鳌头。它紧跟时代的发展趋势，顺应科学技术、大数据、区块链和人工智能等新技术的发展潮流，成为时代之巅的编程语言。

本书将详细讲解 Python 语言的编程语法和实例应用，以实用为主，力求在掌握 Python 编程语言的基础上进行大量的实战演练与开发应用，强化动手能力，展示 Python 语言的编程魅力。

本书显著特色

立体化教学：同步视频+纸质教材+知识拓展

本书每个章节都录制了同步教学视频，即 148 集 1780 分钟的同步教学视频。用手机微信扫一扫二维码，或者通过计算机下载视频后观看，学习效果好、上手快、效率高。

实战式学习：全程实例讲解+源码分析+开发工具+实战演练

本书为作者多年教学与软件开发经验的总结，编写模式采用"基础知识+实例演示+技巧提示"的形式讲解，实例的讲解均配备了详细的代码分析，对关键知识点设置了技巧提示与问答栏目，帮助读者透彻领悟编程思想，快速掌握编程的核心知识和开发精髓。另外，每章均赠送电子版项目实战演练，赠送全书实例源码和项目实战源码，提供开发工具包，读者下载后可进行实战演练与对比学习，体验编程乐趣。

一站式服务：资源下载+在线交流+技术答疑

本书除了提供相应配套的视频、源文件、课后练习资源外，还赠送 Python 编程开发的纵深拓展的视频教程和实例源码，读者在学完本书内容后可在纵深方向进行拓展学习。

本书提供 QQ 群在线交流与技术答疑，让学习无后顾之忧。

本书还提供 PPT 教学课件，供高校教师授课使用。

读者关注"沐言优拓"的官方网站 http://www.yootk.com，可以获取更多的免费视频课程，也可付费进行更加深入系统的深度学习。

本书资源获取及联系方式

（1）使用手机微信"扫一扫"功能扫描下面的二维码，或在微信公众号中搜索"人人都是程序猿"，关注后输入 PY86868 并发送到公众号后台，获取本书资源的下载链接。将该链接复制到计算机浏览器的地址栏中（一定要复制到计算机浏览器的地址栏中，通过计算机下载，手机不能下载，也不能在线解压，没有解压密码），根据提示下载即可。

（2）加入 QQ 群 786258072（请注意加群时的提示，根据提示加入对应的群），与笔者和广大技术爱好者在线交流学习。

（3）如果你在阅读中发现问题，也欢迎来信指教，来信请发至 zhiboshangshu@163.com，我们看到后将尽快给你回复。

（4）读者也可以扫描下面的微博二维码、抖音二维码和 B 站二维码，关注作者的技术心得、教学总结和最新动态，与作者进行技术交流。

| 微博二维码 | 抖音二维码 | B 站二维码 |

（5）读者还可以扫描下面的"沐言科技"微信小程序二维码，学习本书视频，或关注"沐言优拓"的官方网站 http://www.yootk.com，学习 Java、Oracle、JavaScript、CentOS、Ubuntu 等更多免费的教学视频，也可付费学习更多前沿的编程与实战技术。

微信小程序二维码

致谢

本书能够顺利出版，是作者、编辑和所有审校人员共同努力的结果，在此表示深深的感谢。同时，祝福所有读者在职场一帆风顺。

编　者

目 录

第1篇 基 础 篇

V

第 2 篇　进　阶　篇

第 3 篇　实　践　篇

P

第 1 篇
基 础 篇

第 1 章　走进 Python 的世界

 学习目标

➥ 了解 Python 语言的发展历史；
➥ 理解 Python 语言的特点；
➥ 理解 Python 虚拟机的作用以及 Python 程序可移植性的实现原理；
➥ 掌握 Python 交互式开发环境的使用并可以编写、运行 Python 程序；
➥ 掌握 Python 程序文件的执行操作。

　　Python 是一种简洁并且易于维护的编程语言，随着大数据技术的发展，开发人员可以方便地使用 Python 实现数据分析操作，同时许多国际知名的大学（例如：麻省理工学院、卡耐基梅隆大学）都开始开设基于 Python 程序设计的相关课程，可见，Python 日益重要。本章将讲解 Python 语言的发展历史，并演示 Python 入门程序的开发。

1.1　Python 简介

　　Python 是一门完整的计算机编程语言，基于 C 语言开发实现，并可以调用 C 语言所提供的函数库，从 Python 刚刚诞生开始就拥有了完善的语法结构与程序支持库，Python 与其他语言（如 C、C++和 Java）结合得非常好。Python 在最初时被设计为自动化脚本编写语言，但是随着版本的更新，Python 的功能也更加丰富。在大数据时代，Python 被广泛应用在数据分析与人工智能开发领域。

　　Python 是由一位荷兰的工程师 Guido van Rossum（见图 1-1）在 1989 年设计并开发的。它的产生背景非常有意思，1989 年圣诞节 Guido 最喜欢的电视剧 *Monty Python's Flying Circus*（《蒙提·派森的飞行马戏团》，Monty Python 是英国六人喜剧团体，喜剧界的披头士，如图 1-2 所示为该电视剧的宣传海报）停播，于是在无聊状态下的 Guido 打算设计一门脚本语言，以吸引 UNIX 系统下的 C 程序开发人员。Guido 使用手中的 Mac 计算机，并以 ABC 语言作为设计基础，发扬并继承了 ABC 语言的优点设计出来新的脚本语言，为了纪念 Monty Python 的节目，该脚本语言使用 Python 命名（中文翻译为"蟒蛇"，图标如图 1-3 所示，可以发现图标使用了两条蛇的设计方案）。

提示：Guido van Rossum 简介

1960 年 Guido van Rossum（中文翻译为"吉多·范罗苏姆"）出生在荷兰阿姆斯特丹，并且在那里度过了青少年时光，1982 年 Guido 在阿姆斯特丹大学获得数学和计算机科学硕士学位后进入阿姆斯特丹的国家数学与计算机科学研究学会，并先后在马里兰州 Gaithersburg 国家标准与技术研究院和维珍尼亚州 Reston 的国家创新研究公司工作。

国家级科学研究机构的工作经验带给 Guido 深入应用各种编程语言的机会和严谨的风格。1986 年在荷兰阿姆斯特丹的国家数学与计算机科学研究学会工作时，Guido 为工作中使用的 BSD UNIX 编写了一个 glob() 子程序，并且同时进行 ABC 语言的开发设计工作。

图 1-1 Python 之父 Guido

图 1-2 电视剧海报

图 1-3 Python 图标

提示：Python 与 ABC 语言

ABC 是一种编程语言与编程环境，起源于荷兰科学研究组织（NWO）旗下国家数学与计算机科学研究中心（CWI），最初的设计者为 Leo Geurts、Lambert Meertens 与 Steven Pemberton，旨在替代 BASIC、Pascal 等语言，用于教学及原型软件设计。Python 的开发者 Guido 拥有十年的 ABC 语言开发经验。

ABC 语言不再被广泛使用的原因如下：可拓展性差、非模块化支持、无法进行 IO 操作、学习难度、传播困难、硬件的性能限制。而 Python 语言继承自 ABC 语言，并解决了 ABC 语言的设计问题，同时基于 ABC 语法结构进行开发，Python 的设计哲学是"优雅""明确""简单"。

另外，需要提醒读者的是，从严格意义上来讲，Python 语言除了拥有 ABC 语言的特点之外，实际上也包括 Modula-3、C、C++、Algol-68、SmallTalk、UNIX Shell 脚本语言的优点，可以说 Python 是结合了众多语言后形成的一门新型的脚本语言，如图 1-4 所示。

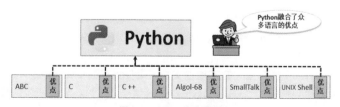
图 1-4 Python 产生背景

2005 年 Guido 加入了 Google，他在 Google 负责 Python 项目的开发并为 Google 的开发人员提供必要的 Python 开发工具，同时也继续主持着 Python 社区的发展和版本开发。

1.2　Python 语言的特点

Python 是一门设计优秀的解释性的编程语言，Python 提供了许多方便开发人员使用的功能，并且随着版本的更新也提供更多更好的支持。下面列举了 Python 语言的一些主要优点。

（1）**Python 语言的语法简单灵活**。相比较其他结构性强的编程语言，Python 对于语法结构的要求较低，这样就给了开发人员带来很大的便利，同时其语法采用直观的英文信息描述，简单易学，初学者不需要花费太多的精力就可以轻松实现 Python 的开发。

（2）**规范化代码**。Python 并没有采用传统的 C、C++、Java 语言的语法结构，而是使用了强制缩进的形式使得程序代码拥有更高的可读性。

（3）**Python 是一个开源项目，免费提供给开发者**。Python 是 FLOSS（自由/开放源码软件）之一，开发者可以方便地获取、修改、发布 Python 的源代码，由于 Python 参与设计的开发人员众多，这使得 Python 可以不断地得到更新与维护。

（4）**Python 是一门面向对象的编程语言**。Python 除了提供面向过程的开发之外，还提供面向对象的开发支持，开发者可以利用面向对象的概念（封装、继承、多态）实现模块化程序开发，可以提高代码的重用性与可维护性，同时采用了比 C++ 或 Java 更为简洁的语法形式。

（5）**可移植性使得程序开发更加容易**。由于 Python 属于开源项目，这样就使得 Python 可以在不进行任何源代码修改的情况下，实现在各个操作系统平台上移植，这些平台包括 Linux、Windows、FreeBSD、Macintosh、Solaris、OS/2、Amiga、AROS、AS/400、BeOS、OS/390、z/OS、Palm OS、QNX、VMS、Psion、Acom RISC OS、VxWorks、PlayStation、Sharp Zaurus、Windows CE，甚至还有 PocketPC、Symbian 以及 Google 基于 Linux 开发的 Android 平台。

（6）**Python 属于解释性的编程语言**。许多高级的编程语言都需要将源代码编译为字节码文件之后才可以在相应的解释器上进行执行，但是 Python 所编写的源代码不需要开发者手工进行编译，只需要将源代码直接保存到运行位置，启动之后就会由 Python 解释器自动编译并运行，这样的运行机制极大地提升了开发与部署效率。

（7）**Python 拥有强大的扩展性支持（组件集成）**。Python 属于"胶水"语言，可以轻松地链接 C、C++、Java 程序，这样就可以将一些底层的代码进行隐藏，同时也可以提升程序的执行效率。

（8）**Python 拥有丰富的开发支持库。**Python 为了方便用户开发提供各种方便的类库支持，如正则表达式、文档生成、单元测试、并发编程、数据库、CGI、FTP、电子邮件、XML、JSON、GUI（图形用户界面）、科学计算、人工智能、机器学习等，开发者只需要调用这些类库就可以轻松地完成各种项目的开发。同时 Python 为了方便开发者进行代码交流，还提供有 pipy 代码发布与管理组件，这样使得全世界的开发者都可以随时共享自己的功能组件。

（9）**Python 拥有良好的并发支持。**Python 程序项目可以充分利用多 CPU 的特点编写并发程序，在 Python 中可以实现多进程、多线程与多协程项目编写，同时提供有各种方便的同步锁支持。

> **注意：不要忽视 Python 的缺点**
>
> Python 设计之初由于吸收了多个编程语言的优点，使得其自身发展非常迅速，但是读者也需要清醒地认识到，Python 并不完美，也存在缺点。下面列举几个 Python 的缺点。
>
> （1）Python 执行速度较慢。Python 没有采用源代码编译为二进制执行文件的方式执行代码，这样在性能上就落后于 C、C++ 这样的语言，甚至比 Java 还要慢，但是这个问题并非无法解决，开发者可以利用 Python 集成的特性，调用底层代码以提升执行效率。
>
> （2）Python 开发版本不兼容。Python 2.x 与 Python 3.x 版本之间的语法变动很大，这样就导致 Python 项目维护的困难，本书将基于 Python 3.x 进行讲解。
>
> （3）全局解释器锁（Global Interpreter Lock，GIL）限制并发。Python 对多处理器的支持并不好，当 Python 程序执行时需要先申请 GIL。这意味着，如果要通过多线程扩展应用程序总会受到 GIL 的限制，为此早期的 Python 开发中提倡采用多进程的编程模式，在后续版本的不断改进中，Python 也将更多地以多协程实现高性能的并发处理，其目的都是解决 GIL 对多线程的限制问题。
>
> （4）Python 代码未进行加密。Python 的所有程序都是基于源代码的方式执行，这样就会导致许多重要的信息直接暴露给其他开发者。

1.3　Python 虚拟机

Python 虚拟机（Python Virtual Machine）是一个由软件和硬件组成的虚拟主机，开发者需要依据 Python 虚拟机的开发语法要求编写 Python 源代码才可以正常执行 Python 程序代码。

计算机高级语言类型主要有编译型和解释型两种，Python 属于解释型的编程语言，即源代码只需要放到 Python 虚拟机上，Python 虚拟机就会自动编译程序并执行。Python 虚拟机的操作流程如图 1-5 所示。

通过图 1-5 所示的 Python 程序执行流程可以发现，在 Python 程序执行时，Python 编译器会自动将源代码编译为字节码 PyCodeObject 文件（后缀名称为

".pyc"），在每一个 PyCodeObject 文件中包含了字节码指令以及程序的所有静态信息，但没有包含程序运行时的执行环境（PyFrameObject），而后 Python 虚拟机将依据给定的指令进行程序的执行。

图 1-5　Python 虚拟机的操作流程

 提问：Python 程序为什么需要编译？

在 1.2 节中讲解过，Python 属于解释型的编程语言，只需要将 Python 程序直接放到 Python 虚拟机上就可以执行，那为什么在执行前又需要进行编译？

 回答：Python 程序执行前的编译是自动完成的。

Python 程序执行时实际上执行的全部都是 Python 的源代码，但是在每次代码执行时都会由 Python 编译器自动将其编译为字节码文件并执行，即 Python 虚拟机上执行的全部都是字节码文件，但是这样的程序执行与编译型语言相比，在每次执行时都需要进行编译与链接过程，性能就会被影响，但是从另外一方面来讲，这样的程序结构也使开发更加简单。

需要注意的是，所有 Python 的字节码文件都保存在磁盘中，当源代码发生变化后都会自动进行重新编译，开发者并不需要关注这些字节码文件。

Python 在开发时遵从 ANSI C 标准编写程序，所以在设计之初就充分考虑了 Python 程序可移植性问题，只要 Python 虚拟机的支持相同，那么 Python 可以在不同的操作系统之间任意移植，如图 1-6 所示。

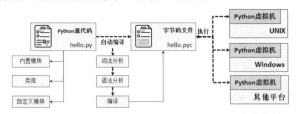

图 1-6　Python 可移植性实现原理

 提示：关于 ANSI C

ANSI C 是由美国国家标准协会（ANSI）及国际标准化组织（ISO）推出的关于 C 语言的标准。大部分的编译器都支持 ANSI C 标准，并且大多数 C 语言程序代码都是在 ANSI C 的基础上编写的，这样就可以保证所编写出来的 C 语言程序代码可以在任何硬件平台上编译成功。

1.4 搭建 Python 开发环境

Python 的程序执行需要编译也需要虚拟机的支持，所以开发者如果要进行 Python 程序的开发就必须使用 Python 的开发工具，此工具可以直接通过 Python 的官方网站（https://www.python.org/）获取，如图 1-7 所示。

图 1-7　Python 官方网站

进入 Python 官方网站后可以在 Downloads 选项卡下根据用户所使用的操作系统下载相应的 Python 开发包。本次将下载 Windows 版本的 Python 开发包，开发版本为 3.7.2，如图 1-8 所示。

图 1-8　下载 Python 开发包

直接双击运行下载的 Python-3.7.2.exe 安装软件，可以打开图 1-9 所示的启动安装界面，选择自定义安装（Customize installation），随后会打开图 1-10 所示的选择安装组件界面，选中 pip 复选框。

图 1-9　启动安装界面

图 1-10　选择安装组件

单击 Next 按钮可以打开如图 1-11 所示的界面，此时询问用户 Python 工具的安装位置，设置完成后单击 Install 按钮启动安装程序，安装成功后系统弹出如图 1-12 所示的界面。

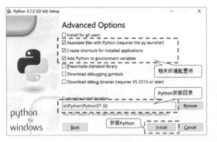 

图 1-11　设置安装环境　　　　　　　　　图 1-12　Python 安装成功

由于 Python 在安装时会自动帮助用户配置相应的 PATH 环境属性，所以用户只需要启动命令行工具，直接输入 python 命令就可以启动如图 1-13 所示的 Python 交互式编程环境。如果要退出，直接输入 quit()即可。操作步骤如下：

直接输出字符串	"沐言优拓：www.yootk.com"
通过函数输出	print("沐言优拓：www.yootk.com")
退出交互式编程环境	quit()

图 1-13　Python 交互式编程环境

 提问：如何进入命令行方式？

如果在 Windows 系统下，如何进入命令行方式呢？

 回答：通过运行输入 cmd 命令即可。

在早期的 Windows 系统中都会在"开始"菜单里提供一个"运行"的功能，但是随着 Windows 版本的更新，此功能很难直接找到，用户可以直接通过"Windows 键"+ R 调用此功能，在命令框中输入 cmd 命令即可进入 Windows 命令行工具，如图 1-14 所示。

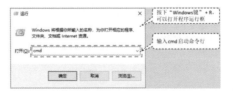

图 1-14　启动命令行

另外，需要提醒的是，如果使用的是 UNIX 或类 UNIX 系统（如 Linux、Mac OS 都是类 UNIX 系统），可以直接利用"终端"进行操作。

在实际开发中除了使用 python 这个核心的命令之外，实际上还需要使用一些 Python 提供的组件脚本，这些脚本的保存路径为 D:\Python\Python37-32\Scripts，建议将此路径配置到系统的环境变量中，在"此电脑"上右击，在弹出的快捷菜单中选择"属性"命令进入属性配置，如图 1-15 所示，随后打开"系统"窗口进行高级系统设置，如图 1-16 所示。

图 1-15　属性配置　　　　　　　　　　图 1-16　属性配置界面

在高级系统设置中单击"环境变量"按钮，如图 1-17 所示，进入环境变量的配置界面，直接编辑 Path 系统变量，如图 1-18 所示。

图 1-17　选择"环境变量"　　　　　　　图 1-18　编辑 Path 系统变量

在 Path 属性配置中，首先单击"新建"按钮，如图 1-19 所示，然后将所需配置的路径添加进去即可，如图 1-20 所示。配置完成后重新启动命令行工具就可以直接使用 pip.exe 命令进行模块管理。

图 1-19　新建环境变量　　　　　　　　图 1-20　设置环境变量内容

1.5 Python 编程起步

Python 除了可以在交互式编程环境下编写程序代码外，还可以单独定义程序源文件，通过 Python 解释器解析执行，所有 Python 源程序的文件后缀统一采用".py"命名。

实例： 编写第一个 Python 程序并进行信息打印

```
# coding:UTF-8                              # 另外一种写法"# -*- coding: UTF-8 -*-"
print("沐言优拓：www.yootk.com")           # 打印信息
print("优拓讲师：李兴华")                     # 打印信息
```

本程序利用 print()函数实现内容的输出，该函数为 Python 的一个内置函数。文件定义完成之后可以直接进入命令行模式，使用 python hello.py 的命令形式执行，如图 1-21 所示。

图 1-21　执行 Python 程序

 提问：什么叫作函数？

在进行信息输出时使用了 print()函数，请问什么叫作函数？

 回答：函数是功能的封装。

在 Python 中函数是一种功能的封装，使得开发者不需要知道函数内部的具体实现就可以完成某些功能，就好比一个可以实现任何愿望的魔盒一样，使用者可以对魔盒许下自己的任何愿望，而使用者在完全不知道魔盒实现原理的情况下实现自己的心愿，如图 1-22 所示。

图 1-22　神奇的魔盒

在 Python 中有许多内置的函数，以帮助开发者完成特定的功能，由于 Python 的设计较为全面，所以在后面会接触到大量的函数，在本书第 5 章将完整地讲解自定义函数的语法及相关注意事项。

需要提醒的是，print()函数支持多个内容输出，需要通过"，"进行分隔。

实例：通过 Python 同时输出多个信息

```
print("Hello", "小李老师", "Hello", "Python")        # 多个内容输出
```

执行此语句时将输出多个内容，并且内容之间使用空格分隔。

 提问：代码 coding:UTF-8 的含义和功能是什么？

在本程序中 print()函数的主要功能是进行输出，但是写在最上面的"# coding:UTF-8"是什么意思？有什么功能？

 回答：该语句主要功能是进行编码设置。

在计算机的世界里所有文件的信息都是通过编码的形式保存在磁盘或者进行网络传输的，正确的编码设置可以避免程序出现"乱码"，Python 为了方便编码管理，可以直接在每个代码文件的开始位置进行设置，而设置的命令结构如下：

 # coding:编码名称

常见的编码标准有 GBK、GB2312、UTF-8 等，而在这些编码中 UTF-8 编码是在开发中最为常用的一种。在一些运行系统中，为了准确地定义要使用的解释器，还有可能在第一行代码中定义 Python 的路径。

```
#!/usr/bin/python               # 定义 Python 解释器路径（Linux 系统）
# coding:UTF-8                   # 定义编码
```

此时假设程序运行在 Linux 系统中，所以在首行定义的 Python 解释器的路径为可执行程序路径。

1.6 本 章 小 结

1. Python 是一门简单、灵活、开放源代码的编程语言，Python 的开发者众多，功能也在不断完善。

2. Python 可以利用主机多 CPU 的特点，实现多进程、多线程与多协程的开发。

3. Python 程序基于虚拟机的执行方式，开发者只需要将源代码通过虚拟机执行即可实现自动编译运行。

4. Python 可以直接利用交互式编程环境开发，也可以将程序代码定义在后缀为".py"的程序文件中运行。

5. Python 程序可以使用 print()函数在命令行窗口中实现信息输出。

第2章　Python 基础语法

学习目标

➤ 掌握程序注释的作用与分类；
➤ 掌握标识符的定义原则与 Python 关键字；
➤ 掌握 Python 常用数据类型与转换处理；
➤ 掌握键盘数据输入函数 input() 的使用，并可以实现数据类型的转换操作；
➤ 掌握常用运算符的使用。

　　程序的开发需要按照特定的结构与顺序进行，所以为了对这些结构加以定义可以采用标识符的方式声明，同时也提供有丰富的数据类型方便进行数据计算处理。本章将讲解 Python 的标识符、关键字、数据输入、类型转换和常用运算符的使用。

2.1　程 序 注 释

　　在一个程序文件中必然会存在大量的程序代码，为了保证代码的可读性与可维护性，往往需要加入一系列的说明信息，而这些内容就可以通过注释进行定义。在 Python 中有两类注释语法。

➤ 单行注释：# 注释内容。
➤ 多行注释：''' 注释内容 …… '''（此处为 3 对单引号，也可以用 3 对双引号代替）。

实例：定义单行注释对程序语句进行说明

```
# coding:UTF-8
# 以下语句的功能是在屏幕上进行信息输出，格式为 print("输出内容") 或 print
# ('输出内容')
print("沐言优拓：www.yootk.com")          # 屏幕上输出信息（双引号""""定义）
print('沐言优拓：www.yootk.com')          # 屏幕上输出信息（单引号"'"定义）
程序执行结果：
沐言优拓：www.yootk.com
沐言优拓：www.yootk.com
```

　　本程序的主要功能就是在屏幕上打印输出信息，而为了更加清楚地描述代码作用，程序中除了核心功能外还使用了大量的注释信息，这样就使得代码的阅读与维护更加方便。

实例：使用多行注释对代码功能进行描述

```
# coding:UTF-8
"""
    以下语句的功能是在屏幕上进行信息输出，格式为 print("输出内容")或
print('输出内容')
    沐言优拓始终引领新时代技术格局，更多信息请登录：www.yootk.com
"""
print("沐言优拓：www.yootk.com")                    # 信息输出
程序执行结果：
沐言优拓：www.yootk.com
```

在程序中使用多行注释可以编写更多的描述信息，这样将对代码功能描述得更加详细。

2.2　标识符与关键字

程序是一个逻辑结构的综合体，在 Python 中有不同的程序结构，如变量、函数、类等。为了对这些结构进行方便的管理，就可以通过标识符来为结构体定义有意义的名称。在 Python 中标识符由字母、数字、下划线组成，但是不能使用数字开头，也不能使用 Python 的保留字，并且要求定义的标识符要有实际意义。

提示：**关于标识符的使用**

随着读者编程经验的积累，对于标识符的选择一般都会有自己的原则（或者遵从你所在公司的项目开发原则），所以对于标识符的使用，本书有如下建议。

- ➥ 在定义时尽量采用有意义的名称，而不是简单地使用字母和数字，如 i1、i2。
- ➥ 命名尽量要有意义，不要使用 a、b 这样的简单标识符。而使用 Student、Math 等单词，因为这类单词都属于有意义的内容。
- ➥ Python 中标识符是区分大小写的。例如，yootk、Yootk 和 YOOTK 表示的是三个不同的标识符。
- ➥ 在 Python 中双下划线 "__" 的定义往往有特殊要求，需要在特定的环境下才可以使用。

一些刚接触编程语言的读者可能会觉得记住上面的规则很麻烦，所以最简单的理解就是，标识符最好用字母开头，而且尽量不要包含其他的符号。

为了帮助读者更好地理解标识符的定义，请看下面两组对比。

- ➥ 合法标识符：yootk、yootk_ok、_100ok_。

➤ 非法标识符：class（关键字）、67.9（数字开头和包含"."）、YOOTK Li Xing Hua（包含空格）。

在定义标识符时另外一个重要的概念就是要避免使用关键字，所谓关键字，是指具备特殊含义的单词，这些单词往往都有特定的使用环境。在 Python 中所提供的关键字有 and、as、assert、async、await、break、class、continue、def、del、elif、else、except、finally、for、from、global、if、import、in、is、lambda、nonlocal、not、or、pass、raise、return、try、while、with、yield、True、False、None。

2.3　变量与常量

变量是程序中的一个重要组成单元，利用变量定义的方式可以将内存中的某个内存块保留下来以备下次继续使用，同时不同的变量需要有不同的数据类型，如整型或浮点型等。在 Python 中变量不需要声明就可以直接使用，而其对应的数据类型会根据所赋予的数值来决定，但是变量在使用前都需要通过图 2-1 所示的格式进行定义。

图 2-1　变量声明

实例：声明并修改变量内容

```
# coding:UTF-8
num = 100                          # 声明并为变量初始化
num = 99                           # 修改变量内容
print(num)                         # 输出变量内容
程序执行结果：
99
```

本程序首先定义了一个名为 num 的变量，并且为其赋值 100，随后修改了 num 的变量内容为 99，所以最终得到的结果就是 99。在整个程序中，num 是一个变量，变量对应的内容是可以随时修改的，但是反过来，程序中出现的 100 和 99 是两个不会改变的数字，而这样的内容就被称为常量。

 提示：关于";"的使用

许多的编程语言都会使用";"作为每行程序结束的分隔符，但是在 Python 中并没有强制要求开发者使用";"进行程序结束的标记，如果已经习惯于使用";"作为结束符的开发者也可以继续使用。

实例：使用 ";" 定义结束符

```
# coding:UTF-8
print("沐言优拓：www.yootk.com") ;          # 使用";"作为结束符
print("优拓讲师：李兴华")                    # 未使用";"
程序执行结果：
沐言优拓：www.yootk.com
优拓讲师：李兴华
```

通过此时的执行结果可以发现，Python 并没有强制要求使用 ";" 作为结束符，那么在 Python 中 ";" 就没有任何用处了吗？实际上在一行代码中定义多个变量的时候，";" 就非常有用了。

实例：在单行语句中使用 ";" 同时定义多个变量

```
# coding:UTF-8
num_a = 10 ; num_b = 20 ; num_c = 30
```

此时利用 ";" 在一行程序中定义了多个变量，如果不使用 ";"，则就需要编写三行语句。

在 Python 中所有的变量都会占据内存空间，如果面对不再使用的变量，也可以直接使用 del 关键字删除并释放变量所占的内存空间。

实例：使用 del 关键字删除变量

```
# coding:UTF-8
num = 100                    # 声明并为变量初始化
del num                      # 删除 num 变量
print(num)                   # 【错误】无法继续使用 num 变量
程序执行结果：
NameError: name 'num' is not defined
```

本程序由于在输出 num 变量前使用 del 关键字删除了该变量，所以在使用 print()方法时就会出现变量未定义的错误信息。

🧑‍💼 提示：关于 del 关键字与垃圾回收

垃圾空间指的是不再使用的内存空间，就好比家中废弃的物品一样，如果不及时清理，那么即便拥有再大的房子也早晚会被填满。所以 Python 利用 del 关键字明确指明要删除的变量（严格意义上来讲应该称其为"对象"，但是考虑到概念的混淆，在学习面向对象之前仍然称其为变量）。

Python 释放垃圾内存的核心原理在于系统底层设计了一个引用计数器的操作，当该内存空间有变量指向或使用时引用计数器的值就加 1，如果该变量使用了 del 关键字进行删除，那么引用计数器的值将置为 0，就表示该内存空间允许被回收。

2.4 数据类型的划分

程序开发是一个数字的处理游戏，Python 提供常见的数据类型以方便数据的存储。在 Python 中的常用数据类型包括整型、浮点型、复数型、布尔型、字符串、列表、元组、字典、日期等。

提示：关于传递问题

在 C++或 Java 中，数据类型的划分一般都会分为值传递与引用传递两种，然而在 Python 中所有的数据都是引用传递（内存地址传递）。

值传递，顾名思义，就是直接进行值的传递。例如：今天张二狗同学问我多大了，我说自己 18 岁，就相当于告诉了他一个数值，即使张二狗跟别人说我 28 岁，但我拥有的"18"数据不会改变。

引用传递相对复杂，举个简单的例子来解释：张三的小名叫二狗，有一天张三同学的腿被汽车撞折了，则二狗的腿也会被撞折，相当于为一个变量（或对象）定义了别名，但是却指向同一个实体。

2.4.1 数值型

在 Python 中，数值型分为两种类型：整型（不包含小数点）和浮点型（包含小数点）。在 Python 中会根据为变量所赋值的内容来决定变量的类型。

提示：关于数据的保存范围

很多编程语言都会为不同的数据类型设置不同的保存范围，在选择数据类型前往往都需要依据操作的数据大小来确定所使用的类型，但是在 Python 3 之后并没有采用如此复杂的模式，即 Python 的数据保存是没有大小限制的，可以任意保存。

实例：定义整型数据

```
# coding:UTF-8
num_a = 10                              # 定义整型数据
num_b = 4                               # 定义整型数据
print(num_a/num_b)                      # 除法计算
程序执行结果：
2.5
```

本程序首先定义了两个整型变量 num_a 与 num_b，随后实现了这两个整数的除法计算，由于最终的计算结果包含小数点，所以最终的类型是浮点型。

提问：如何知道操作数据的类型？

在以上实例中，Python 会自动根据计算结果修改数据类型，那么在开发中该如何获取数据类型的信息呢？

 回答：可以通过内置的 type() 函数来获取数据类型。

在 Python 中，如果要想确定操作数据的类型，可以直接使用"type(常量|变量)"的语法格式获取。操作代码如下。

实例：动态获取变量对应的数据类型

```
# coding:UTF-8
num_a = 10                        # 定义整型数据
num_b = 4                         # 定义整型数据
print(type(num_a))
print(type(num_a/num_b))          # 除法计算
```
程序执行结果：
```
<class 'int'>    （"type(num_a)"代码执行结果）
<class 'float'>  （"type(num_a / num_b)"代码执行结果）
```

通过本程序的执行结果可以发现，可以利用 type() 函数动态获取不同变量的数据类型，从而也验证了 Python 可以对数据类型进行自动转换。

在使用 type() 函数时还需要注意 None 问题，由于 Python 语言的特殊性，所有的变量实际上都会存在一个 None 的值，其表示不确定的类型，而这种变量在使用 type() 函数获取类型时返回的是 NoneType。

实例：观察 None 对类型获取的影响

```
# coding:UTF-8
num_a = 10                        # 定义整型数据
# num_b 设置了 None，所以此时并不知道 num_b 的类型是什么
num_b = None                      # 定义为 None
print(type(num_a))
print(type(num_b))                # 输出 num_b 的类型
```
程序执行结果：
```
<class 'int'>
<class 'NoneType'>
```

通过程序的执行结果可以发现，num_b 由于设置了 None，所以无法判断其对应的数据类型。

在 Python 进行数值型变量定义时，也可以直接利用科学记数法的形式进行定义。

实例：使用科学记数法定义常量

```
# coding:UTF-8
```

```
num_a = 10E5                           # 定义整型数据
num_b = 30.3E6                         # 定义浮点型数据
print(num_a * num_b)                   # 乘法计算
```
程序执行结果：
```
30300000000000.0
```

本程序定义了两个数值型变量，通过科学记数法为变量进行初始化并且实现了乘法计算。

 提示：数据类型的转换问题

> 在 Python 中，当一个整型变量和一个浮点型变量进行计算时，会自动将整型变量转换为浮点型变量后再进行计算，如下程序所示。

实例：数据类型的转换

```
# coding:UTF-8
num_a = 10                             # 定义整型数据
num_b = 20.5                           # 定义浮点型数据
# num_a 为整型，num_b 为浮点型，所以在操作时会将整型数据自动转换为浮点型
# 据进行计算
result = num_a + num_b                 # result 保存计算结果
print(result)                          # 输出计算结果
print(type(result))                    # 获取 result 类型
```
程序执行结果：
```
30.5（"print(result)"代码执行结果）
<class 'float'>（"type(result)"代码执行结果）
```

通过程序执行结果可以发现，整型数据自动转换为浮点型数据后才可以实现最终的计算，而最终的 result 变量的类型为浮点型。

2.4.2　复数

　　在定义时可以把"$z = a + b$i（a、b 均为实数）"的数称为复数（其中 a 称为实部，b 称为虚部，i 称为虚数单位）。在 Python 中可以使用如表 2-1 所示的复数操作。

表 2-1　Python 的复数操作

序　号	复 数 操 作	描　述
1	complex(实部, 虚部)	定义复数常量
2	复数变量.real	获取复数的实部
3	复数变量.imag	获取复数的虚部
4	复数变量.conjugate()	获取共轭复数

实例： 使用 Python 操作复数

```
# coding:UTF-8
num_comp = complex(10,2)          # 定义复数
print(num_comp * 2)               # 直接进行乘法计算（（20+4j））
print(num_comp.real)              # 获取复数实部数据（10.0）
print(num_comp.imag)              # 获取复数虚部数据（2.0）
print(num_comp.conjugate())       # 获取共轭复数（（10-2j））
程序执行结果：
(20+4j)（"num_comp * 2"代码执行结果）
10.0（"num_comp.real"代码执行结果）
2.0（"num_comp.imag"代码执行结果）
(10-2j)（"num_comp.conjugate()"代码执行结果）
```

本程序通过 complex() 函数定义了复数，随后可以直接利用复数进行计算操作，也可以通过内部给出的操作获取复数的相关信息。

2.4.3 布尔型

布尔型变量是一种逻辑结果，主要保存两类数据：True 和 False，这类数据主要用于一些程序的逻辑判断上。

提示： "布尔"是一位数学家的名字

乔治·布尔（George Boole，1815—1864），1815 年 11 月 2 日生于英格兰的林肯。19 世纪最重要的数学家之一。

实例： 定义布尔型变量并进行条件判断

```
# coding:UTF-8
flag = True                 # 定义布尔型变量
print(type(flag))           # 获取变量类型
if flag:                    # 使用布尔型变量实现逻辑分支控制，值为 True 表示条件满足
    print("沐言优拓：www.yootk.com")        # 条件满足时执行
程序执行结果：
<class 'bool'>（"type(flag)"代码执行结果）
沐言优拓：www.yootk.com（if 条件满足时代码执行结果）
```

本程序定义了一个布尔型变量 flag，随后结合 if 分支语句使用布尔型变量进行逻辑控制，当条件满足时进行信息打印。

提示： Python 中可以使用数字代替 True 和 False

Python 是使用 C 语言开发的，所以对于布尔类型的描述也可以直接通过数字来描述，数字 0 可以描述为 False，而非 0 的数字可以描述为 True。

实例：使用数字描述布尔型数据

```
# coding:UTF-8
flag = 10                                        # 定义布尔型变量
print(type(flag))                                # 获取变量类型
if flag:                                         # 非 0 数据描述为 True
    print("沐言优拓：www.yootk.com")              # 条件满足时执行
```
程序执行结果：
<class 'int'>（"type(flag)"代码执行结果）
沐言优拓：www.yootk.com（if 条件满足时代码执行结果）

　　本程序将 flag 变量定义为整型，由于其内容不是 0，所以在使用其进行逻辑处理时会自动转换为 True，然而实际的项目开发并不建议这样随意指派数字，常见的指派原则是：使用 0 描述 False；使用 1 描述 True。

2.4.4　字符串的基本用法

　　在项目开发中，字符串是一种最为常用的数据类型，也属于一种数据的存储序列，Python 中可以直接使用一对双引号或一对单引号引用来实现字符串定义。

实例：使用两种不同的引号定义字符串

```
# coding:UTF-8
info = "沐言优拓：www.yootk.com"                 # 使用双引号定义字符串
msg = '优拓讲师：李兴华'                          # 使用单引号定义字符串
print(type(info))                                # 获取变量类型
print(info)                                      # 输出字符串数据
print(msg)                                       # 输出字符串数据
```
程序执行结果：
<class 'str'>（"type(info)"代码执行结果）
沐言优拓：www.yootk.com（"print(info)"代码执行结果）
优拓讲师：李兴华（"print(msg)"代码执行结果）

　　本程序使用引号定义了两个字符串变量，并且实现了内容的输出。在使用字符串时也可以利用 "+" 实现字符串数据的连接操作。

实例：字符串连接操作

```
# coding:UTF-8
info = "沐言"                                    # 使用双引号定义字符串
info = info + "优拓："                            # 使用原本 info 的内容连接新的内容
info += "www.yootk.com"                          # 字符串连接
print(info)                                      # 输出字符串数据
```

程序执行结果：

沐言优拓：www.yootk.com

本程序利用 "+" 与 "+="（简化的连接与赋值操作）实现了字符串变量连接，并且将每次连接后的内容重新赋值给 info 变量。

在进行字符或字符串描述时也可以使用转义字符来实现一些特殊符号的定义。例如，Python 程序需要通过双引号 """ 或单引号 "'" 来定义字符串，所以要想在字符串里出现这些特殊符号时需要转义处理。常用的转义字符如表 2-2 所示。

表 2-2　常用的转义字符

序号	符号	描述	序号	符号	描述
1	\	续行符，实现字符串多行定义	8	\n	换行
2	\\	等价于 "\" 符号	9	\v	纵向制表符
3	\'	等价于单引号 "'"	10	\t	横向制表符
4	\"	等价于双引号 """	11	\r	回车
5	\000	空字符串（""）	12	\f	换页
6	\b	退格	13	\0yy	八进制字符，"\012" 为换行
7	\e	转义	14	\xyy	十六进制字符，"\x0a" 为换行

实例：使用转义字符

```
# coding:UTF-8
# 定义字符串并且使用转义字符实现特殊字符串的定义
info = "沐言优拓\"www.yootk.com\"\n\t 优拓讲师：\'李兴华\'"
print(info)                          # 输出计算结果
```

程序执行结果：

沐言优拓"www.yootk.com"

优拓讲师：'李兴华'

本程序在定义字符串的时候使用转义字符实现了单引号、双引号、制表符和换行符的定义。

在进行字符串定义的时候，如果字符串内容较长，则会影响程序阅读的效果，所以 Python 提供了 "\" 续行符，可以将一个较长的字符串分为多行进行定义。

实例：定义长字符串

```
# coding:UTF-8
info =   "沐言优拓：" \
```

```
            "www.yootk.com" \
            "\n 优拓讲师："  \
            "李兴华"                        # 定义一个完整字符串，使用"\"实现多行定义
print(info)                              # 输出计算结果
```
程序执行结果：
沐言优拓：www.yootk.com
优拓讲师：李兴华

　　本程序将一个字符串分为多行进行定义，由于"\"存在，所以即使采用多行书写，依然是一个完整的字符串，实质上续行符"\"只是沿用了 Linux 命令的书写习惯。

 提问：如何定义字符串常量？

　　在进行字符串常量定义时可以使用一对单引号"'"或一对双引号""""完成，那么在实际开发中，使用哪种引号定义字符串会更好呢？

 回答：根据读者需求任意选用。

　　双引号或单引号在程序运行时都会统一采用单引号的形式进行字符串处理，所以使用哪一种引号并没有强制性要求，可以根据开发者的习惯选择，但是在定义字符串时往往可以通过嵌套不同引号的形式减少转义字符的烦琐应用。

　　实例： 定义字符串常量并通过嵌套定义内部引号

```
# coding:UTF-8
info_a = "沐言优拓：'www.yootk.com'"     # 引号嵌套
info_b = '沐言优拓："www.yootk.com"'     # 引号嵌套
print(info_a)
print(info_b)
```
程序执行结果：
沐言优拓：'www.yootk.com'
沐言优拓："www.yootk.com"

　　本程序在单引号定义的字符串里面可以直接使用双引号，反之在双引号定义的字符串里面也可以直接使用单引号，这样就可以减少转义字符的使用，所以引号的选择可以从输出内容是否包含引号进行判断。

　　笔者通过阅读源代码发现，在 Python 许多内部结构的实现中都会使用单引号"'"定义字符串（Python 安装目录下的 Lib 子目录存在许多系统程序代码），然而从近些年的编程语言来讲，都会提供有字符串的结构，而字符串都使用双引号""""定义，所以从编程语言的语法支持习惯上来讲，双引号定义字符串会更加常见。

　　除了用单引号和双引号定义字符串之外，也可以利用三引号定义多行预结构字符串，这样的定义会帮助用户保留字符串的定义结构。

实例：使用三引号定义预结构字符串

```
# coding:UTF-8
info = """
            沐言优拓：www.yootk.com
            优拓讲师：李兴华
        """                           # 定义字符串
print(info)                           # 输出字符串信息
```
程序执行结果：
沐言优拓：www.yootk.com
优拓讲师：李兴华

通过输出结果可以发现，换行、空格等信息都被自动保留下来。

2.4.5　键盘数据的输入

程序开发的目的是方便用户使用，用户可以直接利用键盘输入所需要的功能，在 Python 中为了方便程序接收键盘数据输入，提供了对 input()函数的支持。

实例：实现键盘数据的输入

```
# coding:UTF-8
input_data = input("信息输入：")      # 通过键盘接收数据
print("输入信息为：" + input_data)     # 显示键盘输入内容
```

本程序执行到 input()函数时将等待用户进行键盘数据输入，当用户按下 Enter 键后程序会将所输入的内容以字符串的形式赋值给 input_data 变量，随后进行数据的回显处理。程序的执行结果如图 2-2 所示。

图 2-2　键盘输入数据

虽然 Python 提供了方便的键盘输入支持，但是将输入的数据统一定义为字符串，这就意味着需要将接收到的数据进行转型处理。Python 提供有数据类型转换的函数支持，如表 2-3 所示。

表 2-3　数据类型转换函数

序　号	函　数	描　述
1	int(数据)	将指定数据转换为整型数据
2	float(数据)	将指定数据转换为浮点型数据
3	bool(数据)	将指定数据转换为布尔型数据
4	str(数据)	将指定数据转换为字符串型数据

实例：通过 int()函数将字符串转换为整型

```python
# coding:UTF-8
str = "118"                              # 定义字符串型数据
num_f = 168.2                            # 定义浮点型数据
num_bol = True                           # 定义布尔型数据，数字 1 表示 True
# 利用 int()函数将字符串、浮点型（不保留小数点）和布尔型数据转换为整型后进
# 行加法计算操作
result = int(str) + int(num_bol) + int(num_f)    # 整型加法计算
print(result)                            # 输出计算结果
print(type(result))                      # 观察数据类型
```

程序执行结果：

```
287（等价于"118 + 1 + 168"）
<class 'int'>
```

　　本程序利用 int()函数将常用的数据类型分别转换为整型后执行了计算，由于整型不包含有小数点，所以浮点型数据转换后小数位将消失，而对于布尔型数据的转换，由于通常都使用数字 1 表示 True，所以 True 就按照 1 进行计算。

 注意：使用转换函数时字符串的组成格式

　　使用 int()或 float()这样的转换函数在将字符串转换为整型或浮点型时，一定要保证字符串的组成格式是一个数字（没有夹杂其他字符），否则代码将出现错误。

实例：错误的数据类型转换操作

```python
# coding:UTF-8
str = "yootk168"                         # 字符串不是由纯数字组成
print(float(str))                        # 字符串转换为浮点型
```

程序执行结果：

```
ValueError: could not convert string to float: 'yootk168'
```

　　此时直接出现了一个 ValueError 错误提示，明确地告诉用户无法实现数据类型转换。如果要想解决此类问题，则需要依靠正则表达式和异常处理完成，这些内容将在本书第 11 章中详细讲解。

　　另外需要提醒的是，与其他转换函数相比，bool()转换函数相对宽松许多，即便要转换的内容不是正常的布尔型数据或数字，也可以正常转换。

通过 Python 的 input() 函数与转换函数就可以轻松地实现一些人机的交互程序操作。例如，用户通过键盘输入两个数字并执行加法计算。

实例：通过键盘输入数据实现数字加法计算

```
# coding:UTF-8
# 将键盘输入的数据直接利用 float() 函数转换为浮点型
num_a = float(input("请输入第一个数字："))
num_b = float(input("请输入第二个数字："))
result = num_a + num_b                        # 执行加法计算，结果类型为浮点型
# 非字符串数据使用"+"与字符串连接时，必须使用 str()函数进行转换，否则将出现
# TypeError 错误
print(str(num_a) + " + " + str(num_b) + " = "+ str(result))
```
程序执行结果：
```
请输入第一个数字：15.536（此为键盘输入数据）
请输入第二个数字：26.781（此为键盘输入数据）
15.536 + 26.781 = 42.317（此为计算结果数据）
```

本程序通过键盘输入了两个小数，由于 input() 函数接收到的数据类型均为字符串，所以要使用 float() 函数进行转换后才可以执行加法计算。在输出计算结果时，由于需要通过"+"进行字符串连接操作，所以所有连接的非字符串数据都必须通过 str() 函数转换为字符串后才可以正常完成操作。

2.4.6　格式化输出

Python 进行信息输出主要通过 print() 函数完成，为了方便开发者进行输出内容的拼凑显示，Python 提供有格式化输出的支持。具体格式如下：

```
"格式化字符串" % (数值，数值 …)
```

在进行格式化字符串输出时需要使用一些特定的格式化标记，这些标记如表 2-4 所示。

表 2-4　格式化标记

序　号	标　记	描　述	序　号	标　记	描　述
1	%c	格式化字符	7	%s	格式化字符串
2	%d	格式化整型	8	%f	格式化浮点型,可以设置保留精度
3	%e	科学记数法，使用小写字母e	9	%E	科学记数法，使用大写字母 E
4	%g	%f 和%e 的简写	10	%G	%f 和%E 的简写
5	%u	格式化无符号整型	11	%o	格式化无符号八进制数
6	%x	格式化无符号十六进制数	12	%X	格式化无符号十六进制数（大写字母）

实例：通过格式化标记进行字符串格式化

```
# coding:UTF-8
age = 18
url = "www.yootk.com"
salary = 817298
print("我今年%d 岁了，我在"%s"进行学习，预计未来的年薪为: %E" % (age, url, salary))
```
程序执行结果：
我今年 18 岁了，我在"www.yootk.com"进行学习，预计未来的年薪为: 8.172980E+05

本程序在进行数据输出时，使用格式化标记进行输出字符串结构定义，随后依据格式化标记的定义顺序进行内容的填充。

表 2-4 列出数据输出时所使用的格式化标记，在 Python 中进行格式化处理时还可以再结合表 2-5 所示的格式化辅助标记更加方便地实现输出格式控制。

表 2-5 格式化辅助标记

序 号	标 记	描 述	序 号	标 记	描 述
1	*	定义宽度或者小数点精度	6	#	在八进制数前面显示零('0')，在十六进制前面显示'0x'或者'0X'
2	–	左对齐	7	0	显示位数不足时填充 0
3	+	在正数前面显示加号	8	%	'%%'输出一个'%'
4	空格	显示位数不足时填充空格	9	m.n	m 设置显示的总宽度，n 设置小数位数
5	(var)	映射变量（字典参数）			

实例：通过格式化辅助标记实现精度控制输出

```
# coding:UTF-8
num_a = 10.225423423423
num_b = 20.34
# %5.2f：表示总长度为 5（包含小数点），其中小数位长度为 2
# %010.2f：表示总长度为 10（包含小数点），其中小数位长度为 2，如果位数不足则补 0
print("数字一：%5.2f、数字二：%010.2f" % (num_a, num_b))
```
程序执行结果：
数字一：10.22、数字二：0000020.34

本程序通过格式化辅助标记实现了浮点型数据的显示，同时利用长度的限制可以方便地实现四舍五入的功能。

在进行格式化输出的过程中，为了可以将变量内容与格式化文本进行合并输出，可以使用与变量名称相同的格式化参数，并利用 vars() 函数实现内容的混合处理。

实例：格式化文本与参数自动匹配

```
# coding:UTF-8
name = "李兴华"                    # 定义字符串变量
age = 18                          # 定义整型变量
score = 97.8                      # 定义浮点型变量
print("姓名：%(name)s，年龄：%(age)d，成绩：%(score)6.2f" % vars())
                                  # 格式化输出并设置输出数据
```
程序执行结果：
姓名：李兴华，年龄：18，成绩： 97.80

本程序在定义格式化文本中使用了与变量名称相同的标记名称，随后利用vars()函数自动匹配之前定义过的变量名称，以实现内容的完整显示。

 提示：关于 print()函数的功能扩充

Python 中的输出操作主要都是通过 print()函数实现的。在默认情况下，当使用 print()函数输出时，都会在结尾默认追加一个换行，如果想自定义输出结束符，则可以通过一个 end 参数配置。

实例：自定义输出结束符

```
# coding:UTF-8
print("沐言优拓", end="、")          # 自定义输出结束符
print("www.yootk.com", end="、")    # 自定义输出结束符
```
程序执行结果：
沐言优拓、www.yootk.com、

此时程序在每一个 print()函数输出之后使用 end 配置了结束符为"、"，通过输出结果可以发现，多个 print()函数将内容输出在一行。

2.5　运　算　符

程序语句有多种形式，表达式就是其中一种形式。表达式由操作数与运算符组成：操作数可以是常量、变量或方法，而运算符就是数学中的运算符号，如"+""−""*""/""%"等。以下面的表达式（z+100）为例，z 与 100 都是操作数，而"+"就是运算符，如图 2-3 所示。

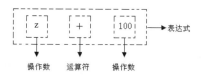

图 2-3　表达式由操作数与运算符组成

Python 提供了许多运算符，这些运算符除了可以处理一般的数学运算外，还可以进行逻辑运算、地址运算等。根据其所使用的类的不同，运算符可分为赋值运算符、算术运算符、关系运算符、逻辑运算符、条件运算符、括号运算符等。这些常见的运算符及其优先级定义如表 2-6 所示。

表 2-6　运算符及其优先级

优 先 级	运 算 符	描 述
1	( )	改变运算符优先级
2	**	幂运算符
3	~	反码运算符
4	*、/、%、//	乘除运算
5	+、-	加减运算
6	>>、<<	位移运算
7	&	位与运算
8	^、|	异或与或运算
9	<=、<、>、>=	比较运算符
10	==、!=	关系运算符
11	=、+=、-=、*=、/=、//=、**=	简化运算符
12	is、is not	身份运算符
13	in、not in	成员运算符
14	not、or、and	逻辑运算符

提示：不要去强记运算符优先级

对于 Python 的运算符掌握是需要时间积累的，本书强烈建议读者不要去强记表 2-6 给出的运算符优先级顺序，而应该在开发中使用大量的 "()" 来改变运算符的优先级，以达到正确计算的目的。此外，也希望读者不要去编写晦涩难懂的计算操作。例如，下面的代码本书不建议出现。

实例：观察一种计算的复杂程度异于寻常的代码编写模式

```
# coding:UTF-8
num = 1 * 2 - 2 + 1 - 3 ^ 5 * ~1 - 2 | 1     # 若能一眼计算出结果，那么你
                                              # 就是未来之星
print(num)                                    # 输出计算结果
程序执行结果：
11
```

虽然以上的代码可以获取执行结果，但是其分析过程将非常复杂，在开发中应该回避此类程序。

2.5.1 数学运算符

程序是一个数据处理的逻辑单元,同时也是以数学为基础的学科,在 Python 中的数学运算符除了可以实现基础四则运算之外,还可以进行幂运算与整除计算,如表 2-7 所示。

表 2-7 数学运算符

序　　号	运　算　符	描　　述	操　作　范　例
1	+	加法计算	20 + 15 = 35
2	–	减法计算	20 – 15 = 5
3	*	乘法计算	20 * 15 = 300
4	/	除法计算（÷）	20 / 15 = 1.3333333333333333
5	%	取模计算（余数）	10 % 3 = 1（商 3 余 1）
6	**	幂运算	10 ** 3 = 1000
7	//	整除计算,返回商	10 // 3 = 3

实例:通过程序实现四则运算

```python
# coding:UTF-8
result = (1 + 2) * (4/2)          # 四则运算,通过括号修改运算符优先级
print(result)                     # 除法计算后类型为浮点型
```
程序执行结果:
```
6.0
```

除了提供的基础的数学运算符之外,Python 还提供了简化赋值运算符,如表 2-8 所示。

表 2-8 简化赋值运算符

序　　号	运　算　符	范 例 用 法	说　　明	描　　述
1	+=	a += b	将 a + b 的值存放到 a 中	a = a + b
2	–=	a –= b	将 a – b 的值存放到 a 中	a = a – b
3	*=	a *= b	将 a * b 的值存放到 a 中	a = a * b
4	/=	a /= b	将 a / b 的值存放到 a 中	a = a / b
5	%=	a %= b	将 a % b 的值存放到 a 中	a = a % b
6	**=	a **= b	将 a ** b 的值存放到 a 中	a = a ** b
7	//=	a //= b	将 a // b 的值存放到 a 中	a = a // b

实例：使用简化赋值运算符

```
# coding:UTF-8
result = 20                    # 定义一个整型变量
result += 10                   # 执行加法计算并赋值
print(result)                  # 输出计算结果
程序执行结果：
30
```

本程序直接针对 result 原始的数据执行加法后为 result 变量重新赋值，使用简化赋值运算的处理比直接采用数学计算后赋值的代码性能要高。

实例：在字符串上使用乘法（*）计算

```
# coding:UTF-8
info = "yootk.com; "          # 定义字符串变量并赋值
info *= 5                       # 字符串重复 5 遍
print(info)                    # 输出计算结果
程序执行结果：
yootk.com; yootk.com; yootk.com; yootk.com; yootk.com;
```

本程序在字符串上使用了乘法（*）计算，其最终的结果就是将指定字符串的内容重复 5 遍。

2.5.2　关系运算符

　关系运算符用于确认两个数据（比较常见的类型为数值型或字符串类型）之间大小关系的比较处理中，开发者可以通过表 2-9 所示的运算符完成计算。

表 2-9　关系运算符

序　号	运 算 符	描　　述	操 作 范 例
1	==	相等比较	1 == 1，返回 True
2	!=	不等比较	1 != 1，返回 False
3	>	大于比较	10 > 5，返回 True
4	<	小于比较	10 < 20，返回 True
5	>=	大于等于比较	10 >= 10，返回 True
6	<=	小于等于比较	20 <= 20，返回 True

实例：使用关系运算符

```
# coding:UTF-8
num_a = 10                     # 定义整型变量
```

```
num_b = 10                    # 定义整型变量
result = num_a == num_b       # 比较 num_a 和 num_b 是否相等，并将结果赋予 result
print("数据比较结果：%s" % result)   # 输出判断结果
```
程序执行结果：
数据比较结果：True

本程序利用关系运算符判断了 num_a 与 num_b 两个变量的值是否相等，而比较结果的数据类型为布尔型。

实例：比较字符串是否相等

```
# coding:UTF-8
print("数据比较结果：%s" % ("yootk" == "yootk"))   # 对字符串进行相等判断
# 在有大小写的情况下，进行编码比较处理，y 的编码要大于 Y 的编码
print("数据比较结果：%s" % ("yootk" >= "Yootk"))   # 对字符串进行大小判断
```
程序执行结果：
数据比较结果：True
数据比较结果：True

本程序直接对字符串使用关系运算符进行了比较。需要注意的是，两个字符串的比较是通过比较两个字符串相对位置的字符的编码大小完成的，如果编码全部相同，则认为两个字符串相等。

 提问：为什么字符串可以比较大小？

为什么在使用"yootk" >= "Yootk"比较时，yootk 字符串的值要大于 Yootk？

 回答：程序字符都通过字符编码进行描述。

在计算机世界里，数据的存储和传输都是依靠二进制数据（一组由 0、1 组成的内容），所以为了可以明确地描述出某些字符，就需要使用特定的编码组合。在编码时首先定义的是大写字母编码，而后再定义小写字母编码，所以小写字母的编码数值要大于大写字母的编码数值。

遗憾的是 Python 并没有提供字符型数据，所以要想观察到编码，可以直接使用一个内置函数 ord() 的观察字符的编码数值。

实例：观察字符编码

```
# coding:UTF-8
print("小写字母 y 编码：%d，大写字母 Y 编码：%d" % (ord("y"), ord("Y")))
```
程序执行结果：
小写字母 y 编码：121，大写字母 Y 编码：89

通过本程序的执行结果可以发现，小写字母的编码数值全部大于与之对应的大写字母编码数值，所以字符串比较时比较的是字符编码数值。

为方便读者理解编码操作，下面给出部分字符在 ASCII 码中的范围。

- 大写字母范围：65（'A'）～90（'Z'）。
- 小写字母范围：97（'a'）～122（'z'），大小写字母的编码数值之间差了 32。
- 数字字符范围：48（'0'）～57（'9'）。

关于 ASCII 码的相关定义，在附录中详细列出，读者可以自行比对。

在 Python 提供的逻辑运算符中允许同时使用多个关系运算符进行多条件判断。

实例：判断年龄范围

```
# coding:UTF-8
age = 20                    # 定义整型变量
result = 18 <= age < 30     # 多条件判断，判断 age 是否在 18～30 之间
print(result)              # 输出执行结果
```
程序执行结果：
```
True
```

本程序通过一个联合的逻辑判断符判断了 age 的范围是否在 18～30 之间。

2.5.3 逻辑运算符

逻辑运算一共包含三种：与（多个条件全部满足）、或（多个条件至少有一个满足）、非（实现 True 变 False，以及 False 变 True 的结果转换）。逻辑运算符如表 2-10 所示。

表 2-10 逻辑运算符

序　号	运　算　符	描　　述	操作范例
1	and	逻辑与运算	True and True = True，True and False = False
2	or	逻辑或运算	True or False = True
3	not	非运算	not True = False

通过逻辑运算符可以实现若干个布尔条件的连接，与和或操作的真值表如表 2-11 所示。

表 2-11 与和或操作的真值表

序　号	条件 1	条件 2	结果 and（与）	结果 or（或）
1	True	True	True	True
2	True	False	False	True
3	False	True	False	True
4	False	False	False	False

实例：使用 and 逻辑运算符

```
# coding:UTF-8
age = 20                                  # 定义整型变量
name = "yootk"                            # 定义字符串变量
result = age == 20 and name == "yootk"    # 使用 and 连接两个条件
print(result)                             # 输出计算结果
程序执行结果：
True
```

本程序通过 and 连接了两个逻辑运算，由于两个关系表达式的结果都为 True，最终与逻辑的结果为 True。

实例：使用 or 逻辑运算符

```
# coding:UTF-8
age = 20                                  # 定义整型变量
name = "yootk"                            # 定义字符串变量
result = age == 18 or name == "yootk"     # 使用 or 连接两个条件
print(result)                             # 输出计算结果
程序执行结果：
True
```

在使用 or 运算时，连接的判断条件有一个为 True，最终的结果返回的就是 True。

实例：使用 not 逻辑运算符

```
# coding:UTF-8
age = 20                                  # 定义整型变量
result = not age == 18                    # not 求反
print(result)                             # 输出计算结果
程序执行结果：
True
```

本程序"age == 18"判断的结果返回 False，但是由于 not 运算符的存在，会将返回的 False 变为 True。

2.5.4 位运算符

在程序中所有的数据都是以二进制数据的形式存在的，位运算符的主要功能就是可以直接对数据进行二进制位运算处理。Python 提供的位运算符如表 2-12 所示。

表 2-12　位运算符

序　号	运算符	描　述	操 作 范 例
1	&	位与计算	2（10）& 1（01）= 0（00）
2	|	位或计算	2（10）| 1（01）= 3（11）
3	^	位异或计算	2（10）^ 1（01）= 3（11）
4	~	反码计算	~2（10）= −3
5	<<	左移运算符	2（10）<< 2 = 8（1000）
6	>>	右移运算符	8（1000）>> 2 = 2（10）

任何一个十进制的数据，如果可以直接进行位逻辑运算，则位运算的计算结果如表 2-13 所示。

表 2-13　位运算的计算结果

序　号	二进制数 1	二进制数 2	与操作（&）	或操作（|）	异或操作（^）
1	0	0	0	0	0
2	0	1	0	1	1
3	1	0	0	1	1
4	1	1	1	1	0

提示：十进制转换为二进制

十进制数据转换为二进制数据的原则为：数据除 2 取余，最后倒着排列。例如，25 的二进制值为 11001，如图 2-4 所示。

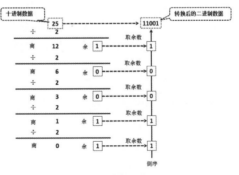

图 2-4　十进制转换为二进制

在 Python 中为了方便读者进行进制数据的转换，提供如表 2-14 所示的进制转换函数。

表 2-14 进制转换函数

序　号	复数操作	描　　述
1	bin(数值)	将数值转换为二进制数据
2	oct(数值)	将数值转换为八进制数据
3	int(数值)	将数值转换为十进制数据
4	hex(数值)	将数值转换为十六进制数据

实例：使用转换函数实现进制转换

```
# coding:UTF-8
num = 25
print("十进制转换为二进制：%s" % bin(num))       # 二进制转换
print("十进制转换为八进制：%s" % oct(num))       # 八进制转换
print("十进制转换为十六进制：%s" % hex(num))     # 十六进制转换
print("二进制转换为十进制：%s" % int(0b110))     # 十进制转换
```
程序执行结果：
十进制转换为二进制：0b11001
十进制转换为八进制：0o31
十进制转换为十六进制：0x19
二进制转换为十进制：6

　　如果觉得以上的转换处理不方便，也可以利用一些计算器实现进制转换。由于进制转换属于计算机编程的基础学科，所以本书不对此做过多描述。

实例：实现位与操作

```
# coding:UTF-8
num_a = 13                                    # 定义整型变量
num_b = 7                                     # 定义整型变量
print("位与计算结果：%s" % (num_a & num_b))   # 计算中自动将十进制数据转换
                                              # 为二进制后再执行位与计算
```
程序执行结果：
位与计算结果：5

　　计算分析如下。

　　13 的二进制：　1101。

　　7 的二进制：　　0111。

　　"&" 结果：　　　0101（**转换为十进制是 5**）。

实例：使用移位操作计算 2^3

```
# coding:UTF-8
num = 2                                       # 定义整型变量
```

```
print("计算 2 的 3 次方：%s" % (num << 2))      # 计算中自动将十进制数据转
                                              # 为二进制后再执行位与计算
```

程序执行结果：

计算 2 的 3 次方：8

计算分析如下。

2 的二进制：10。

向左边移动 2 位：1000（**转换为十进制是** 8）。

2.5.5 身份运算符

 在 Python 中所有保存的数据都会存储在不同的内存地址之中，然而用户并不能直接对这些底层内存信息进行操作，唯一可以观察的就是通过一个 id()函数来获取数据对应的内存地址。

实例：使用 id()函数获取变量内存地址数值（编号）

```
# coding:UTF-8
num_a = 2                              # 直接赋值整型变量为 2
num_b = 1 + 1                          # 加法计算，最终的结果是 2
num_c = 4 - 2                          # 减法计算，最终的结果是 2
print("num_a 变量地址：%d" % id(num_a))   # 获取变量内存地址数值
print("num_b 变量地址：%d" % id(num_b))   # 获取变量内存地址数值
print("num_c 变量地址：%d" % id(num_c))   # 获取变量内存地址数值
程序执行结果：
num_a 变量地址：1423562944
num_b 变量地址：1423562944
num_c 变量地址：1423562944
```

本程序通过 id()函数观察了三个变量的内存地址数值，通过输出的结果可以发现，尽管三个变量赋值时使用的方式不同，但是最终的结果全部都是数字 2，所以 Python 并不会为这些变量开辟相同的内存空间，而是指向了同一个内存空间，如图 2-5 所示。

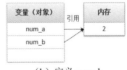

（a）定义 num_a　　　　　　　（b）定义 num_b　　　　　　　（c）定义 num_c

图 2-5　变量声明与内存分配

当用户修改变量内容时实际上都会开辟新的内存空间，并将新的内存地址赋值给变量，如下程序所示。

实例：变量修改与内存地址变更

```
# coding:UTF-8
num = 2                                            # 直接赋值整型变量为 2
print("num 变量修改前的地址：%d" % id(num))        # 获取地址数值
num = 100                                          # 修改 num 变量内容
print("num 变量修改后的地址：%d" % id(num))        # 获取地址数值
程序执行结果：
num 变量修改前的地址：1423562944
num 变量修改后的地址：1423564512
```

通过本程序的执行可以发现：当修改了变量 num 的内容之后，对应的地址也发生了改变，实际上这就引发了一次引用的指向变更。操作结构如图 2-6 所示。

清楚了 Python 中的引用传递之后，就可以观察一个在数据比较中存在的问题。

（a）变量声明并赋值　　　　　　（b）修改变量内容

图 2-6　操作结构

实例：观察数据比较存在的问题

```
# coding:UTF-8
num_int = 10                                       # 定义整型变量
num_float = 10.0                                   # 定义浮点型变量
print("整型变量地址：%d、浮点型变量地址：%d、两者相等比较结果：%s" %
      (id(num_int), id(num_float), (num_int == num_float))) # 格式化输出
程序执行结果：
整型变量地址：1423563072、浮点型变量地址：21814576、两者相等比较结果：True
```

本程序定义了两个不同类型的变量，但是由于这两个变量的内容完全相同，所以直接使用"=="判断，因为只是进行了内容的相等比较，故最终的结果就是 True，但实际上这两个变量的类型并不相同，所以，除了要进行内容的判断之外还需要进行地址的判断。为此 Python 提供了身份运算符，如表 2-15 所示。

表 2-15　身份运算符

序　号	运算　符	描　述	操作范例
1	is	判断是否引用同一内存	10 is 10 [等价于 id(10) == id(10)] 返回 True
2	is not	判断是否引用不同内存	10 is not 10.0 [等价于 id(10) != id(10.0)] 返回 True

实例：使用身份运算符 is

```
# coding:UTF-8
num_int = 10                              # 定义整型变量
num_float = 10.0                          # 定义浮点型变量
print("整型变量地址：%d、浮点型变量地址：%d、两者相等比较结果：%s" %
        (id(num_int), id(num_float), (num_int is num_float)))
                                          # 格式化输出
```

程序执行结果：
整型变量地址：1423694144、浮点型变量地址：2219312、两者相等比较结果：False

　　通过此时的执行结果可以发现，在两个变量的内存指向不相同时，使用身份运算符 is 进行比较的结果为 False。

2.6　本　章　小　结

　　1．程序注释有助于提高代码的阅读性与可维护性，Python 中提供了两类注释：单行注释、多行注释。

　　2．标识符主要用来描述某一类结构，Python 中的标识符由字母、数字、下划线组成，其中不能以数字开头，不能使用 Python 的关键字（保留字）。

　　3．Python 所有的数据都是引用数据类型，都会涉及内存空间的开辟。

　　4．变量指的是内容可以改变的标记统称，常量指的是那些不会被改变的数据内容。

　　5．Python 中的常用数据类型包括整型、浮点型、复数型、布尔类型、字符串、列表、元组、字典、日期等。

　　6．布尔类型有两个值 True 和 False，也可以使用 1 和 0 代替，或者使用非 0 数字表示 True。

　　7．Python 提供了 input()函数实现键盘数据输入，在使用 print()函数输出时也可以进行格式化处理。

　　8．由于 Python 中的变量不需要声明就可以直接使用，所以可以直接使用 type()函数获取变量对应的数据类型，也可以使用 id()函数获取变量的内存地址数值。

　　9．算术运算符有加法运算符、减法运算符、乘法运算符、除法运算符、余数运算符、整除运算符、幂运算符。

　　10．任何运算符都有执行顺序，在开发中建议使用括号来修改运算符的优先级。

第3章 程序逻辑结构

程序是一场数据的计算游戏，而要想让这些数字处理更加具有逻辑性，那么就需要利用分支与循环结构来控制程序的流程。本章将讲解 if、else、elif、for、while、break、continue、assert 等逻辑关键字的使用。

3.1 程 序 逻 辑

程序逻辑是编程语言中的重要组成部分，一般来说程序的逻辑结构包含三种：顺序结构、分支结构、循环结构。这三种不同的结构有一个共同点，就是它们都只有一个入口，也只有一个出口。在程序中使用这些逻辑结构到底有什么好处呢？这些只有单一入口和出口的程序具有易读、好维护的特点，也可以减少调试的时间。现在以流程图的方式来了解这三种结构的不同。

1．顺序结构

本章之前所讲的那些例子采用的都是顺序结构，即程序自上而下逐行执行，一条语句执行完之后继续执行下一条语句，一直到程序的末尾。顺序结构流程如图 3-1 所示。

顺序结构在程序设计中是最常使用的结构，在程序中扮演了非常重要的角色，因为大部分的程序基本上都是依照这种自上而下的流程来设计。

2．分支结构

分支结构是根据判断条件的成立与否，再决定要执行哪些语句的一种结构。分支结构流程如图 3-2 所示。这种结构可以依据判断条件来决定要执行的语句。当判断条件的值为真时，就运行"语句 1"；当判断条件的值为假时，则执行"语句 2"。不论执行哪一条语句，最后都会再回到"语句 3"继续执行。

3．循环结构

循环结构则是根据判断条件的成立与否，决定程序段落的执行次数，而这个程序段落就称为循环主体。循环结构流程如图 3-3 所示。

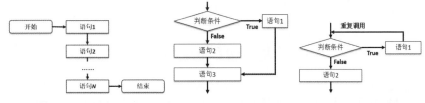

图 3-1　顺序结构流程　　　　图 3-2　分支结构流程　　　　图 3-3　循环结构流程

3.2　分　支　结　构

分支结构主要是根据布尔表达式的判断结果来决定是否执行某段程序代码，Python 中可以通过 if、else、elif 关键字实现分支处理。语法格式分别如下：

if 判断	If…else 判断	If…elif…else 多条件判断
if 布尔表达式： 　　条件满足时执行	if 布尔表达式： 　　条件满足时执行 else: 　　条件不满足时执行	if 布尔表达式： 　　条件满足时执行 elif　布尔表达式： 　　条件满足时执行 elif　布尔表达式： 　　条件满足时执行 [else: 　　条件不满足时执行]

在 Python 程序中，if 或 else 包含的语句都是利用缩进的形式来定义的，以上给出的三种分支语句的执行流程分别如图 3-4～图 3-6 所示。

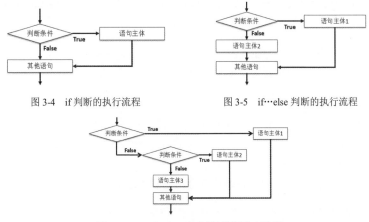

图 3-4　if 判断的执行流程　　　　　　图 3-5　if…else 判断的执行流程

图 3-6　if…elif…else 多条件判断的执行流程

实例：使用 if 判断语句

```
# coding:UTF-8
age = 20                                      # 定义整型变量
if 18 < age <= 22:                            # 分支语句
    print("我是一个大学生，拥有无穷的拼搏与探索精神!")  # 利用缩进定义分支结构
print("开始为自己的梦想不断努力拼搏!")            # 程序信息输出
程序执行结果：
我是一个大学生，拥有无穷的拼搏与探索精神！
开始为自己的梦想不断努力拼搏！
```

if 语句是根据逻辑判断条件的结果来决定是否要执行代码中的语句，由于此时判断条件为 True，所以 if 语句中的代码可以正常执行。

实例：使用 if…else 判断语句

```
# coding:UTF-8
money = 20.00                                # 当时口袋中的全部资产
if money >= 19.8:                            # 判断条件
    print("骄傲地走到售卖处，霸气地拿出 20 元，说不用找了，来份盖浇饭!")
                                             # 条件满足时的提示信息
else:                                        # 条件不满足时执行
    print("在灰暗的角落等待着别人剩下的东西，后面的场景自己脑补~")
                                             # 条件不满足时的提示信息
print("好好吃饭，好好地喝，感恩生活让我有吃喝的权利!")# 程序信息输出
程序执行结果：
骄傲地走到售卖处，霸气地拿出 20 元，说不用找了，来份盖浇饭！
好好吃饭，好好地喝，感恩生活让我有吃喝的权利！
```

本程序使用 if…else 语句进行了布尔表达式的执行判断，如果条件满足，则执行 if 语句代码；如果条件不满足，则执行 else 语句代码。

实例：使用 if…elif…else 多条件判断语句

```
# coding:UTF-8
score = 90.00                               # 考试成绩
if 90.00 <= score <= 100.00:                # 判断条件 1
    print("优等生!")                         # 信息输出
elif 60.00 <= score < 90.00:                # 判断条件 2
    print("良等生!")                         # 信息输出
else:                                        # 条件不满足时执行
    print("差等生。")                         # 信息输出
程序执行结果：
优等生！
```

使用多条件判断可以对多个布尔条件进行判断，第一个条件使用 if 结构定义，其余的条件使用 elif 结构定义，如果所有的条件都不满足，则执行 else 语句代码。

3.3 断　言

程序开发是一个烦琐且复杂的逻辑工程，当处理逻辑增多时就有可能会出现一些错误的处理结果。Python 语言中提供了 assert 关键字以实现断言，利用此机制就可以在程序开发过程中发现由于程序逻辑处理错误而导致计算结果错误的问题。

实例： 观察 assert 关键字的使用

```
# coding:UTF-8
age = 18                    # 定义整型变量
…                          # 假设中间要经历若干次的 age 变量内容修改操作
assert 18 < age < 50 , "age 变量内容处理错误!" # 程序断言，看是否满足判断条件
print("您的年龄是：%d" % age)  # 信息输出
程序执行结果：
AssertionError: age 变量内容处理错误!
```

此时断言直接定义在 Python 程序中，由于判断条件表达式为 False，所以会产生断言错误，并输出指定的错误信息。

3.4 循 环 结 构

循环结构的主要特点是可以根据某些判断条件来重复执行某段程序代码。Python 语言的循环结构分为两种类型：while 循环结构和 for 循环结构。

3.4.1　while 循环结构

while 循环是一种较为常见的循环结构，利用 while 语句可以实现循环条件的判断，当判断条件满足时，则执行循环体的内容。循环结构有如下两种语法形式。

while 循环	while…else 循环
while 循环结束判断： 　　循环语句 　　修改循环结束条件	while 循环结束判断： 　　循环语句 　　修改循环结束条件 else: 　　循环语句执行完毕后的语句

通过以上语法形式可以发现，在使用 while 循环前一定要先进行循环条件的判断，当循环条件满足时才会执行循环体的主体语句，同时需要修改相应的循环条件，否则会出现死循环的情况。这两种循环的流程分别如图 3-7 和图 3-8 所示。

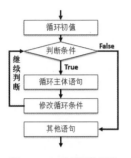

图 3-7　while 循环的流程　　　　图 3-8　while…else 循环的流程

以上两种循环语句中都必须有循环的初始化条件。每次循环结束前都要去修改这个条件，以判断循环是否结束。下面通过具体的实例来解释这两种循环结构的使用。

 注意：避免死循环

对于许多的初学者而言，循环是需要面对的第一道程序学习的关口，相信不少读者也遇见过死循环的问题，而造成死循环的原因很容易理解，即循环条件永远满足，所以循环体一直会被执行。而造成死循环的唯一原因就是每次循环执行时没有修改循环的结束条件。

实例：使用 while 循环实现 1～100 的数字累加

```
# coding:UTF-8
sum = 0                          # 保存累加计算结果
num = 1                          # 循环初始化条件
while num <= 100:                # 循环判断
    sum += num                   # 数据累加
    num += 1                     # 修改循环条件
print(sum)                       # 输出最终计算结果
程序执行结果：
5050
```

本程序利用 while 循环结构实现了数字的累加处理，由于判断条件为"num <= 100"，并且每一次 num 变量自增长为 1，所以该循环语句会执行 100 次。本程序执行流程如图 3-9 所示。

实例：使用 while…else 循环实现 1～100 的数字累加

```
# coding:UTF-8
sum = 0                          # 保存累加计算结果
num = 1                          # 循环初始化条件
while num <= 100:                # 循环判断
    sum += num                   # 数据累加
    num += 1                     # 修改循环条件
else:                            # 循环执行完毕后执行此语句
    print(sum)                   # 输出最终计算结果
print("计算完毕")
程序执行结果：
5050
计算完毕
```

使用 while…else 语句的最大优势在于可以专门为循环结束后的操作设置单独的语句块。程序的执行流程如图 3-10 所示。

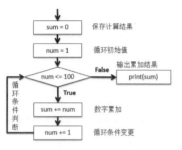

图 3-9　while 实现累加的执行流程

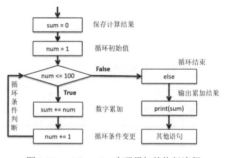

图 3-10　while…else 实现累加的执行流程

实例：输出一个斐波那契数列（在 1000 以内的数值）

斐波那契数列即著名的兔子数列，基本结构为 1、1、2、3、5、8、13、21、34、55…，该数列最大的特点在于，从数列的第三项开始，每个数的数值为其前两个数之和。

```
# coding:UTF-8
num_a = 0                        # 定义初始化输出值
num_b = 1                        # 定义初始化输出值
while num_b < 1000:              # 输出值不超过 1000
    print(num_b, end="、")       # 输出数据
    num_a, num_b = num_b, num_a + num_b    # 数据计算
程序执行结果：
1、1、2、3、5、8、13、21、34、55、89、144、233、377、610、987、
```

由于斐波那契数列需要重复进行数字"两两相加"计算处理，所以在本程

序中首先声明了两个变量（num_a、num_b），并利用循环实现了两个变量的相加与 num_b 变量值的输出处理。

3.4.2 for 循环结构

在明确已知循环次数或者要进行序列数据（字符串就属于一种序列类型）遍历的情况下，可以利用 for 循环结构来实现循环控制。Python 中 for 循环结构有两种使用形式。

for 循环	for…else 循环
for 变量 in 序列： 　循环语句	for 变量 in 序列： 　循环语句 else： 　循环语句执行完毕后的语句

通过以上给定的两种 for 循环格式可以发现，在使用 for 循环的时候会自动将指定序列的数据依次取出并保存在变量中，这样就可以在 for 循环中对该数据进行操作。这两种 for 循环的操作流程分别如图 3-11 和图 3-12 所示。

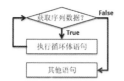

图 3-11　for 循环的操作流程

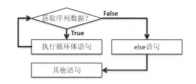

图 3-12　for…else 循环的操作流程

实例：使用 for 循环

```
# coding:UTF-8
for num in {1, 2, 3}:              # 定义要输出的数据范围
    print(num, end="、")          # 输出每次获取的数据
程序执行结果：
1、2、3、
```

如果要想使用 for 循环，往往需要设置一个数据的输出范围，本次使用{1, 2, 3}设置了三个数据内容，所以只会执行三次遍历操作。然而这种做法适用于循环次数少的情况，而循环次数多的情况最好通过"range(开始值, 最大值, 步长)"函数来生成一个遍历范围。

实例：使用 for 循环实现 1～100 的数字累加

```
# coding:UTF-8
sum = 0                           # 定义变量保存计算总和
for num in range(101):            # 生成最大数字为 100，范围为 0～100，遍历 100 次
    sum += num                    # 数据累加
```

```
print(sum)                          # 输出累加结果
```
程序执行结果：
```
5050
```

本程序利用 range() 函数生成了一个数字的遍历范围{0, …, 100}（最大值没有超过 101），在每次迭代时都通过 sum 变量保存累加结果。

 提示：使用 range() 函数生成数据边界

如无特殊指定，在默认情况下 range() 函数生成的数据都是从 0 开始，即 range(5) 的范围就是{0, 1, 2, 3, 4}五个数值。如果想指定数据生成范围，可以使用 "range(开始数值,最大数值)" 的形式完成。

实例： 指定 range() 函数生成的数据范围

```
# coding:UTF-8
for num in range(3, 5):              # 数据范围：3、4
    print(num, end="、")             # 信息打印
```
程序执行结果：
```
3、4、
```

此时生成的数据范围不再从 0 开始，这样的操作就给了循环控制很大的灵活性。

实例： 使用 for…else 循环实现 1～100 的数字累加

```
# coding:UTF-8
sum = 0                             # 定义变量保存计算总和
for num in range(101):              # 生成的最大数字为 100，范围为 0～100
    sum += num                      # 遍历 100 次执行数据累加
else:                               # for 语句执行完毕后执行（判断条件不满足）
    print(sum)                      # 输出累加结果
print("计算结束。")                  # 输出提示信息
```
程序执行结果：
```
5050
计算结束。
```

在 for 语句中使用的 else 语句将在 for 循环全部遍历完成后执行。除了可以针对数据范围进行迭代之外，for 循环的主要功能是针对序列数据进行迭代，以字符串为例，在使用 for 循环迭代时会依次获取字符串中的每一个字符。

实例： 字符串迭代处理

```
# coding:UTF-8
msg = "www.yootk.com"              # 定义字符串变量
for item in msg:                   # 字符串遍历
    if 97 <= ord(item) <= 122:     # 97～122 范围的编码为小写字母
```

```
        upper_num = ord(item) - 32      # 小写字母编码转换为大写字母编码
        print(chr(upper_num) , end="、") # 将编码值转换为字符
    else:                               # 不是小写字母编码，不处理
        print(item, end="、")           # 信息输出
程序执行结果：
W、W、W、.、Y、O、O、T、K、.、C、O、M、
```

本程序实现了一个字符串的迭代输出，在每次迭代时利用字母的编码将字符串中的小写字母转换为大写字母。

3.4.3 循环控制语句

在循环结构中只要循环条件满足，循环体的代码就会一直执行，但是在程序中也提供有两个循环停止的控制语句：continue（退出本次循环）、break（退出整个循环）。此类语句在使用时往往要结合分支语句进行判断。

实例： 使用 continue 语句控制循环

```
# coding:UTF-8
for num in range(1, 10):        # 10 次循环操作
    if num == 3:                # continue 需要结合 if 分支使用
        continue                # 退出单次循环
    print(num, end="、")        # 内容输出
程序执行结果：
1、2、4、5、6、7、8、9、
```

此时的程序中使用了 continue 语句，而结果中却发现缺少了 3 的内容打印，这是因为使用 continue 结束当前一次循环后直接进行了下一次循环的操作。本操作的流程如图 3-13 所示。

实例： 使用 break 语句控制循环

```
# coding:UTF-8
for num in range(1, 10):        # 10 次循环操作
    if num == 3:                # break 需要结合 if 分支使用
        break                   # 退出整个循环
    print(num, end="、")        # 内容输出
程序执行结果：
1、2、
```

本程序在 for 循环中使用了一个分支语句判断在 num 为 3 的时候是否需要结束循环。而通过运行结果也可以发现，当 num 的值为 3 之后，循环不再执行了。本操作的流程如图 3-14 所示。

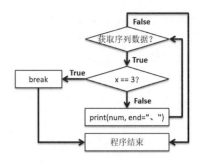

图 3-13　continue 语句的流程　　　　　　图 3-14　break 语句的流程

3.4.4　循环嵌套

循环结构可以在循环体内部嵌入若干个子循环结构，以实现更加复杂的循环控制结构。但是需要注意的是，这类循环结构有可能增加程序复杂度。

实例：打印乘法口诀表

```
# coding:UTF-8
for x in range(1, 10):                 # 外层循环，范围为1~9
    for y in range(1, x + 1):          # 内层循环，通过外层循环控制次数
        print("%d * %d = %d" % (y, x, x * y), end="\t")   # 输出计算结果
    print()                            # 换行
```

程序执行结果：
```
1*1=1
1*2=2    2*2=4
1*3=3    2*3=6    3*3=9
1*4=4    2*4=8    3*4=12   4*4=16
1*5=5    2*5=10   3*5=15   4*5=20   5*5=25
1*6=6    2*6=12   3*6=18   4*6=24   5*6=30   6*6=36
1*7=7    2*7=14   3*7=21   4*7=28   5*7=35   6*7=42   7*7=49
1*8=8    2*8=16   3*8=24   4*8=32   5*8=40   6*8=48   7*8=56   8*8=64
1*9=9    2*9=18   3*9=27   4*9=36   5*9=45   6*9=54   7*9=63   8*9=72   9*9=81
```

本程序使用了两层循环控制输出，其中第一层循环是控制输出的行；而另外一层循环是控制输出的列，并且为了防止出现重复数据（例如，"1 * 2"和"2 * 1"计算结果重复），让 y 每次的循环次数受到 x 的限制，每次里面的循环执行完毕后就输出一个换行。本程序的执行流程如图 3-15 所示。

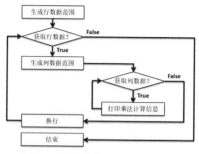

图 3-15　打印乘法口诀表的执行流程

实例：利用循环嵌套输出三角形

```python
# coding:UTF-8
line = 5                              # 打印的总行数
for x in range(0, line):             # 外层循环控制输出行
    for z in range(0, line - x):     # 随着行的增加，输出的空格数减少
        print("", end=" ");          # 信息输出
    for y in range(0, x + 1):        # 随着行的增加，输出的"*"增多
        print("*", end=" ")          # 信息输出
    print()                          # 换行
```

程序执行结果：
```
    *
   * *
  * * *
 * * * *
* * * * *
```

本程序利用外层 for 循环进行了三角形行数的控制，并且在每行输出完毕后都会输出换行，在内层 for 循环进行了"空格"与"*"的输出，随着输出行数的增加，"空格"数量逐步减少，而"*"数量逐步增加。本程序的执行流程如图 3-16 所示。

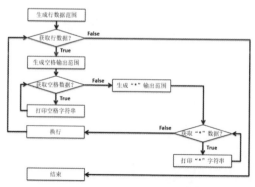

图 3-16　打印三角形的执行流程

提示：利用新的做法输出三角形

对于三角形的输出，传统做法是利用双层 for 循环的形式实现，但是在 Python 中字符串可以直接使用乘法（*）计算，所以对于以上操作，Python 有更加简单的实现方式。

实例：通过 Python 的特点实现代码的改进

```
# coding:UTF-8
line = 5                              # 总共打印的行数
for x in range(0, line):              # 循环控制输出行
    print(" " * (line - x),end=" ")   # 输出空格
    print("* " * (x + 1))             # 输出 "*"
```

本程序利用字符串的乘法（*）只通过单层循环就实现了同样的功能，相比较其他语言，本操作实现更加简单。

3.5　本　章　小　结

1．if 语句可依据判断条件的结果来决定程序的流程。

2．分支结构包括 if、if…else 及 if…elif…else 语句，语句中加上了选择的结构之后，就像是十字路口，根据不同的选择，程序的运行会有不同的方向与结果。

3．需要重复执行某项功能时，循环就是最好的选择。可以根据程序的需求与习惯，选择使用 Python 提供的 for 及 while 循环来完成。

4．break 语句可以让程序强制退出循环。当程序运行到 break 语句时，即会离开循环，继续执行循环外的下一个语句。

5．continue 语句可以强制程序跳到循环的起始处，当程序运行到 continue 语句时，即会停止运行剩余的循环主体，而使程序流程跳到循环的开始处继续运行。

第4章 序 列

序列是一组有序数据的集合，通过序列不仅可以实现多个数据的保存，而且可以采用相同的方式进行序列数据的访问，最为重要的是，序列可以利用切片的概念获取部分子序列的数据。在 Python 中，列表、元组、字典、字符串构成了序列的概念。本章将讲解序列的相关定义以及操作函数。

4.1 列 表

列表（List）是一种常见的序列类型，Python 中的列表除了可以保存多个数据之外，也可以动态地实现对列表数据的修改。下面将详细讲解关于列表的各项操作。

4.1.1 列表的基本定义

在 Python 中，如果要创建列表，直接采用赋值的形式即可，所有的列表数据要求使用"[]"进行定义，在进行数据获取时采用索引的形式完成，每一个列表对象的索引范围为"0～（列表长度-1）"。列表的基本定义与访问实例如下。

实例：定义并访问列表

```
# coding:UTF-8
infos = ["李兴华", "yootk.com", "沐言优拓"]    # 定义一个列表
print(infos[0], end="、")                      # 获取索引为 0 的列表数据
print(infos[1], end="、")                      # 获取索引为 1 的列表数据
print(infos[2], end="、")                      # 获取索引为 2 的列表数据
程序执行结果：
李兴华、yootk.com、沐言优拓、
```

本程序定义了一个名为 infos 的列表对象，同时为该列表定义了三个元素，随后通过索引的方式获取列表中的每一个元素数据。

注意：关于列表访问索引

列表序列中的索引范围是从 0 开始的，而最大索引值为"列表长度-1"，如果在访问列表时超过了索引范围，则会产生 IndexError 异常。

实例：列表索引访问错误

```
# coding:UTF-8
infos = ["李兴华", "yootk.com", "沐言优拓"]    # 定义一个列表
print(infos[5])                             # 超过索引范围
程序执行结果：
IndexError: list index out of range
```

在本程序中，由于 infos 列表序列没有索引为 5 的数据，所以访问时出现了 IndexError 异常。如果要想获取列表的数据保存个数，则可以利用 len()函数来实现。

实例：计算列表长度

```
# coding:UTF-8
infos = ["李兴华", "yootk.com", "沐言优拓"]    # 定义一个列表
print(len(infos))                           # 获取列表长度
程序执行结果：
3
```

本程序通过 len()函数动态地获取列表长度，在程序中再结合分支语句就可以避免 IndexError 异常。

实际上，Python 中的列表和 C、C++、Java 语言中的数组概念非常类似，而唯一不同的是 Python 中的列表长度是可以改变的，而其他语言中的数组长度一旦声明则不可改变。

在 Python 中，除了可以通过正向索引访问列表之外，也可以利用负数实现反向索引访问列表。正向索引与反向索引的对应关系如图 4-1 所示。

正向索引	0	1	2
列表数据	"李兴华"	"yootk.com"	"沐言优拓"
反向索引	-3	-2	-1

图 4-1　正向索引与反向索引的对应关系

实例：通过反向索引访问列表数据

```
# coding:UTF-8
infos = ["李兴华", "yootk.com", "沐言优拓"]    # 定义一个列表
print(infos[-1], end="、")                   # 获取指定索引数据
print(infos[-2], end="、")                   # 获取指定索引数据
print(infos[-3], end="、")                   # 获取指定索引数据
```

程序执行结果：

沐言优拓、yootk.com、李兴华、

    本程序利用反向索引实现了数据由前向后的输出操作。需要注意的是，反向索引操作时也同样需要考虑索引越界问题。例如，如果使用了 infos[-4]，则同样会出现 IndexError 异常。

提示：列表中可以保存多种数据类型

    在 Python 中，一个列表可以同时保存不同的数据类型，即一个列表中可以同时保存字符串、数字、布尔值，甚至其他列表。

实例：在列表中保存多种数据类型

```
# coding:UTF-8
msgs = ["yootk.com", 100, complex(10, 2), 915.9, True]
                                    # 列表中保存各种数据类型
print(msgs)                         # 输出列表数据
if type(msgs[1]) == int:            # 判断数据类型
    print("索引 1 的数据是整型。")    # 提示信息
```

程序执行结果：

```
['yootk.com', 100, (10+2j), 915.9, True]
索引 1 的数据是整型。
```

    本程序在一个列表中定义了若干种不同的数据类型，而这样的存储结构在进行操作时要求用户必须判断列表项的数据类型，才可以进行正确的数据操作。

    列表数据除了可以通过索引访问外，也可以直接利用 for 循环实现迭代输出，这样的方式可以避免索引越界导致的索引错误。

实例：使用 for 循环遍历列表数据

```
# coding:UTF-8
infos = ["李兴华", "yootk.com", "沐言优拓"]    # 定义一个列表
for item in infos:                           # for 循环列表
    print(item, end="、")                     # 输出迭代项
```

程序执行结果：

李兴华、yootk.com、沐言优拓、

提问：如何通过索引进行迭代？

    既然 Python 语言的列表等同于其他语言的数组，那么如何确定循环次数，并利用索引结合 for 循环实现输出呢？

回答：通过 len()函数确定循环次数。

    在列表中可以利用 len()函数获取列表数据的长度，那么结合 range()函数嵌套使用就可以确定 for 循环的循环次数，并利用索引访问列表。

实例：通过 for 循环使用索引输出列表项

```
# coding:UTF-8
infos = ["李兴华", "yootk.com", "沐言优拓"]          # 定义一个列表
for index in range(len(infos)):                      # for 循环列表
    print(infos[index], end="、")                    # 输出列表项
```
程序执行结果：
李兴华、yootk.com、沐言优拓、

本程序通过 len()函数获取了列表中的数据个数，随后 range()函数根据个数生成 for 循环输出范围，这样每一次迭代所获取的就是一个索引数值，就可以实现列表中指定数据的获取。

列表属于一个有序的集合，在进行序列操作过程中会有数据修改的需求，开发者可以直接依据索引的形式"列表[索引] = 新值"实现列表中指定内容的修改操作。

实例：修改指定索引数据

```
# coding:UTF-8
infos = ["李兴华", "yootk.com", "沐言优拓"]          # 定义一个列表
infos [0] = "小李老师"                               # 修改指定索引数据
for item in infos:                                   # for 循环列表
    print(item, end="、")                            # 输出列表项
```
程序执行结果：
小李老师、yootk.com、沐言优拓、

本程序利用索引修改了 infos[0]所保存的数据信息，程序的内存关系如图 4-2 所示。

（a）定义 infos 列表

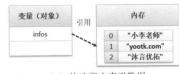
（b）修改指定索引数据

图 4-2　程序的内存关系

在定义 Python 列表结构时可以利用乘法（*）实现指定内容的重复定义，也可以利用连接符"+"实现序列的连接。下面通过两个具体的实例代码进行演示。

实例：在列表上使用乘法（*）操作

```
# coding:UTF-8
infos = ["李兴华", "yootk.com", "沐言优拓"] * 3      # 数据重复 3 次
nons= [None] * 3                                     # 空值列表
```

```
print(infos)                                    # 输出列表信息
print(nons)                                     # 输出列表信息
```
程序执行结果：
```
['李兴华', 'yootk.com', '沐言优拓', '李兴华', 'yootk.com', '沐言优拓', '李兴华',
'yootk.com', '沐言优拓']
[None, None, None]
```

本程序在定义序列时将已有的序列内容利用乘法（*）计算重复定义了 3 遍，如果列表中的列表项为空（None），同样也可以利用乘法（*）扩充列表容量。

实例：通过"+"连接多个序列

```
# coding:UTF-8
infos = ["李兴华", "yootk.com"] + ["小李老师", "沐言优拓"]  # 连接列表
print(infos)                                    # 输出列表信息
```
程序执行结果：
```
['李兴华', 'yootk.com', '小李老师', '沐言优拓']
```

本程序利用连接符"+"实现了序列内容的扩充，并且连接的序列会默认追加到已有序列的内容之后。

4.1.2 数据分片

一个列表中往往会保存有许多的数据内容，除了通过索引的方式获取单个列表项的数据之外，也可以利用对索引范围的控制将某几个相邻的列表项抽取出来，这样的操作就称为列表的分片，如图 4-3 所示。

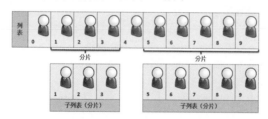

图 4-3　列表数据分片

在进行数据分片处理中，需要明确设置操作的索引范围。分片属于 Python 原生语法支持，开发者可以直接进行调用。该语法的具体定义如下：

```
列表对象[开始索引：结束索引：步长]
```

在使用以上语法进行列表数据分片获取时有以下几种使用形式。

↘ 设置访问范围：列表对象[开始索引：结束索引]。
↘ 设置索引捷径：列表对象[开始索引：]（从指定索引截取到结尾）、列表对象[：结束索引]（从索引 0 截取到指定索引）。

↘ 设置步长：列表对象[开始索引 : 结束索引 : 步长]，默认步长为 1，表示依序获取。

实例：截取列表部分数据

```
# coding:UTF-8
numbers = ["A", "B", "C", "D", "E", "F", "I", "J", "K"]    # 定义列表
numbers_slice_a = numbers[3 : 7]        # 截取索引 3～7 的数据信息
print(numbers_slice_a)                  # 输出分片结果
numbers_slice_b = numbers[-7 : -3]      # 截取索引-7～-3 的数据信息
print(numbers_slice_b)                  # 输出分片结果
程序执行结果：
['D', 'E', 'F', 'I'] （"numbers[3:7]"截取结果）
['C', 'D', 'E', 'F'] （"numbers[-7 : -3]"截取结果）
```

列表切片数据的截取操作是通过对索引范围的控制来实现的，所设置的索引除了可以使用正数由前向后截取外，也可以设置为负数由后向前截取。本程序的列表数据与索引关系如图 4-4 所示。

分片范围：[3 : 7]

正向索引	0	1	2	3	4	5	6	7	8
列表数据	"A"	"B"	"C"	"D"	"E"	"F"	"I"	"J"	"K"
反向索引	-9	-8	-7	-6	-5	-4	-3	-2	-1

分片范围：[-7 :-3]

图 4-4　列表数据与索引关系

实例：通过捷径实现列表分片

```
# coding:UTF-8
numbers = ["A", "B", "C", "D", "E", "F", "I", "J", "K"]    # 定义列表
numbers_slice_a = numbers[3:]  # 截取索引 3 及以后的全部数据
print(numbers_slice_a)
numbers_slice_b = numbers[-7:] # 截取索引-7 及以后的全部数据
print(numbers_slice_b)
numbers_slice_c = numbers[:-7] # 从开始截取到索引-7 的全部数据（等价[0:-7]）
print(numbers_slice_c)
程序执行结果：
['D', 'E', 'F', 'I', 'J', 'K']
['C', 'D', 'E', 'F', 'I', 'J', 'K']
['A', 'B']
```

本程序通过索引捷径的方式实现列表分片，即只需要设置一个开始索引和结束索引就可以获取剩余的全部数据。该索引操作的分析如图 4-5 所示。

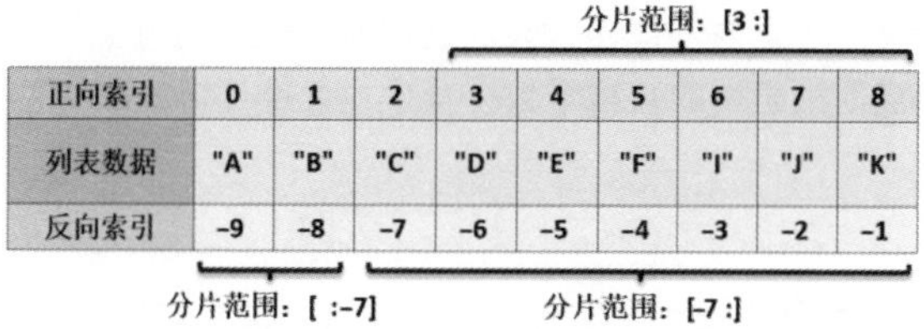

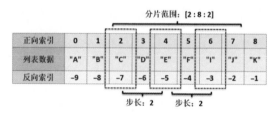

图 4-5 索引操作的分析

默认情况下，列表分片操作只需要设置一个索引的操作范围，就会自动依次进行相邻数据内容的获取，默认采用的步长为 1。如果用户有需要，也可以修改操作的步长，以实现对索引范围内部分数据的获取。

实例：设置截取步长

```
# coding:UTF-8
numbers = ["A", "B", "C", "D", "E", "F", "I", "J", "K"] # 定义列表
numbers_slice = numbers[2:8:2]                          # 截取步长为 2
print(numbers_slice)                                    # 输出分片结果
```
程序执行结果：
```
['C', 'E', 'I']
```

本程序设置分片获取数据的索引范围为 2～8，在不修改默认步长的情况下，应该获取 6 个元素，但是由于将步长设置为 2，所以最终只返回了 3 个元素，如图 4-6 所示。

图 4-6 修改步长

利用列表分片功能不仅可以实现对子列表的内容进行截取，而且可以实现对分片数据的赋值操作。这里的赋值相当于用新的列表内容替换分片的部分数据。

实例：分片内容替换

```
# coding:UTF-8
numbers = ["A", "B", "C", "D", "E", "F", "I", "J", "K"]  # 定义列表
numbers[2:8] = ["X", "Y", "Z"]                           # 分片数据替换
print(numbers)                                           # 输出分片结果
```
程序执行结果：
```
['A', 'B', 'X', 'Y', 'Z', 'K']
```

本程序设置了一个内容替换的分片范围为 2～8，而替换数据只有 3 个，因而替换完成后当前列表中的数据个数会减少。替换分析如图 4-7 所示。

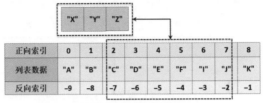

（a）列表数据替换前

正向索引	0	1	2	3	4	5
列表数据	"A"	"B"	"X"	"Y"	"Z"	"K"
反向索引	-6	-5	-4	-3	-2	-1

（b）分片赋值

图 4-7　替换分析

提示：实现列表部分数据的删除

既然利用分片可以实现部分数据的替换，那么只要设置要替换的数据为空列表，则表示删除列表部分数据。

实例：删除列表部分数据

```
# coding:UTF-8
numbers = ["A", "B", "C", "D", "E", "F", "I", "J", "K"]   # 定义列表
numbers[2:8] = []                                        # 删除数据
print(numbers)                                           # 输出列表内容
```
程序执行结果：
```
['A', 'B', 'K']
```

本程序通过设置一个空集合实现了指定索引范围内的数据删除。

在进行分片数据赋值时也可以利用设置步长来实现对部分内容的替换操作。

实例：分片数据替换并设置步长

```
# coding:UTF-8
numbers = ["A", "B", "C", "D", "E", "F", "I", "J", "K"]   # 定义列表
numbers[2:8:2] = ["X", "Y", "Z"]                         # 分片数据替换
print(numbers)                                           # 输出列表内容
```
程序执行结果：
```
['A', 'B', 'X', 'D', 'Y', 'F', 'Z', 'J', 'K']
```

本程序要替换指定分片范围内的数据，由于步长设置为 2，所以会用 X、Y、Z 替换分片中已经存在的 C、E、I 内容。分片数据替换操作如图 4-8 所示。

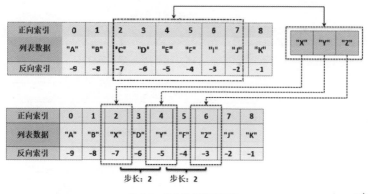

图 4-8　分片数据替换操作

4.1.3　成员运算符

列表是一个数据集合，判断某一个数据是否存在于列表中，可以通过表 4-1 所示的成员运算符实现。

表 4-1　成员运算符

序　号	运　算　符	描　　述	操　作　范　例
1	in	判断数据是否在列表之中	10 in [1,3,5,10,20]，判断结果为 True
2	not in	判断数据是否不在列表之中	99 not in [1,3,5,10,20]，判断结果为 True

实例：使用成员运算符 in

```
# coding:UTF-8
numbers = [1, 3, 5, 7, 9]          # 定义列表
if 3 in numbers:                    # 判断列表中是否包含指定内容
    print("数字 3 存在于列表之中!")    # 输出信息提示
```
程序执行结果：
数字 3 存在于列表之中!

本程序利用成员运算符 in 进行了成员存在与否的判断，当判断数据在列表中存在时将返回 True，并进行相应提示信息输出。

4.1.4　列表操作函数

Python 中列表最大的特点在于可以方便地对列表进行扩充、增加、删除、排序与反转等操作，这些操作可以利用表 4-2 所示的函数实现。

表 4-2　列表操作函数

序　号	函　数	描　述
1	append(data)	在列表最后追加新内容
2	clear()	清除列表数据
3	copy()	列表复制
4	count(data)	统计某一个数据在列表中的出现次数
5	extend(列表)	为一个列表追加另外一个列表
6	index(data)	从列表中查询某个数据第一次出现的位置
7	insert(index , data)	向列表中指定索引位置追加新数据
8	pop(index)	从列表弹出一个数据并删除
9	remove(data)	从列表删除数据
10	reverse()	列表数据反转
11	sort()	列表数据排序

实例：列表内容扩充

```
# coding:UTF-8
infos = []                                    # 定义一个空列表
print("初始化列表长度：%d" % len(infos))       # 获取列表长度
infos.append("李兴华")                         # 在列表的最后追加数据
infos.insert(1, "小李老师")                    # 在索引为 1 的位置上插入数据
infos.extend(["yootk.com", "沐言优拓"])        # 追加另外一个列表
print("列表扩展后长度：%d" % len(infos))       # 获取扩展后列表长度
for item in infos:                            # for 循环列表
    print(item, end="、")                      # 输出列表项
```
程序执行结果：
初始化列表长度：0
列表扩展后长度：4
李兴华、小李老师、yootk.com、沐言优拓、

　　本程序首先定义了一个空的列表 infos，随后利用 append() 与 insert() 两个
函数实现了单个数据的扩充，又使用 extend() 函数连接了其他的列表内容。这
种动态扩充容量的功能正是 Python 中列表的操作特点，基于这样的特点可以
降低用户开发的难度。

实例：列表数据复制

```
# coding:UTF-8
infos = ["李兴华", "yootk.com", "沐言优拓"]     # 定义一个列表并设置列表项
msgs = infos.copy()                           # 将 infos 列表内容复制一份
print("infos 保存地址编号：%d" % (id(infos)))  # 获取列表地址信息
```

```
print("msgs 保存地址编号：%d" % (id(msgs)))        # 获取列表地址信息
for item in msgs:                                # for 循环列表
    print(item, end="、")                        # 输出列表项
```
程序执行结果：
infos 保存地址编号：3028432
msgs 保存地址编号：3029592
李兴华、yootk.com、沐言优拓、

　　本程序利用列表的 copy() 函数将 infos 列表的内容复制给了 msgs 列表，所以两个列表拥有相同的数据信息，唯一的区别在于两者所占用的内存空间不同，如图 4-9 所示。

（a）开辟 infos 列表　　　　　　　　　　（b）infos 列表复制

图 4-9　列表复制操作

实例：列表数据删除

```
# coding:UTF-8
infos = ["李兴华", "yootk.com", "沐言优拓"]        # 定义一个列表并设置列表项
infos.remove("yootk.com")                         # 删除指定内容的数据
for item in infos:                                # for 循环列表
    print(item, end="、")                         # 输出删除数据的列表项
```
程序执行结果：
李兴华、沐言优拓、

　　本程序利用 remove() 函数实现了指定数据的删除操作，删除之后索引也会同时发生改变。本程序的内存关系如图 4-10 所示。

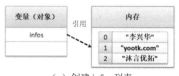
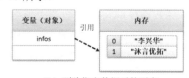

（a）创建 infos 列表　　　　　　　　　　（b）删除指定数据后的列表

图 4-10　列表数据删除后的内存关系

 提问：是否可以按照索引删除列表元素？

　　在使用 remove() 函数删除的时候需要明确地知道要删除的数据内容，如果此时不知道删除的具体数据，需要通过索引删除该如何处理？

回答：利用 del 关键字。

在第 2 章讲解变量概念的时候曾经讲解过 del 关键字，用户可以利用此关键字结合数据索引的方式删除元素。

实例：根据索引删除元素

```
# coding:UTF-8
infos = ["李兴华", "yootk.com", "沐言优拓"]    # 定义列表
del infos[1]                                 # 根据索引删除
for item in infos:                           # for 循环列表
    print(item, end="、")                    # 输出删除数据后的列表项
```
程序执行结果：
```
李兴华、沐言优拓、
```

此时实现了索引删除列表项的功能，并且使用 del 删除列表项后索引也会自动进行调整以防止出现索引编号中断的问题。

Python 还提供了一个列表数据的删除函数，即 pop() 函数，该函数的主要功能是可以依据索引实现内容的弹出操作（等价于删除），并且可以直接将弹出的内容返回给用户。

实例：列表内容弹出

```
# coding:UTF-8
infos = ["李兴华", "yootk.com", "沐言优拓"]          # 定义列表
for num in range(len(infos)):                      # for 循环列表
    # 数据一旦被弹出，则集合的长度就会发生改变，对应的数据索引也会自动修改
    print(infos.pop(0), end="、")                  # 输出弹出内容
print("\n 全部弹出后的集合内容：%s" % infos)           # 列表输出
```
程序执行结果：
```
李兴华、yootk.com、沐言优拓、
全部弹出后的集合内容：[]
```

本程序使用 pop() 函数并结合 for 循环实现了列表内容的弹出处理操作，由于 for 循环需要一个明确的循环范围，所以利用 range() 与 len() 函数的结合实现范围统计。本程序的操作流程如图 4-11 所示。

（a）定义列表　　　　　　　　（b）pop()第一次弹出结果

（c）pop()第二次弹出结果　　　　　　　　　（d）pop()第三次弹出结果

图 4-11　列表内容弹出的操作流程

 提问：为什么使用 del 关键字删除数据却还需要提供 pop()函数？

通过分析结果发现 pop()函数与使用 del 关键字进行数据删除时都可以依据索引完成。例如，以上通过 pop()函数弹出并删除列表内容的实例这可以通过 del 关键字实现。

实例：使用 del 关键字删除数据

```
# coding:UTF-8
infos = ["李兴华", "yootk.com", "沐言优拓"]       # 定义列表
for num in range(len(infos)):                   # for 循环列表
    del infos[0]                                # 删除数据
print("全部弹出后的集合内容：%s" % infos)        # 列表输出
程序执行结果：
全部弹出后的集合内容：[]
```

本程序同样实现了依据索引删除数据，那么既然已经有 del 关键字，为什么又需要提供一个 pop()函数呢？

 回答：可以把列表想象为一个先进先出的结构。

现在假设若干个用户等待着进行业务办理，但是由于办理业务的窗口只有一个，所以所有的人就需要按照顺序进行排队，当业务窗口空出之后，会按照排队的顺序依次办理，如图 4-12 所示。

（a）用户排队等待叫号　　　　　　　　　　（b）依序办理

图 4-12　业务办理流程

读者应该可以发现，图 4-12 所示的结构实际上就是一种先进先出（First Input First Output，FIFO）的数据结构。而 Python 中所提供的列表结构也拥有同样的效果。下面的代码演示了 FIFO 的操作。

实例：列表数据的追加与弹出

```
# coding:UTF-8
chars = []                                                      # 空列表
chars.append("A"); chars.append("B"); chars.append("C")         # 追加数据
```

```
print(chars.pop(0),end="、")                      # 弹出数据
print(chars.pop(0),end="、");                     # 弹出数据
print(chars.pop(0),end="、")                      # 弹出数据
```
程序执行结果：
A、B、C、

通过执行结果可以发现，最早追加的数据实际上都会被最早弹出。于是可以得出一个结论：使用 pop()函数在删除之前可以获取要删除的数据内容并进行相关处理操作，而使用 del 关键字只是简单地删除列表中的一个列表项。

Python 提供了两个对列表内容的顺序进行调整的函数：列表数据反转（reverse()）、列表数据排序（sort()），利用这两个函数可以方便用户实现数据处理。

实例：列表排序与反转

```
# coding:UTF-8
numbers = [3, 5, 1, 6, 8, 9, 0]              # 定义列表，数据没有顺序
numbers.sort()                               # 列表数据排序
print("列表排序后的结果：%s" % numbers)        # 输出排序后的列表内容
numbers.reverse()                            # 数据反转
print("列表反转后的结果：%s" % numbers)        # 输出排序后的列表内容
```
程序执行结果：
列表排序后的结果：[0, 1, 3, 5, 6, 8, 9]
列表反转后的结果：[9, 8, 6, 5, 3, 1, 0]

本程序首先定义了一个由数字组成并且无序的列表 numbers，随后利用 sort()函数实现了排序，并将排序后的结果利用 reverse()函数实现了反转。

 提示：列表相等判断

Python 在设计中一直提倡程序开发的简洁化，所以列表相等判断可以直接利用"=="进行，但是在比较时必须要注意比较顺序。

实例：列表相等判断

```
# coding:UTF-8
print([1, 2, 3] == [1, 2, 3])                        # 顺序相同，True
print([1, 2, 3] == [3, 2, 1])                        # 顺序不同，False
print([1, 2, 3].sort() == [3, 2, 1].sort())          # 排序后比较，True
```
程序执行结果：
True（顺序相同比较）
False（顺序不同比较）
True（排序后比较）

本程序演示了列表在不同顺序时的相等判断结果，但是为了防止有可能出现的顺序不一致的问题，在比较前通过 sort()函数进行排序。

在列表提供的函数中还存在指定列表项的个数统计与数据查询功能。

在列表定义时有可能会定义一些内容重复的数据，直接利用 count() 函数可以实现对指定列表项内容重复个数的统计。

实例：统计列表中指定内容的出现次数

```
# coding:UTF-8
numbers = [1, 2, 3, 4, 5, 6, 3, 1, 2]   # 定义列表
infos = ["小李老师","小李老师","小李老师","yootk.com"]
print(numbers.count(3))              # 统计数字 3 出现的次数
print(infos.count("小李老师"))        # 统计字符串"小李老师"出现的次数
```
程序执行结果：
2（数字 3 在 numbers 列表中出现了 2 次）
3（字符串"小李老师"在 infos 列表中出现了 3 次）

列表中提供了一个 index() 查找函数，利用此函数可以判断某一个列表数据是否存在，当列表数据存在时会返回该列表数据的索引位置；如果不存在，则会产生 ValueError 异常。

实例：列表数据查找

```
# coding:UTF-8
numbers = [1, 2, 3, 4, 5, 6, 3, 1, 2]     # 定义列表
print(numbers.index(3))                    # 从第 0 个索引位置开始查找
print(numbers.index(3, 4))                 # 从第 4 个索引位置开始查找
print(numbers.index(99))                   # 没有指定数据出现异常
```
程序执行结果：
2（从第 0 个索引开始检索时，索引为 2 处有一个数字 3）
6（从第 4 个索引开始检索时，索引为 2 处有一个数字 3）
ValueError: 99 is not in list（数字 99 不在列表中产生异常）

本程序利用 index() 函数实现了列表数据的查找，如果查找数据在列表中，则会返回索引位置；否则产生异常。

4.2 元　　组

元组（Tuple）是与列表类似的线性数据结构，与列表结构不同的是，元组中定义的内容既不允许被修改也不允许进行容量的动态扩充。在 Python 中元组的定义可以通过"()"完成。

实例：元组的定义与输出

```
# coding:UTF-8
infos = ("李兴华", "yootk.com", "沐言优拓")     # 定义元组
```

```
for item in infos:                          # 元组迭代
    print(item, end="、")                    # 输出元组项
```
程序执行结果：
李兴华、yootk.com、沐言优拓

　　本程序利用"()"实现了一个元组的定义与输出操作，可以发现元组与列表的基本操作形式非常类似。

 注意：元组内容无法修改

　　在不进行内容修改的情况下元组和列表是没有区别的，而一旦对元组进行修改，就会产生 TypeError 异常，以下面的代码为例。

实例：修改元组数据

```
# coding:UTF-8
# 如果元组只有一项内容，则在元组项的最后必须要有"，"，否则只是一个普通数据
infos = ("李兴华",)                          # 定义元组
infos[0] = "小李老师"                        # 不允许修改
```
程序执行结果：
TypeError: 'tuple' object does not support item assignment

　　本程序尝试了通过索引进行元组修改，执行时就会出现 TypeError 异常，所以元组无法修改。

　　需要提醒读者的是，元组在定义时也可以使用乘法（*）和连接（+）操作，但是这些操作并不是针对元组内容的修改，只不过以一个元组创建另外一个元组。

实例：元组计算操作

```
# coding:UTF-8
# 此时相当于将一个元组乘 2 后又连接了另外一个元组形成新的元组赋予 infos
infos = ("李兴华", "yootk.com", "沐言优拓") * 2 + ("Hello", "Yootk")
print(infos)                                # 输出元组
```
程序执行结果：
('李兴华', 'yootk.com', '沐言优拓', '李兴华', 'yootk.com', '沐言优拓',
'Hello', 'Yootk')

　　此时程序虽然使用了乘法（*）与连接（+）操作，但是并没有进行元组内容的修改，所以程序可以正常执行。

　　在 Python 中，为了方便进行序列类型的转换，提供了 tuple()函数以实现列表与元组结构的转换。

实例：将列表转换为元组

```
# coding:UTF-8
numbers = [1, 2, 3, 4, 5]                    # 定义列表
```

```
tuples = tuple(numbers)                          # 将列表转换为元组
print("numbers 变量的数据类型：%s" % type(numbers)) # 获取类型
print("tuples 变量的数据类型：%s" % type(tuples))  # 获取类型
程序执行结果：
numbers 变量的数据类型：<class 'list'>
tuples 变量的数据类型：<class 'tuple'>
```

本程序使用 tuple()函数将 numbers 列表的数据内容复制后形成了一个元组 tuples，即 numbers 与 tuples 的内容相同，唯一的区别在于 tuples 元组的内容无法修改。除了可以将列表转换为元组之外，也可以利用 list()函数将元组转换为列表。

实例：将元组转换为列表

```
# coding:UTF-8
numbers = (1, 2, 3, 4, 5)                         # 定义元组
infos = list(numbers)                             # 将元组转换为列表
print("numbers 变量的数据类型：%s" % type(numbers)) # 获取类型
print("infos 变量的数据类型：%s" % type(infos))    # 获取类型
程序执行结果：
numbers 变量的数据类型：<class 'tuple'>
infos 变量的数据类型：<class 'list'>
```

本程序定义了一个只包含数字的元组 numbers，随后利用 list()内置函数将元组转换为列表，为了验证转换的成功，输出了每个变量的类型。

4.3 序列统计函数

项目开发中会使用列表和元组进行数据存储，而且对列表数据可以进行动态添加配置，所以序列中往往保存大量的数据信息，Python 为了方便对这些数据进行统计操作，提供了如表 4-3 所示的序列统计函数。

表 4-3 序列统计函数

序 号	函 数	描 述
1	len(seq)	获取序列的长度
2	max(seq)	获取序列中的最大值
3	min(seq)	获取序列中的最小值
4	sum(seq)	计算序列中的内容总和
5	any(seq)	序列中有一个内容为 True 结果为 True，全部为 False 时结果为 False
6	all(seq)	序列中有一个内容为 False 结果为 False，全部为 True 时结果为 True

实例：数据统计操作

```
# coding:UTF-8
numbers = [1, 2, 3, 4, 5, 6, 3, 1, 2]          # 定义列表
print("元素个数：%d" % len(numbers))            # 统计列表元素个数
print("元素最大值：%d" % max(numbers))          # 统计列表最大值
print("元素最小值：%d" % min(numbers))          # 统计列表最小值
print("元素总和：%d" % sum(numbers))            # 统计列表元素总和
print(any((True, 1, "Hello")))                 # 判断元组内的结果
print(all((True, None)))                       # 判断元组内的结果
```

程序执行结果：
```
元素个数：9
元素最大值：6
元素最小值：1
元素总和：27
True（元组中的全部内容都不是 False）
False（元组中存在有一个 None，相当于 False）
```

本程序利用统计函数实现了列表中的数据个数、最大值、最小值、总和的数据统计，并且利用 any()和 all()函数分别对元组中的内容组成进行了判断。

4.4 字 符 串

字符串（str）是 Python 中最为常用的一种数据类型，一个字符串可以理解为由若干个字符组成的序列结构，它可以使用序列的所有相关操作，如字符串分片、数据统计等操作。

实例：字符串分片操作

```
# coding:UTF-8
title = "沐言优拓：www.yootk.com"          # 定义字符串
sub_url = title[5:]                        # 字符串切片
sub_name = title[:4]                       # 字符串切片
print(sub_url)                             # 输出字符串
print(sub_name)                            # 输出字符串
```

程序执行结果：
```
www.yootk.com
沐言优拓
```

本程序直接利用切片实现了子字符串的数据获取。值得注意的是，在 Python 中，为了简化开发者针对字符串的处理，操作将汉字与字母都作为一个字符的形式来处理，这样就减少了序列分片中可能产生的乱码问题。

提问：拆分的字符为何会产生乱码问题？

　　本程序在进行字符串切片的过程中合理地设置了切片的顺序，那为什么又要强调汉字与字母的不同？为什么会产生乱码？

 回答：因为字节为计算机的存储单位。

　　Python 语言的整体设计非常简单、轻巧，帮助许多的初学者屏蔽了一些设计上的问题。严格意义上来讲，在计算机中字节是构成数据存储的基本单位，每一个字节由八个二进制位组成，所以每一个字节的取值范围是-128 ~ 127。例如，之前讲解的 ASCII 码实现的大小写转换就是利用这种编码的形式处理的。按照传统的 ASCII 码来讲，一个英文字母占一个字节，一个汉字占两个字节，所以在许多语言进行字符串截取中文时就必须考虑截取的字节位数，一旦截取位数不对，就有可能出现如图 4-13 所示的情况。

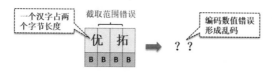

图 4-13　乱码产生分析

　　项目开发中最为常用的编码有两种。

❧ UTF-8 编码：一个英文字母或英文标点占一个字节，一个汉字（含繁体）或中文标点占三个字节。

❧ Unicode 编码（十六进制编码）：一个英文字母或英文标点占两个字节，一个汉字（含繁体）或中文标点占两个字节。

　　在 Python 中为了简化开发难度，已经对此编码进行了极大的简化处理，使得开发者不必过多关注底层编码的细节就可以实现所需要的功能。考虑到开发的标准性，本书建议读者使用 UTF-8 编码。关于编码的更进一步讲解请参考本书第 13 章内容。

　　字符串属于 Python 序列结构的一种子类型，所以也可以直接利用序列提供的统计函数实现字符串中的最大值、最小值、长度等信息统计。

实例：字符串信息统计

```
# coding:UTF-8
title = "www.yootk.com"                    # 定义字符串
print("字符串长度：%d" % len(title))         # 个数统计
print("最大字符：%c" % max(title))           # 最大值统计
print("最小字符：%c" % min(title))           # 最小值统计
程序执行结果：
字符串长度：13（len(title)统计结果）
最大字符：y（max(title)统计结果）
最小字符：.（min(title)统计结果）
```

本程序利用序列统计函数对字符串中的字符数据进行了统计操作，在使用 max() 与 min() 函数比较字符大小时都是基于字符编码的比较。

如果要确定某一个子字符串是否存在于一个字符串之中，可以直接使用成员运算符 in 或 not in 来判断。

实例：使用成员运算符 in

```
# coding:UTF-8
title = "www.yootk.com"                    # 定义字符串
if "yootk" in title:                       # 字符串查找
    print("子字符串存在。")                  # 输出结果信息
```
程序执行结果：
子字符串存在。

本程序利用成员运算符 in 判断"yootk"字符串是否存在于 title 变量中，如果存在，则直接输出提示信息。需要注意的是，in 或 not in 判断是区分字母大小写的。

4.4.1　字符串格式化

在 Python 中默认支持字符串的格式化操作，可以利用"%"来定义格式化标记，随后按照格式化标记的定义顺序进行内容的填充即可。为了进一步简化对字符串格式化的操作，Python 又提供了一个有关字符串格式化的 format() 函数，此函数可以通过字符串中定义的"{}"占位符标记进行内容填充。使用语法如下：

```
"… {成员标记 !转换格式 :格式描述} …".format(参数内容, …)
```

在每一组格式化文本中都包含以下三个组成内容，并且这三个内容都属于可选定义。

> ↘　**成员标记**：用于进行成员或参数序号定义，如果不定义，则参数需要按照顺序进行设置。

> ↘　**转换格式**：将指定参数的数据内容进行数据格式转换，需要使用如表 4-4 所示的转换标记完成。

> ↘　**格式描述**：提供若干配置选项，选项定义顺序为[[fill]align][sign][#][0][width][,][.precision][type]，每一个配置项的作用描述如表 4-5 所示。

表 4-4　转换标记

序　号	类 型 符	描　　述
1	a	将字符串按 Unicode 编码输出
2	b	将整数转换为二进制数
3	c	将整数转换为 ASCII 码

序　号	类型符	描　　述
4	d	十进制整数
5	e	将十进制数字转换为科学记数法使用 e 表示
6	E	将十进制数字转换为科学记数法使用 E 表示
7	f	浮点数显示，会将特殊值（nan、inf）转换为小写
8	F	浮点数显示，会将特殊值（nan、inf）转换为大写
9	g	浮点数和科学记数法之间表示形式，若整数位超过 6 位，与 e 相同；否则与 f 相同
10	G	浮点数和科学记数法之间表示形式，若整数位超过 6 位，与 E 相同；否则与 F 相同
11	o	将整数转换为八进制数
12	s	将数据以字符串的形式输出
13	r	将数据转换为供解释器输出的信息
14	x	将整数转换为十六进制数，字母部分用小写
15	X	将整数转换为十六进制数，字母部分用大写
16	%	将数值格式化为百分比形式

表 4-5　格式描述选项

序　号	选　项	描　　述
1	fill	空白填充配置，默认使用空格实现空白部分的填充
2	align	定义数据的对齐方式，在指定数据最小显示宽度时有效。有以下几种对齐模式。 ↘ <：左对齐（默认选项） ↘ >：右对齐 ↘ =：将填充数据放在符号与数据之间，仅针对数字有效 ↘ ^：居中对齐
3	sign	符号签名（只针对数字有效），有以下几种配置项。 ↘ +：所有数字均带有符号 ↘ -：仅负数带有符号（默认配置项） ↘ 空格：正数前面带空格，负数前面带符号
4	#	数字进制转换配置，自动在二进制、八进制、十六进制数值前添加对应的 0b、0o、0x 标记
5	,	自动在每三个数字之间添加 "," 分隔符
6	width	定义十进制数字的最小显示宽度，如果未指定，则由实际内容来决定宽度
7	.precision	数据保留的精度位数
8	type	数据类型。例如，字符串使用 "%s"，数字使用 "%d"

字符串提供的 format()格式化处理函数使用起来相对较为复杂。下面通过几个具体的实例进行讲解。

实例： 使用 format()函数格式化字符串

```
# coding:UTF-8
name = "小李同学"                                    # 姓名
age = 18                                             # 年龄
score = 97.5                                         # 成绩
message = "姓名：{}、年龄：{}、成绩：{}".format(name, age, score)
                                                     # format()函数
print(message)                                       # 输出操作结果
```
程序执行结果：
姓名：小李同学、年龄：18、成绩：97.5

本程序使用"{}"定义了最为基础的格式化数据占位标记，在进行数据填充时，只需要按照 format()函数标记的顺序传入所需要的数据就可以形成最终需要的内容。

在使用 format()函数格式化字符串的时候，也可以在格式化标记中对参数名称进行定义，这样在传入数据时只需要依照参数名称就可以自动进行匹配，使得格式化内容的传递更加清晰。

实例： 设置格式化参数名称

```
# coding:UTF-8
name = "小李同学"                                    # 姓名
age = 18                                             # 年龄
score = 97.5                                         # 成绩
# 格式化字符串，定义格式化参数名称，在设置时将通过名称设置参数
message = "姓名：{name_param}、年龄：{age_param}、成绩：{score_param}"\
        .format(age_param=age, name_param=name, score_param=score)
                                                     # format()函数
print(message)                                       # 输出操作结果
```
程序执行结果：
姓名：小李同学、年龄：18、成绩：97.5

本程序在定义格式化字符串的时候为每一个占位符都设置了相应的参数名称，于是在进行参数内容设置时就可以依据参数名称（顺序任意指派）实现内容填充。

 提示：通过参数顺序的指派传递参数

在 format()函数中，也可以为每一个参数定义内容的传入顺序。

实例：定义参数顺序

```
# coding:UTF-8
name = "小李同学"                                    # 姓名
age = 18                                            # 年龄
score = 97.5                                         # 成绩
# 定义格式化序号，这样传递的参数只需要按照序号顺序传入即可
message = "姓名：{2}、年龄：{0}、成绩：{1}".format(age, score, name)
                                                    # format()函数
print(message)                                       # 输出操作结果
```
程序执行结果：
姓名：小李同学、年龄：18、成绩：97.5

　　在本程序中可以发现用户自定义了参数的传入顺序，虽然这种方式可以实现格式化处理，但是与参数名称相比，此类操作方式在格式化标记较多的情况下不方便阅读，所以建议读者可以采用参数名称标记的形式进行数据设置。

　　列表中可以实现对多种类型的数据进行保存，所以开发者往往会将需要显示的内容保存在列表中，而字符串中的 format()函数可以直接依据列表的索引实现对相应内容的填充。

实例：通过索引项填充数据

```
# coding:UTF-8
infos = ["小李同学", 18, 97.5]                       # 定义列表
# 定义格式化序号，这样传递的参数只需要按照序号顺序传入即可
message = "姓名: {list_param[0]}、年龄: {list_param[1]}、成绩: {list_param[2]}".
format(list_param=infos)
print(message)                                       # 输出处理结果
```
程序执行结果：
姓名：小李同学、年龄：18、成绩：97.5

　　本程序直接在 format()函数中接收了一个列表对象 infos（包含姓名、年龄、成绩信息），随后在给定的模板中按照约定的顺序从列表中获取数据进行内容填充。

实例：数据格式化处理

```
# coding:UTF-8
print("UNICODE 编码: {info!a}".format(info="小李老师"))        # 输出格式化结果
print("成绩: {info:6.2f}".format(info=98.23567))            # 输出格式化结果
print("收入: {numA:G}、收入: {numB:E}".format(numA=92393, numB=92393))
                                                           # 输出格式化结果
print("二进制数据: {num:#b}".format(num=10))                 # 输出格式化结果
```

```
print("八进制数据：{num:#o}".format(num=10))                    # 输出格式化结果
print("十六进制数据：{num:#X}".format(num=10))                  # 输出格式化结果
```

程序执行结果：

```
UNICODE 编码：'\u5c0f\u674e\u8001\u5e08'（十六进制编码）
成绩：  98.24（四舍五入控制）
收入：92393、收入：9.239300E+04（科学记数法）
二进制数据：0b1010（十进制转二进制）
八进制数据：0o12（十进制转八进制）
十六进制数据：0XA（十进制转十六进制）
```

　　本程序利用数据类型转换操作实现了字符编码显示、数字格式化处理以及数据进制转换处理操作。

实例：定义数字与字符串显示格式

```
# coding:UTF-8
msg = "www.yootk.com"
print("数据居中显示【{info:^20}】".format(info=msg)) # 等价于"{info!s:^20}"
print("数据填充：{info:_^20}".format(info=msg))   # 自定义数据填充符
print("带符号数字填充：{num:^+20.3f}".format(num=-12.12345))
                                              # 显示数字符号
print("右对齐：{n:>20.2f}".format(n=25))        # 定义对齐方式
print("数字使用","分隔：{num:,}".format(num=928239329.99232323))
                                              # 定义数字分隔显示
print("设置显示精度：{info:.9}".format(info=msg)) # 最多显示 9 个长度的字
                                              # 符串
```

程序执行结果：

```
数据居中显示【    www.yootk.com    】
数据填充：___www.yootk.com____
带符号数字填充：      -12.123          （前后均有空格填充）
右对齐：             25.00
数字使用","分隔：928,239,329.9923233
设置显示精度：www.yootk
```

　　本程序对数字与字符串实现了数据的对齐以及定长的数据填充操作，同时为方便数据阅读，针对较长的数字设置了分隔符","。

提示：利用字符串格式化实现三角形打印

　　字符串中提供的数字格式化操作具有自动填充的功能，可以利用这一特点方便地实现三角形打印的输出。

实例：打印三角形

```
# coding:UTF-8
triangle_line = 5                              # 三角形打印总行数
```

```
format_str = "{:^" + str(triangle_line * 2) + "}" # 设置对齐模式与长度
for num in range(1, triangle_line * 2 + 1, 2):
        # 多行数据输出，步长设置为2
  print(format_str.format("*" * num))            # 填充数据
```

程序执行结果：

```
    *
   ***
  *****
 *******
*********
```

　　本程序利用字符串格式化的方式实现了三角形的输出，这样的操作形式要比直接使用双引号更加方便。由于每一行输出的"*"个数都是奇数，因而在使用 range() 函数生成范围时就必须将步长设置为 2，在进行格式化及输出行时也需要对输出的总行数（triangle_line 变量）进行乘 2 的计算。

4.4.2　字符串操作函数

　　字符串作为项目开发中的重要组成部分，除了具有格式化及数据转型等特点之外，Python 也提供了大量的字符串数据处理函数，如表 4-6 所示。利用这些函数可以方便地实现对字符串数据的处理。

表 4-6　字符串数据处理函数

序　号	函　　数	描　　述
1	center()	字符串居中显示
2	find(data)	字符串数据查找，查找到内容返回索引位置，找不到返回-1
3	join(data)	字符串连接
4	split(data [,limit])	字符串拆分
5	lower()	字符串转小写
6	upper()	字符串转大写
7	capitalize()	首字母大写
8	replace(old,new [,limit])	字符串替换
9	translate(mt)	使用指定替换规则实现单个字符的替换
10	maketrans(oc,nc[,d])	与 translate() 函数结合使用，定义要替换的字符内容以及删除字符内容
11	strip()	删除左右空格

　　下面通过具体的实例讲解这些处理函数的作用。

实例：字符串显示控制

```
# coding:UTF-8
```

```
info = "沐言优拓：www.YOOTK.com"          # 字符串中有大写、小写及非字母
print(info.center(50))                    # 数据居中显示，总长度为 50
print(info.upper())                       # 字符串转大写
print(info.lower())                       # 字符串转小写
print("yootk".capitalize())               # 首字母大写
```
程序执行结果：
```
                 沐言优拓：www.YOOTK.com                    （居中显示）
沐言优拓：WWW.YOOTK.COM（字母转大写）
沐言优拓：www.yootk.com（字母转小写）
Yootk（首字母大写）
```

本程序利用 center() 函数定义了要显示的数据长度，这样，当数据长度小于显示长度时，默认采用空格进行填充并居中显示，并利用 upper()、lower()、capitalize() 函数完成了对字符串字母大小写转换的操作，在转换过程中对于非字母字符不进行任何处理。

实例：字符串内容查找

```
# coding:UTF-8
print("www.yootk.com".find("yootk"))                # 返回查询字符串位置
print("www.yootk.com".find("lee"))                  # 查询不到返回-1
print("hello yootk hello world".find("hello", 5))   # 从第5个索引位置查找数据
print("hello yootk hello world".find("hello", 5, 10)) # 在索引 5～10 的位置上查
                                                      # 找数据
```
程序执行结果：
```
4（在字符串中可以查找到"yootk"子字符串的位置）
-1（在字符串中查找不到"lee"子字符串的位置）
12（从第 5 个索引位置找到字符串中第二次出现的"hello"）
-1（在索引 5～10 的位置上无法查找到"hello"）
```

字符串中的 find() 函数主要就是为了方便判断子字符串是否存在，开发者可以自己设置要查询的索引范围。

实例：字符串连接

```
# coding:UTF-8
url = ".".join(["www", "yootk", "com"])       # 使用"."连接序列中的内容
author = "_".join("李兴华")                    # 字符串是一种序列结构
print("作者：{author_param}，网站：
{url_param}".format(author_param=author, url_param=url))
```
程序执行结果：
```
作者：李_兴_华，网站：www.yootk.com
```

字符串中的 join() 函数可以按照指定的连接符将序列中的内容连接为一个完整的字符串。需要注意的是，字符串本身也属于一种序列，所以在直接利用

字符串连接时会使用连接符连接每一个字符。

实例：字符串拆分

```
# coding:UTF-8
ip = "192.168.1.105"              # 定义 IP 地址中间使用"."分隔
print("数据全部拆分：%s" % ip.split(".")) # 使用"."进行全部拆分
print("数据部分拆分：%s" % ip.split(".", 1)) # 执行 1 次拆分，所以列表长度为 2
date = "2017-02-17 21:53:25" # 定义日期，中间使用"空格"区分日期和时间
result = date.split(" ")                # 根据空格拆分为日期和时间两个部分
print("日期数据拆分：%s" % result[0].split("-")) # 拆分日期信息
print("时间数据拆分：%s" % result[1].split(":")) # 拆分时间信息
程序执行结果：
数据全部拆分：['192', '168', '1', '105']
数据部分拆分：['192', '168.1.105']（序列长度为 2，只拆分了 1 次）
日期数据拆分：['2017', '02', '17']（二次拆分）
时间数据拆分：['21', '53', '25']（二次拆分）
```

本程序利用 split()函数实现了字符串数据的拆分处理操作，在进行拆分时，如果只是为 split()函数指定了拆分的字符串，则会按照指定的字符串进行全部拆分，开发者也可以通过传入拆分的次数对拆分进行控制。

实例：字符串替换

```
# coding:UTF-8
infos = "Hello Yootk Hello 李兴华 Hello Python" # 定义字符串
str_a = infos.replace("Hello", "你好")          # 匹配字符串全部替换
str_b = infos.replace("Hello", "你好", 2)        # 匹配字符串部分替换
print("字符串全部替换："%s"" % str_a)           # 输出替换结果
print("字符串部分替换："%s"" % str_b)           # 输出替换结果
程序执行结果：
字符串全部替换："你好 Yootk 你好 李兴华 你好 Python"
字符串部分替换："你好 Yootk 你好 李兴华 Hello Python"
```

字符串替换操作采用全匹配的形式进行处理，默认情况下如果发现有匹配的字符串，则会进行全部替换；如果指定了替换次数，则只会替换部分字符串信息。

replace()函数实现的是字符串的替换处理，而在字符串中又提供了一个 translate()函数以实现字符的匹配替换，而此函数在使用时需要通过 maketrans() 函数定义替换字符的转换表来完成替换。

实例：字符替换

```
# coding:UTF-8
str_a = "www yootk com"              # 要转换的字符串
```

```
mt_a = str_a.maketrans(" ", ".")     # 创建转换表，将字符串中的空格替换为"."
print(str_a.translate(mt_a))         # 利用转换表实现替换
str_b = "www_yootk_com;\twww_jixianit_com;"  # 要转换的字符串
mt_b = str_b.maketrans("_", ".", ";") # 创建一个转换表，将"_"替换为"."，并删除";"
print(str_b.translate(mt_b))         # 利用转换表实现替换
```

程序执行结果：
```
www.yootk.com（str_a 字符串替换后的结果）
www.yootk.com        www.jixianit.com（str_b 字符串替换后的结果）
```

本程序在进行字符替换时，都采用 maketrans() 函数定义了不同的替换表，在替换表中可以定义替换字符，也可以再定义删除字符。

Python 提供了 input() 字符串数据输入函数，为了防止用户输入的内容前后出现多余的空格，往往会在接收数据之后进行左右空格（中间空格保留）的删除操作，此时就可以利用 strip() 函数来完成。

实例：删除左右空格数据

```
# coding:UTF-8
login_info = input("请输入登录信息（格式："用户名:密码"）: ").strip()
        # 删除左右空格
if (len(login_info) == 0 or login_info.find(":") == -1):  # 输入数据校验
    print("数据输入错误，请重新执行本程序!")                # 输出失败信息
else:                                                     # 字符串有数据
    result = login_info.split(":")                        # 拆分数据
    if result[0] == "yootk" and result[1] == "hello":     # 信息判断
        print("登录成功，欢迎%s 用户访问" % (result[0]))    # 输出成功信息
```

程序执行结果：
```
请输入登录信息（格式："用户名:密码"）:     yootk:hello      （包含空格）
登录成功，欢迎 yootk 用户访问
```

本程序模拟了一个用户登录程序，由于需要用户输入登录信息，所以为了防止输入过程中可能出现的无用的空格数据，在 input() 函数接收完成后使用 strip() 函数进行左右空格的消除，随后就可以使用合法的数据信息进行格式判断以及用户登录信息验证处理。

4.5　字　典

字典（dict）是一种二元偶对象的数据集合（或者称之为 Hash 表），所有的数据存储结构为 key = value 的形式，开发者只需要通过 key 就可以获取对应的 value 内容。字典操作如图 4-14 所示。

字典（key = value、二元偶对象）

key（键）	value（值）
"yootk"	"www.yootk.com"
"teacher"	"小李老师"
None	"空空的，啥都没有"

根据key查询

返回对应value数据

图 4-14　字典操作

4.5.1　字典的基本使用

字典是由多个 key=value 的映射项组成的特殊列表结构，可以采用"{}"定义字典数据，考虑到用户使用的方便性，key 的数据类型可以是数字、字符串或元组。

实例： 定义字典

```
# coding:UTF-8
# 定义字典，包含两个映射项，其中 key 和 value 的数据类型为字符串，并且允许使用 None
infos = {"yootk": "www.yootk.com", "teacher": "小李老师", None: "空空的,
啥都没有"}                                    # 字典变量
print("yootk 对应的内容为：%s" % infos["yootk"])  # 根据 key 获取 value
print("teacher 对应的内容为：%s" % infos["teacher"]) # 根据 key 获取 value
print("None 对应的内容为：%s" % infos[None])      # 根据 key 获取 value
程序执行结果：
yootk 对应的内容为：www.yootk.com
teacher 对应的内容为：小李老师
None 对应的内容为：空空的，啥都没有
```

本程序定义了三个字典映射项，通过代码的执行可以发现，在字典结构中允许将 key 或 value 的内容设置为 None，在使用字典时可以直接依据 key 实现数据的查询，如果字典查询的 key 不存在，则会抛出 KeyError 异常。

 提示：字典中的 key 不允许重复

字典结构中主要是通过 key 实现对 value 数据的查询，所以一旦出现了 key 重复的情况，会使用新的数据替换旧的数据。

实例： key 的重复设置

```
# coding:UTF-8
infos = {"yootk": "www.yootk.com", "teacher": "小李老师", "yootk": "
沐言优拓"}                                    # 字典变量
print(infos)                                 # 输出字典
```

程序执行结果：

{'yootk': '沐言优拓', 'teacher': '小李老师'}

本程序设置了两个重复的 yootk 数据键，所以新设置的数据将会覆盖前面的数据。

在创建字典时也可以使用 dict()函数，利用此函数可以直接将列表（只能由两个列表项组成）转换为字典，也可以采用 key=value 的形式自定义映射项。

实例：使用 dict()函数定义字典

```
# coding:UTF-8
# 采用列表嵌套的形式定义映射项，要求每一个子列表的内容为 2 个，第 1 个是 key，
# 第 2 个是 value
infos = dict([["yootk", "www.yootk.com"], ["teacher", "小李老师"]])
                                                 # 将列表转换为字典
member = dict(name="李兴华", age=18, score=97.8) # 字典与映射项
print(infos)                                     # 输出字典内容
print(member)                                    # 输出字典内容
```

程序执行结果：

{'yootk': 'www.yootk.com', 'teacher': '小李老师'}
{'name': '李兴华', 'age': 18, 'score': 97.8}

本程序利用 dict()函数定义了两个字典结构：一个是将列表转换为字典；另一个是通过定义映射项的形式进行定义。

 提问：列表与字典有什么区别？

通过以上实例可以发现，列表和字典实际上都是保存多个数据信息的结构，那么为什么在 Python 中还要提供一个字典结构？

 回答：列表主要用于输出，字典主要用于数据查询。

在程序开发中，可能某些数据要通过特定的结构才可以获取，而列表或字典的最大特点就是可以同时返回多个数据，如图 4-15 所示。

图 4-15　数据获取

用户获取数据时根本不会关心所获取的数据是如何产生的（想象为一个黑盒，里面的所有代码都是未知的），但是如果要返回的数据很多，那么使用列表或字典包装数据是最方便的。如果返回的是一个列表数据，那么只能够进行输出这一种处理；而如果返回的是一个字典，就可以实现数据 key 的查询处理，所以列表只是比字典少了一个数据 key 的查询功能。

一个字典中会有多个 key 存在，为了判断某一个 key 是否存在，可以直接使用成员运算符 in 或 not in 进行判断，如果指定的 key 在字典中存在，则返回 true；否则返回 false。

实例：在字典上使用成员运算符 in 进行判断

```
# coding:UTF-8
member = dict(name="李兴华", age=18, score=97.8) # 字典与映射项
if "name" in member:                            # 判断 key 是否存在
    print("key 为"%s"的内容存在，对应的数据为：%s" % ("name", member["name"]))
                    # 信息输出
```

程序执行结果：

```
key 为"name"的内容存在，对应的数据为：李兴华
```

本程序利用成员运算符 in 判断了 name 这个 key 是否在 member 字典中，如果存在，则输出提示信息。

4.5.2 字典迭代输出

字典本质上是一个由若干映射项形成的列表结构，除了具有数据查询功能之外，也可以基于 for 循环实现全部数据的迭代输出。

实例：使用 for 循环实现字典迭代输出

```
# coding:UTF-8
member = dict(name="李兴华", age=18, score=97.8) # 字典与映射项
for key in member:                      # 获取字典中的全部 key
    print("%s = %s" % (key, member[key]))# 获取key并通过key查询对应的value
```

程序执行结果：

```
name = 李兴华
age = 18
score = 97.8
```

在字典上可以直接利用 for 循环获取字典中对应的所有 key 的信息，在每次迭代后再通过 key 实现 value 数据的查询。数据迭代的操作流程如图 4-16 所示。

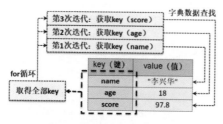

图 4-16　数据迭代的操作流程

通过迭代遍历字典中的全部 key，再查询对应的 value 的方式，虽然可以实现字典输出，但是当字典保存的数据量很大时，这样的操作就会出现效率偏低的问题。所以在实际的开发中，可以利用字典中的 items() 函数直接返回每一组 key 和 value 值，这样的执行效率是最高的，也是推荐的用法。

实例：使用 items() 函数实现字典输出

```
# coding:UTF-8
member = dict(name="李兴华", age=18, score=97.8) # 字典与映射项
for key,value in member.items():                    # 迭代输出全部映射项
    print("%s = %s" % (key, value))                 # 输出 key 与 value
程序执行结果：
name = 李兴华
age = 18
score = 97.8
```

本程序通过 items() 函数将字典中的偶对象数据转化为 key 与 value 分离的对象，这样就可以在每次迭代时直接获得每一组数据的完整信息，避免了二次查询所带来的性能问题。程序的操作流程如图 4-17 所示。

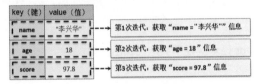

图 4-17　使用 items() 函数获取字典数据的操作流程

4.5.3　字典操作函数

在进行字典操作中，除了可以按照 key 实现数据查找之外，也可以使用如表 4-7 所示的字典操作函数实现数据的修改与删除。

表 4-7　字典操作函数

序　号	函　数	描　述
1	clear()	清空字典数据
2	update({k=v,…})	更新字典数据
3	fromkeys (seq [, value])	创建字典，使用序列中的数据作为 key，所有 key 拥有相同的 value
4	get(key [,defaultvalue])	根据 key 获取数据
5	pop(key)	弹出字典中指定的 key 数据
6	popitem()	从字典中弹出一组映射项
7	keys()	返回字典中全部 key 数据
8	values()	返回字典中全部的数据

字典中所保存的数据是允许进行动态扩充的，这一操作可以利用 update() 函数来实现，在数据扩充时，如果设置了与原有数据重复的 key，则会使用新的值替换旧的值。

实例：字典数据更新

```
# coding:UTF-8
member = dict(name="李兴华", age=18, score=97.8)            # 字典与映射项
member.update({"name": "小李老师", "home": "www.yootk.com"}) # 设置新的内容
print(member)                                                # 字典内容输出
程序执行结果：
{'name': '小李老师', 'age': 18, 'score': 97.8, 'home': 'www.yootk.com'}
```

本程序利用 update() 函数修改并扩充了字典中的数据，当 key 重复时会使用新的内容进行替换，除了支持内容扩充外，也可以使用 del 关键字实现数据的删除操作。

实例：删除字典数据

```
# coding:UTF-8
member = dict(name="李兴华", age=18, score=97.8) # 字典与映射项
del member["age"]                                # 删除指定 key 数据
print(member)                                    # 字典内容输出
程序执行结果：
{'name': '李兴华', 'score': 97.8}
```

本程序利用 del 关键字实现了字典中指定 key 的数据删除。需要注意的是，如果要删除的 key 不存在，则会抛出 KeyError 异常。

在字典中除了使用 del 关键字实现数据删除外，还提供了字典数据的两个弹出函数支持数据删除操作，即 pop() 函数弹出指定 key，popitem() 函数弹出一个完整的偶对象。

实例：字典数据弹出

```
# coding:UTF-8
dict_a = dict(name="李兴华", age=18, score=97.8) # 定义一个字典集合
dict_b = dict_a.copy()                           # 字典集合复制
print("使用pop()函数弹出指定key:%s,字典剩余数据:%s" % (dict_a.pop("name"),
dict_a))                                         # 数据弹出
print("使用popitem()函数弹出数据项:%s,字典剩余数据:%s" % (dict_b.popitem(),
dict_b))                                         # 数据弹出
程序执行结果：
使用 pop()函数弹出指定 key：李兴华,字典剩余数据：{'age': 18, 'score': 97.8}
使用 popitem()函数弹出数据项：('score', 97.8),字典剩余数据：{'name': '
李兴华', 'age': 18}
```

本程序为了方便观察字典数据弹出的操作效果，创建了两个内容相同的字典集合，随后使用 pop()函数弹出指定 key 的数据，也使用 popitem()函数弹出字典集合中的最后一个数据，不管使用哪一种弹出函数，数据弹出后都将被自动删除。

字典中提供有一个 fromkeys()函数，利用这个函数可以将一个序列的数据转换为字典，并且序列中的数据将作为字典中的 key，且对应的 value 相同。

实例：将序列转换为字典

```
# coding:UTF-8
# 设置一个元组，这样元组中的数据将作为 key，并且设置的内容相同
dict_a = dict.fromkeys(("Yootk", "李兴华"), "www.yootk.com") # 创建字典
# 设置一个字符串，这样会自动取出每一个字符作为 key，并设置相同的内容
dict_b = dict.fromkeys("hello", 100)                    # 创建字典
print(dict_a)                                           # 输出字典
print(dict_b)                                           # 输出字典
```
程序执行结果：
```
{'Yootk': 'www.yootk.com', '李兴华': 'www.yootk.com'}
{'h': 100, 'e': 100, 'l': 100, 'o': 100}
```

本程序利用 fromkeys()函数将两个序列（元组和字符串）转换为字典，并且每一个字典中的数据内容相同。

字典结构的主要功能是进行数据查询，虽然 Python 直接提供了"字典对象[key]"的查询支持，但是这种查询在 key 不存在时会抛出 KeyError 异常，如果处理不当，则会导致程序中断执行。为此字典中提供了 get()函数，此函数不仅在 key 不存在时不会抛出异常，而且可以设置一个默认值以防止 key 不存在时返回 None 数据。

实例：使用 get()函数进行数据查询

```
# coding:UTF-8
member = dict(name="李兴华", age=18, score=97.8) # 定义字典集合
print("key 不存在且未设置默认值时的获取结果：%s" % member.get("yootk"))
                                                # 返回 None
print("key 不存在且设置默认值时的获取结果：%s" % member.get("yootk", "沐言优拓"))
                                                # 返回默认值
```
程序执行结果：
```
key 不存在且未设置默认值时的获取结果：None
key 不存在且设置默认值时的获取结果：沐言优拓
```

本程序通过 get()函数实现数据查询，通过执行结果可以发现，即使指定的 key 不存在，也不会产生异常，所以开发中推荐使用 get()函数进行数据查询。

开发中除了可以使用字典支持的函数进行数据操作外，还可以继续使用序列提供的一些统计函数进行操作。

实例：字典数据统计

```
# coding:UTF-8
nums = dict(one=1, two=2, three=3)          # 定义字典集合
print("字典元素个数：%d" % len(nums))         # 统计字典元素个数
print("字典value总和：%d" % sum(nums.values()))# 获取字典中全部的value进行累加
# 在字典上如果直接使用 max()函数，则会按照 key 进行统计
print("字典 key 的最大值：%s，字典 key 的最小值：%s" % (max(nums),
min(nums.keys())))                           # 信息输出
```

程序执行结果：

字典元素个数：3
字典 value 总和：6
字典 key 的最大值：two，字典 key 的最小值：one

本程序直接利用序列提供的统计函数实现对字典数据的统计操作。在使用
sum()函数求和时，利用 values()方法取出字典中全部数据并进行求和计算，而
max()函数或 min()函数可以直接使用在字典数据上，表示按照 key 值进行统计。

4.6　本章小结

1．Python 中的序列类型包括列表、元组、字符串、字典。

2．列表是一种可以动态扩充的数据结构，里面的内容可以依据索引访问；
而元组中的内容是不允许进行任何修改的。

3．序列统计函数：len()、max()、min()、sum()、any()、all()，这些函数可
以应用在所有序列类型中。

4．字符串是一种特殊的序列，由若干字符组成，字符串可以利用 format()
函数实现更为强大的数据格式化操作，也可以利用内部提供的函数进行字符串
的替换、拆分、查找等处理。

5．字典是一种 key=value 的二元偶对象集合，主要的功能是依据 key 实现
对应 value 数据的查询，也可以利用 update()函数对内容进行增加与修改，或者
使用 del 关键字删除指定 key 的字典数据。

第5章 函　数

学习目标

- 掌握函数的作用与定义；
- 掌握函数参数的传递与参数默认值的设置；
- 掌握变量作用域的概念，理解 global 与 nonlocal 关键字的作用；
- 掌握匿名函数与 lambda 关键字的使用；
- 掌握函数递归调用的意义与实现；
- 掌握"__name__"系统变量的作用，并理解程序中主函数的意义。

函数是一段可以被重复调用的代码块，利用函数对庞大的项目程序进行拆分，是一种实现代码重用与代码维护的重要技术手段。本章将讲解函数的相关定义。

5.1　函数的定义与使用

函数是软件设计中的重要组成部分，也是进行代码结构优化的重要技术手段，开发者可以利用函数完成某些特定的数据处理逻辑。在 Python 中定义函数的语法比较丰富，本节将全面分析 Python 中函数的定义格式以及使用。

5.1.1　函数的基本定义

在程序开发中经常会遇见各种重复代码的定义，为了方便管理这些重复的代码，就可以通过特定的结构保存这些重复代码，实现可重复的调用，同时也可以利用参数接收操作数据。Python 中函数（function）的定义格式如下：

```
def 函数名称([参数,参数,…]):  # 函数名称为多个单词时可以使用"_"分隔
    函数主体代码                # 实现函数的具体功能或数据处理
    [return [返回值]]          # 返回处理结果，根据需要决定是否编写 return 语句
```

Python 中的所有函数都必须使用 def 关键字进行定义，在函数中可以提供若干行程序代码，如果函数执行完毕后有返回数据的需求，则通过 return 关键字返回。

提示：关于函数结构的解释

如果把函数比喻为洗衣机，那么只需要传入一些必要的参数（脏衣物、洗衣液、消毒液等），函数就可以自己工作并把洗好的衣服交给用户。函数结构解析如图 5-1 所示。

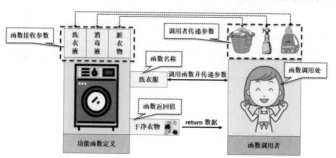

图 5-1　函数结构解析

图 5-1 解释了函数与参数的关系。如果只需要函数接收参数而不返回处理结果（不设置 return 语句），这种情况就好像歇后语——**肉包子打狗**，肉包子是参数，打狗是函数名称，而狗处理完肉包子后就跑了，所以这个函数里并不需要编写 return 语句返回数据。

实例：定义一个无参有返回值的函数

```
# coding:UTF-8
def get_info():
    """
    定义一个获取信息的功能函数
    :return: 返回给调用处的信息内容
    """
    return "沐言优拓：www.yootk.com"# 返回处理数据
# 由于 get_info()函数中提供有 return 语句，所以可以直接输出函数返回值
print(get_info())                    # 调用并输出 get_info()函数的返回结果
return_data = get_info()             # 接收函数返回值
print(return_data)                   # 将函数返回值保存在变量后再输出
print(type(get_info))                # 获取结构类型
```
程序执行结果：
沐言优拓：www.yootk.com（直接输出函数返回结果）
沐言优拓：www.yootk.com（函数返回字符串可以通过变量接收后输出）
<class 'function'>（获取函数类型）

本程序定义了一个 get_info()函数，为了帮助使用者理解该函数的使用，所以使用多行注释定义了函数的相关说明描述。由于函数属于可以被重复调用的代码块，而对调用者来讲并不需要知道函数的具体定义结构，只需要依据函数

名称使用即可，当函数执行完毕会返回到调用处并继续向下执行。函数调用流程如图 5-2 所示。

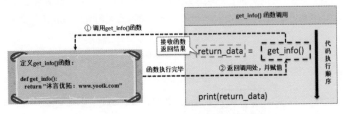

图 5-2　函数调用流程

　提问：获取函数类型有什么意义？

在以上的实例中，使用 type(get_info)获取了自定义的 get_info()函数的类型，这样的操作有什么意义呢？

回答：通过获取函数类型，从而确认指定的函数究竟是 function，还是 method。

在很多程序设计语言中，函数（function）又被称为方法（method），这两个名词本质上描述的是一类结构，但在 Python 中，不仅同时存在这两种概念，而且还存在内置函数的概念，如下所示。

实例：观察函数类型

```
# coding:UTF-8
def get_info():              # 定义函数
    pass                     # 函数没有主体代码，定义时需要写上 pass
print(type(get_info))        # 获取自定义函数类型
print(type(len))             # 获取内置序列函数类型
```
程序执行结果：
```
<class 'function'>
<class 'builtin_function_or_method'>
```

此时可以发现 get_info()是一个函数类型，而序列统计函数 len()是一个内建的函数或方法。方法的类型描述在第 7 章中进行分析，读者现在可以简单地将 Python 中的函数与方法理解为同一种概念。

在进行函数调用时，无论函数是否有返回值，被调用函数最终都会返回到调用处。函数与函数之间可以互相调用。

实例：函数互相调用

```
# coding:UTF-8
def say_hello():                          # 定义无参无返回值函数
```

```
    """
    定义一个信息打印函数，该函数不返回任何数据
    """
    print("Hello Yootk Hello 小李老师")      # 信息输出
def get_info():                               # 定义无参有返回值函数
    """
    定义一个获取信息的功能函数
    :return: 返回给调用处的信息内容
    """
    say_hello()                               # 调用其他函数
    return "沐言优拓：www.yootk.com"          # 返回数据
return_data = get_info()                      # 接收函数返回值
print(return_data)                            # 将函数返回值保存在变量后再输出
```
程序执行结果：
Hello Yootk Hello 小李老师（say_hello()函数输出的信息）
沐言优拓：www.yootk.com（get_info()函数返回值）

本程序实现了一个函数的互相调用，在 get_info()函数中调用了一个无参无返回值的 say_hello()函数，这样只有在 say_hello()函数执行完毕后，get_info()函数才可以执行 return 语句，将数据返回给调用处。以上实例程序的执行流程如图 5-3 所示。

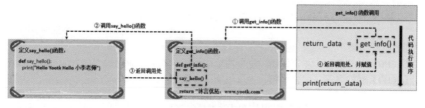

图 5-3 函数互相调用

 提示：任何函数都会返回数据

在 Python 中，定义的函数如果没有使用 return 语句返回内容，那么实际上所返回的数据就是 None。

```
def get_info():                  # 定义函数
    pass                         # 函数没有任何代码
print(get_info())                # 该函数没有返回值，结果为 None
```
程序执行结果：
None

本程序定义的 get_info()函数没有编写 return 语句，所以输出该函数返回值时内容为 None。

5.1.2 函数参数的传递

定义函数的主要目的在于进行数据处理，因而大多数函数都会接收相关参数，这就要求调用者在使用这些函数时必须进行参数传递。

实例：定义带参数的函数

```
# coding:UTF-8
def echo(title, url):                          # 函数定义
    """
    实现数据的回显操作，在接收的数据前追加 ECHO 信息返回
    :param title: 要回显的标题信息
    :param url: 要回显的网页路径信息
    :return:   处理后的 ECHO 信息
    """
    return "【ECHO】网站名称：{}、主页地址：{}".format(title, url)
                                               # 格式化字符串
# 按照函数定义的参数顺序传入所需要的数据
print(echo("沐言优拓", "www.yootk.com"));# 调用函数并传递所需要的参数内容
# 在函数调用时传递参数，如果要想改变参数的传入顺序，可以使用"参数名称=数值"
# 的形式设置参数
print(echo(url="www.yootk.com", title="沐言优拓"));
                                               # 调用函数并传递所需要的参数内容
```

程序执行结果：

【ECHO】网站名称：沐言优拓、主页地址：www.yootk.com
【ECHO】网站名称：沐言优拓、主页地址：www.yootk.com

本程序定义的 echo()函数中存在两个参数，在调用该函数时就必须按照参数的顺序明确地传入两个参数，否则代码就会出现语法错误，在 Python 中这样的参数称为函数的必选参数。如果在调用函数时要想改变参数的传递顺序，也可以采用以上实例中的"参数名称=数值"的形式来设置。

 提问：使用哪种参数传递方式比较好？

在调用函数并传递参数的过程中，可以为传递的参数设置名称，也可以不设置名称，那么究竟哪种方式比较好呢？例如，下面的两个调用。

不设置参数名称	echo("沐言优拓", "www.yootk.com")
设置参数名称	echo(url="www.yootk.com", title="沐言优拓")

回答：根据设计要求决定。

实际上，对于函数中定义的必选参数在进行调用时是否需要写上参数名称并没有明确要求，而且许多的编程语言都没有提供定义参数名称的操作支持，所以大部分开发者习惯于按照参数定义的顺序进行内容设置。因此，通过参数名称定义参数内容的操作形式只为了那些不喜欢按照参数顺序传递数据的个性化用户设置。

Python 提供了一种命名关键字的函数参数定义形式，而利用"*"定义参数名称，"*"后面的参数在函数调用时必须明确写上参数名称。

实例：使用命名关键字参数

```
# coding:UTF-8
# job 与 homepage 两个参数在调用时必须通过参数名称设置参数
def print_info(name, age, *, job, homepage):
    print("姓名：%s，年龄：%d，职位：%s，主页：%s"
          % (name, age, job, homepage))          # 输出信息
print_info("李兴华", 18, homepage="www.yootk.com",
          job="软件开发技术讲师")                    # 函数调用
```

程序执行结果：

姓名：李兴华，年龄：18，职位：软件开发技术讲师，主页：www.yootk.com

本程序在 print_info() 函数中定义了 4 个参数，在"*"前面的两个参数（name、age）在函数调用时不需要编写参数名称；而在"*"后面定义的两个参数在函数调用时必须编写参数名称。

Python 支持默认参数，在调用函数时可以依据用户的需求来选择是否要进行参数的传递，如果不传递，则参数使用默认值。

实例：定义默认参数

```
# coding:UTF-8
def echo(title, url="www.yootk.com"):              # 定义函数
    """
    实现数据的回显操作，在接收的数据前追加 ECHO 信息返回
    :param title: 要回显的标题信息
    :param url: 要回显的网页路径信息，如果不设置，则使用 www.yootk.com
    作为默认值
    :return:  处理后的 ECHO 信息
    """
    return "【ECHO】网站名称：{}、主页地址：{}".format(title, url)
                                                  # 格式化字符串
print(echo("沐言优拓"));                            # 只传递一个参数
# 传入了全部所需要的参数，这样 url 参数将不会使用默认值，而使用传递的参数内容
print(echo("极限 IT 程序员","www.jixianit.com"))
    # 调用函数并传递所需要的参数内容
```

程序执行结果：

【ECHO】网站名称：沐言优拓、主页地址：**www.yootk.com**

【ECHO】网站名称：极限 IT 程序员、主页地址：**www.jixianit.com**

本程序定义 echo()函数的 url 参数使用了默认值配置，这样在调用函数而没有传递此参数时，url 就使用默认值；如果传递了 url 参数内容，则使用传递的数据进行操作。

 提示：注意函数中引用数据的修改问题

我们知道，Python 中提供的所有数据类型均为引用数据类型，即如果传递到函数中的参数是一个列表数据，而且在函数体内修改了此列表内容，则原始列表内容将会受到影响。

实例：观察函数对引用数据的影响

```
# coding:UTF-8
def change_data(list):            # 定义函数修改列表数据
    list.append("hello")          # 修改列表内容
infos = ["yootk"]                 # 定义一个列表
change_data(infos)                # 修改列表数据
print(infos)                      # 输出修改后的列表
程序执行结果：
['yootk', 'hello']
```

本程序中的 change_data()函数修改了列表参数 list 的数据，进而影响到了 infos 对象的数据，这一点在函数处理中需要特别注意。本程序的内存操作如图 5-4 所示。

（a）声明 infos 对象   （b）修改 infos 对象

图 5-4　列表引用传递的内存操作

5.1.3　可变参数

 为了方便开发者对函数的调用，Python 还支持可变参数，即可以由用户根据实际的需要动态地向函数传递所需要的参数，而所有接收到的可变参数在函数中都采用元组的形式进行接收，可变参数可以使用 "*参数名称" 的语法形式进行标注。

实例：定义可变参数

```
# coding:UTF-8
```

```
def math(cmd, *numbers):                          # 定义函数
    """
    定义一个实现数字计算的函数，该函数可以根据传入的数学符号自动对数据计算
    :param cmd: 命令符号
    :param numbers: 参数名称，该参数为可变参数，相当于一个元组
    :return: 数学计算结果
    """
    print("可变参数 numbers 类型：%s，参数数量：%d" % (type(numbers),
len(numbers)))
    sum = 0                                       # 保存计算总和
    if cmd == "+":                                # 计算符号判断
        for num in numbers:                       # 循环元组
            sum += num                            # 数字累加
    elif cmd == "-":                              # 计算符号判断
        for num in numbers:                       # 循环元组
            sum -= num                            # 数字累减
    return sum                                    # 返回计算总和
print("数字累加计算：%d" % math("+", 1, 2, 3, 4, 5, 6))   # 函数调用
print("数字累减计算：%d" % math("-", 3, 5, 6, 7, 9))      # 函数调用
```

程序执行结果：
```
可变参数 numbers 类型：<class 'tuple'>，参数数量：6
数字累加计算：21
可变参数 numbers 类型：<class 'tuple'>，参数数量：5
数字累减计算：-30
```

本程序定义的 math()函数中将 numbers 定义为可变参数，这样在函数调用时就可以根据需要动态传递所需要的参数。由于可变参数的数据类型为元组，所以可以直接利用 for 循环实现数据迭代处理。

在 Python 中，除了使用 "*" 定义可变参数之外，也可以使用 "**" 定义关键字参数，即在进行参数传递时可以按照 key=value 的形式定义参数项，也可以根据需要传递任意多个参数项。

实例：定义关键字参数

```
# coding:UTF-8
def print_info(name, **urls):                     # 函数定义
    """
    定义一个信息输出的操作函数，接收必选参数与关键字参数
    :param name: 要输出的姓名信息
    :param urls: 一组 key=value 的信息组合
    """
    print("用户姓名：%s" % name)                   # 信息输出
    print("喜欢的网站：")                          # 信息输出
    for key, value in urls.items():               # 列表迭代输出
```

```
    print("\t|- %s: %s" % (key, value))              # 信息输出
print_info("李兴华", yootk="www.yootk.com",
jixianit="www.jixianit.com")                          # 函数调用
```

程序执行结果：

```
用户姓名：李兴华
喜欢的网站：
        |- yootk: www.yootk.com
        |- jixianit: www.jixianit.com
```

本程序定义的 print_info()函数使用了关键字参数，在调用函数时除了需要明确地传递 name 参数外，对于 urls 的关键字参数必须采用 key=value 的形式设置若干个参数项。

注意：关键字参数必须放在函数的最后定义

如果一个函数既需要定义可变参数又需要定义关键字参数，关键字参数必须放在最后；否则将出现语法错误。

实例：混合参数

```
# coding:UTF-8
def print_info(name, age, *inst, **urls):            # 定义复合参数
    print("用户姓名：%s，年龄：%d" % (name, age))      # 输出必选参数
    print("用户兴趣：", end="")                        # 信息输出
    for item in inst:                                 # 输出可变参数
        print(item, end="、")                          # 输出列表项
    print("\n 喜欢浏览的网站：")                        # 信息输出
    for key, value in urls.items():                   # 输出关键字参数
        print("\t|- %s: %s" % (key, value))          # 输出映射项
print_info("李兴华", 18, "唱歌", "看书", yootk="www.yootk.com",
                    jixianit="www.jixianit.com")  # 函数调用
```

程序执行结果：

```
用户姓名：李兴华，年龄：18
用户兴趣：唱歌、看书、
喜欢浏览的网站：
        |- yootk: www.yootk.com
        |- jixianit: www.jixianit.com
```

本程序定义了一个包含混合参数的函数，并且将关键字参数放在了最后，这样才可以保证函数定义的正确性。复合参数的定义顺序为必选参数、默认参数、可变参数、命名关键字参数和关键字参数。

5.1.4 函数递归调用

函数递归调用是一种特殊的函数调用形式，指的是函数自己调用自己的形式。函数递归调用的执行流程如图 5-5 所示。在进行函数递归操作的时候必须满足以下两个条件。

❧ 递归调用必须有结束条件。

❧ 每次调用的时候都需要根据需求改变传递的参数内容。

图 5-5 函数递归调用的执行流程

提示：关于递归的学习

递归调用是迈向数据结构开发的第一步，如果读者想熟练掌握递归操作，则需要大量的代码积累才可能写出合理的代码。换个角度来讲，在应用层项目开发上一般很少会出现递归操作，因为一旦处理不当，则会导致内存溢出问题。

实例： 实现 1～100 的数字累加

```
# coding:UTF-8
def sum(num):                                    # 函数定义
    """
    实现数据累加操作，将给定数值递减后进行累加
    :param num: 要进行数据累加的最大值
    :return: 数字累加结果
    """
    if num == 1:                                 # 累加操作结束
        return 1                                 # 返回 1
    return num + sum(num - 1)                     # 函数递归调用
print(sum(100))                                  # 实现 1～100 的数字累加
```
程序执行结果：
```
5050
```

本程序定义了一个数字累加函数，在函数执行中会采用递减的形式实现函数递归调用，当最终 num 的参数为 1 的时候，则表示函数递归调用结束，返回相应的计算结果。数字累加递归调用实现的执行流程如图 5-6 所示。本程序的操作分析如下：

❧ 【第 1 次执行 sum()，print(sum(100))发出指令】return 100 + sum(99)。

❧ 【第 2 次执行 sum()，sum()递归调用】return 99 + sum(98)。

❧ ……

❧ 【第 99 次执行 sum()，sum()递归调用】return 2 + sum(1)。

❧ 【第 100 次执行 sum()，sum()递归调用】return 1。

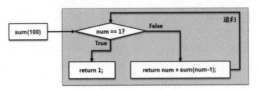

图 5-6　数字累加递归调用实现的执行流程

实例： 计算 1! + 2! + 3! + 4! + 5! + … + 50! 的结果

```python
# coding:UTF-8
def sum(num):                                    # 函数定义
    """
    实现数据累加操作，将给定数值递减后进行累加
    :param num:  要进行数据累加的最大值
    :return:  数字累加结果
    """
    if num == 1:                                 # 累加操作结束
        return 1                                 # 返回1
    return factorial(num) + sum(num - 1)         # 函数递归调用
def factorial(num):                              # 函数定义
    """
    实现数据的阶乘计算
    :param num: 要进行阶乘的数字
    :return: 数字阶乘结果
    """
    if num == 1:                                 # 阶乘结束条件
        return 1                                 # 递归结束
    return num * factorial(num - 1)              # 函数递归调用
print(sum(50))                                   # 函数调用
```
程序执行结果：
31035053229546199652520329727593199531903620945666729204420940313

　　本程序在数据累加的基础上实现了阶乘的计算，由于 Python 中的整型数据
类型没有长度的限制，所以即使阶乘计算的数值再大，也可以得到正确的计算
结果。递归实现阶乘计算程序的执行流程如图 5-7 所示。

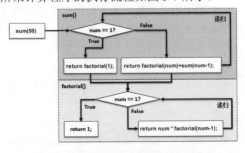

图 5-7　递归实现阶乘计算程序的执行流程

5.2 函数定义深入

在 Python 中，函数是一个独立的结构，为了方便管理变量以及简化函数的定义，Python 提供了闭包、lambda 函数等概念。本节将对这些内容进行讲解。

5.2.1 变量作用域

变量作用域是指一个变量可以使用的范围。例如，在函数中定义的变量只允许本函数使用，称之为局部变量；而在代码非函数中定义的变量就称为全局变量，允许在多个函数或代码中共同访问，如图 5-8 所示。而 Python 为了进行全局变量的标注，提供了 global 关键字，只需要在变量使用前利用 global 关键字进行声明就可以自动将函数中操作的变量设置为全局变量，如图 5-9 所示。

 提示：关于变量名称解析的 LEGB 原则

LEGB 规定了在一个 Python 程序中变量名称的查找顺序。

- ➥ L（Local）：函数内部变量名称。
- ➥ E（Enclosing Function Locals）：外部嵌套函数变量名称。
- ➥ G（Global）：函数所在模块或程序文件的变量名称。
- ➥ B（Builtin）：内置模块的变量名称。

如果按照以上顺序都无法找到指定的变量名称，那么在程序执行时就会报错。

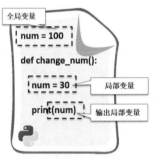

图 5-8　全局变量与局部变量

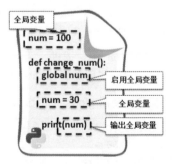

图 5-9　利用 global 关键字启用全局变量

下面通过两个类似的程序来对比一下在函数中 global 关键字的作用。

实例：观察全局变量与局部变量

```
# coding:UTF-8
num = 100                    # 全局变量
def change_num():            # 函数定义
    num = 30                 # 局部变量
    print("change_num() 函数中的
```

```
# coding:UTF-8
num = 100                    # 全局变量
def change_num():            # 函数定义
    global num               # 启用全局变量
    num = 30                 # 全局变量
```

| num 变量: %d" % num)
change_num()　　　　　# 函数调用
print("全局变量 num: %d" % num)
程序执行结果：
change_num()函数中的 num 变量：30
全局变量 num：100 | 　print("change_num()函数中的 num
变量: %d" % num)
change_num()　　　　　# 函数调用
print("全局变量 num: %d" % num)
程序执行结果：
change_num()函数中的 num 变量：30
全局变量 num：30 |

通过对比两个程序可以发现，函数中定义的 num 变量，在未使用 global
关键字定义时，为局部变量；而使用 global 关键字定义后，为全局变量。

 提示：关于参数名称的另一种定义形式

在代码开发中经常会出现同一变量名被重复使用的情况，为避免使用时出现问题，
项目开发定义变量时往往使用一些标记结合变量名称一起进行定义。例如：

- 函数局部变量（本地变量，使用 local_var_ 作为前缀）：local_var_*name*。
- 函数参数（使用 function_parameter_ 作为前缀）：function_parameter_*name*。
- 全局变量（字母大写，使用 GLOBAL_VAR_ 作为前缀）：GLOBAL_VAR_*NAME*。

实例：使用有范围标记的变量名称

```
# coding:UTF-8
GLOBAL_VAR_URL = "www.yootk.com"                    # 全局变量
def print_info(function_parameter_title):           # 函数参数
    local_var_msg = "Hello 小李老师"                 # 局部变量
```

采用此类方式可以从根本上杜绝变量名重复的影响。而是否采用这种命名方式，
还需要根据开发者所处的开发公司的命名要求来决定。

在 Python 中，提供了两个函数可以动态地获取程序文件中的全局变量
（globals()）与局部变量（locals()），这两个函数会将所有的变量以字典形式返回。

实例：使用 globals()函数与 locals()函数

```
# coding:UTF-8
number = 100                                        # 全局变量
def print_var():                                    # 函数定义
    """
    函数的主要功能是定义一些局部变量，同时输出所有变量（包括局部变量及全局变量）
    :return:  不返回任何结果（None）
    """
    num = 30                                         # 局部变量
    info = "沐言优拓：www.yootk.com"                 # 局部变量
    print(globals())                                # 获取所有全局变量
    print(locals())                                 # 获取所有局部变量
print_var()                                         # 调用函数
```

程序执行结果:

以下为全局变量输出（包括内建的系统全局变量）：

```
{'__name__': '__main__', '__doc__': None, '__package__': None,
'__loader__':
<_frozen_importlib_external.SourceFileLoader object at 0x01D40D50>,
'__spec__': None,
'__annotations__': {}, '__builtins__': <module 'builtins' (built-in)>,
'__file__':
'D:/yootk/main.py', '__cached__': None, 'number': 100, 'print_var':
<function print_var at
0x03ADA270>}
```

以下为局部变量输出（当前函数中定义的变量）：

```
{'num': 30, 'info': '沐言优拓：www.yootk.com'}
```

通过此时的内容输出可以动态地获取一个 Python 执行上下文以及指定函数中的全部变量信息，并且所有的变量都以字典的形式查询，用户可以直接使用字典的相关函数进行操作。

提示：关于函数说明注释

通过前面的学习读者应该已经发现，几乎所有的函数中都会使用 """ 多行注释 """ 形式对函数的功能进行说明，可以通过 "__doc__" 系统全局变量获取这些说明注释文档信息。

实例：获取说明文档信息

```python
# coding:UTF-8
number = 100                               # 全局变量
def print_doc():                           # 函数定义
    """
    函数的主要功能是进行信息打印，同时演示函数注释文档的内容获取
    :return: 不返回任何结果（None）
    """
    print("Hello Yootk Hello 小李老师")      # 信息输出
print(print_doc.__doc__)                   # "函数名称.系统变量"
```

程序执行结果:

```
函数的主要功能是进行信息打印，同时演示函数注释文档的内容获取
:return: 不返回任何结果（None）
```

通过执行结果可以发现，函数的说明文档可以方便地被调用处获取，所以当使用一些系统函数进行项目开发时，可以先通过 "__doc__" 系统全局变量获取函数的注释文档信息进行查看。由于篇幅所限，本书只在一些需要解释的函数中添加注释。

5.2.2　闭包

　　Python 允许函数进行嵌套定义，即一个函数的内部可以继续定义其他函数，将外部函数作为其嵌套内部函数的引用环境，并且在内部函数处理期间外部函数的引用环境一直都会保持不变，这种将内部函数与外部函数作为整体处理的函数嵌套结构在程序设计中称为闭包（closure）。

实例： 定义函数闭包结构

```
# coding:UTF-8
def outer_add(n1):                    # 定义外部函数
    def inner_add(n2):                # 定义内部函数
        return n1 + n2                # n1 为外部函数的参数，与内部函数的 n2 参数相加
    return inner_add                  # 返回内部函数引用
oa = outer_add(10)                    # 接收外部函数引用
print("加法计算结果：%d" % oa(20))# 执行内部函数
print("加法计算结果：%d" % oa(50))# 执行内部函数
```
程序执行结果：
```
加法计算结果：30
加法计算结果：60
```

　　本程序实现了一个闭包操作，在 outer_add()函数内部嵌套了 inner_add()函数，inner_add()函数可以使用外部函数 outer_add()中传入的参数，在获取内部函数时首先通过外部函数返回了内部函数的引用给对象 oa，这样 oa 就代表了 inner_add()内部函数，当通过 oa()执行函数时会继续使用外部函数 outer_add()中的变量 n1 执行加法计算。

　　使用闭包结构的最大特点是可以保持外部函数操作的状态，但是如果要想在内部函数中修改外部函数中定义的局部变量或参数的内容，则必须使用 nonlocal 关键字。

实例： 使用内部函数修改外部函数变量的内容

```
# coding:UTF-8
def print_data(count):                    # 传入一个统计的初始内容
    def out(data):                        # 内部函数
        nonlocal count                    # 修改外部函数变量
        count += 1                        # 修改外部函数变量
        return "第{}次输出数据：{}".format(count,data)
                                          # 格式化字符串信息
    return out                            # 返回内部函数引用
oa = print_data(0)                        # 接收外部函数引用，从 0 开始计数
print(oa("www.yootk.com"))                # 调用内部函数
print(oa("沐言优拓"))                      # 调用内部函数
```

```
print(oa("李兴华老师"))                    # 调用内部函数
```

程序执行结果:

第 1 次输出数据: www.yootk.com

第 2 次输出数据: 沐言优拓

第 3 次输出数据: 李兴华老师

由于本程序需要在内部嵌套函数中对外部函数参数的内容进行修改,所以在修改前使用 nonlocal 关键字对变量 count 进行标记,通过输出结果可以发现,每一次使用内部函数输出信息时都会修改外部传入的 count 变量内容。

5.2.3 lambda 表达式

在 Python 中所有定义的函数都会提供有一个函数名称,实际上提供函数名称就是为了方便对函数进行重复调用。然而在某些情况下,函数可能只会使用一次,这样的函数就称为匿名函数。匿名函数需要通过 lambda 关键字进行定义。匿名函数的定义语法如下所示。

```
函数引用对象 = lambda 参数,参数,… : 程序语句
```

实例: 使用 lambda 表达式定义匿名函数

```
# coding:UTF-8
sum = lambda x, y: x + y;      # 定义一个匿名函数,实现两个数字相加(x、y)
print(sum(10, 20))             # 调用加法操作
程序执行结果:
30
```

本程序利用 lambda 表达式定义了一个两个数字相加的匿名函数,该函数会接收两个参数(x 和 y),同时会返回计算结果(x + y),由于 lambda 的使用特点,所以即使不编写 return 语句,也会直接返回计算结果。

 提问: 何时使用匿名函数?

使用 lambda 表达式定义的匿名函数与有名函数在开发中该如何选择?使用哪种结构会更好一些?

 回答: 根据函数代码量选择。

在开发中使用 lambda 表达式定义的匿名函数结构一般都比较简单,而有名函数的函数体一般都比较长,尤其在一些数据分析的程序中,往往会利用 lambda 表达式进行一些数据的简单处理,而此时使用有名函数就会显得代码过于烦琐。

所以本书的建议是:根据你所要处理的程序功能来决定是否使用 lambda 函数。另外,如果有些简单的函数只调用一次,那么 lambda 函数也是首选。

读者可以发现,从本书讲解到现在为止所有的代码都一直提倡清晰简洁的实现结构,实际上这才是现代程序开发的必经之路。

实例：结合闭包使用 lambda 表达式

```
# coding:UTF-8
def add(n1):                              # 函数定义
    return lambda n2: n1 + n2            # 实现外部参数 n1 与内部参数 n2 的加法计算
oper = add(100)                          # 获取内部函数引用
print(oper(30))                          # 调用加法操作
程序执行结果：
130
```

本程序在闭包结构中由于内部函数实现简单，所以直接通过 lambda 表达式进行定义。

5.2.4　主函数

Python 语言最为灵活的地方在于它可以直接在一个 Python 的源代码文件中定义所需要的代码，并且可以依据顺序进行执行。但在很多情况下，程序往往都需要一个起点，而这个起点所在的函数就可以称其为主函数。

Python 并没有提供有主函数的定义结构，如果有需要，用户可以自己进行定义，此时就可以基于"__name__"系统变量来实现此类操作。

实例：定义主函数并观察"__name__"系统变量

```
# coding:UTF-8
def main():                                      # 自定义函数
    print("自定义程序主函数，表示程序执行的起点!")   # 信息输出
    print("更多课程请关注：www.yootk.com")         # 信息输出
if __name__ == "__main__":                       # __name__的内容为"__main__"
    main()                                       # 调用主函数
程序执行结果：
自定义程序主函数，表示程序执行的起点！
更多课程请关注：www.yootk.com
```

本程序通过对"__name__"系统变量进行判断的形式实现了主函数的定义。需要提醒读者的是，一般在一个项目中只会提供一个主函数，并且在主函数中不要编写过多的代码，而将复杂的代码定义在其他函数中。

5.3　内置对象函数

为了方便程序开发，Python 提供了大量的内建函数。例如，在本书之前所讲解的 input()函数、print()函数等都属于内建函数。除了这些内建函数外，Python 也提供有一些用于动态判断或执行的内置对象函数，如 callable()函数、eval()

函数、exec()函数、compile()函数。本节为拓展内容，读者可自行扫码学习。

5.4　本 章 小 结

1．函数是一段可重复调用的代码段，Python 中的函数统一使用 def 关键字进行定义，如果需要有返回值，则直接在函数中使用 return 语句即可实现。

2．Python 中定义的函数支持多种参数类型，在定义参数时，如果有多种参数，注意参数的顺序，即必选参数、默认参数、可变参数、命名关键字参数和关键字参数。

3．在函数中使用参数时需要注意全局变量与局部变量的概念，全局变量可以直接利用 global 关键字定义。

4．函数允许嵌套定义，嵌套后的函数可以方便地实现对外部状态的维护，这样的函数嵌套结构称为闭包处理。在此结构中，如果需要在内部函数中修改外部变量，则该变量必须使用 nonlocal 关键字来定义。

5．使用 lambda 表达式可以定义匿名函数，匿名函数的函数体比较简单。如果定义的函数中有多行代码，建议将其定义为有名函数。

6．一个函数允许自己调用自己，这样的操作形式称为函数的递归调用。在递归调用时必须明确设置递归操作的结束条件，否则将会产生死循环。

第6章 模 块

学习目标

➥ 掌握模块的定义与导入处理；

➥ 理解包定义中"__init__.py"文件的作用与定义。

模块是 Python 中的重要单位，利用模块可以对各种结构进行有效管理。在 Python 中，除了允许用户自定义模块外，还提供了大量的第三方模块供用户使用。本章将讲解模块定义与使用的相关知识。

6.1 模块的定义与导入

一个项目中如果将全部的代码都写在一个 Python 的源文件中，那么势必会造成源文件过长，并且代码难以维护与重用的问题。所以在任何一个项目中都会考虑将项目拆分为不同的模块，每个模块都是具有不同功能的程序代码，在需要的地方通过导入的形式导入相关模块来完成某些功能，这样不仅可以使代码结构更加清晰，而且易于代码的维护。模块定义结构如图 6-1 所示。

图 6-1 模块定义结构

通过图 6-1 可以发现，在一个 Python 项目中，往往会使用大量的系统模块或第三方模块，将用户自定义的模块与这些模块结合，就可以编写出功能丰富的项目代码。为了方便对模块中的程序代码进行管理以及防止程序文件重名所造成的冲突问题，引入了包（称为"命名空间"）的概念，每一个包中都可以包含有若干个"*.py"程序文件。

6.1.1 模块的定义

在 Python 中，进行模块定义只需将需要单独定义的程序文件保存到相应的包中即可，而包的本质就是文件目录，该目录允许有多级，目录名称要求全部采用小写字母。

实例：定义 com.yootk.info.message.py 程序文件

```
# coding:UTF-8
def get_info():                              # 定义模块函数
    return "沐言优拓：www.yootk.com"          # 返回数据信息
```

本程序定义了一个 message 模块，并且将其保存在 com.yootk.info 包中，如果要想在其他程序中引入此模块就必须附加包名称。本程序的目录结构如图 6-2 所示。

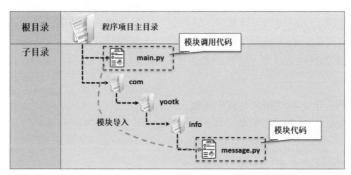

图 6-2　自定义 Python 模块的目录结构

6.1.2　import

按照实现的功能或作用将一个大型的程序拆分为若干模块，然后在需要的地方导入相应的模块功能。在 Python 中，导入模块可以利用 import、as 这两个关键字来实现。导入语法如下：

```
import 包.模块名称 [as 别名] , 包.模块名称 [as 别名] , …
```

使用 import 关键字可以将指定的模块导入到代码中，如果模块名称过长，则可以利用 as 关键字为模块设置别名。

实例：使用模块的完整名称进行导入

```
# coding:UTF-8
import com.yootk.info.message                  # 采用"包.模块名称"导入
print(com.yootk.info.message.get_info())       # 采用"模块名称.函数名称()"
                                               # 调用模块操作
print(com.yootk.info.message)                  # 直接输出模块信息
程序执行结果：
沐言优拓：www.yootk.com
<module 'com.yootk.info.message' from
'D:\\workspace\\pycharm\\yootk\\com\\yootk\\info\\message.py'>
```

本程序使用 import 语句导入完整名称的模块，随后利用"模块名称.函数()"的形式调用了模块中的相关结构。需要注意的是，导入模块时不需要加上文件后缀".py"。

 提示：在模块中使用"__name__"系统变量

如果在 message.get_info()函数定义中输出"__name__"系统变量的内容，返回的信息就是模块名称，也就是说，如果某些子模块中提供有程序的执行代码（没有将其封装为主函数），则这些代码也会执行，所以在开发中建议将执行代码封装在主函数中。

通过以上实例代码可以发现，使用 import 导入模块后还需要使用模块完整名称调用模块中的函数，当模块名称很长时会增加代码编写的工作量，此时可以使用 as 为模块定义别名，然后就可以利用"模块别名.函数()"的形式进行调用。

实例：定义模块别名并调用函数

```
# coding:UTF-8
import com.yootk.info.message as msg          # 为模块功能定义别名
print(msg.get_info())                         # 利用别名调用函数
程序执行结果：
沐言优拓：www.yootk.com
```

本程序为 com.yootk.info.message 模块定义了一个名为 msg 的别名，随后就可以通过 msg.get_info()形式调用函数。

提示：The Zen of Python（《Python 禅道》）——每一位 Python 开发者都应该知道的彩蛋

用户在 Python 交互式命令环境下输入"**import this**"这行语句，就会看到 Python 的开发者 Guido 为程序语言设计提出的 19 条开发哲学（程序作者为 Tim Peters），内容如下：

The Zen of Python, by Tim Peters

Beautiful is better than ugly.

Explicit is better than implicit.

Simple is better than complex.

Complex is better than complicated.

Flat is better than nested.

Sparse is better than dense.

Readability counts.

Special cases aren't special enough to break the rules.

Although practicality beats purity.

Errors should never pass silently.

Unless explicitly silenced.

In the face of ambiguity, refuse the temptation to guess.

There should be one — and preferably only one — obvious way to do it.

Although that way may not be obvious at first unless you're Dutch.

Now is better than never.

Although never is often better than *right* now.

If the implementation is hard to explain, it's a bad idea.

If the implementation is easy to explain, it may be a good idea.

Namespaces are one honking great idea—let's do more of those!

实际上,"import this"这个彩蛋是印刷在一次 Python 大会的宣传 T 恤上的,如图 6-3 所示,并在 Python 2.2.1 中发布了此彩蛋。

图 6-3 彩蛋 T 恤

6.1.3 from-import

在 import 结构中,如果不想每次都受到模块名称或模块别名的困扰,可以直接使用 from-import 语句导入指定模块的指定结构,这样就可以在程序中直接使用此结构进行操作。from-import 导入语法如下:

```
from 包.模块名称 import 结构名称 [as 别名], 结构名称 [as 别名] … | (结构
名称 [as 别名] …)
```

在 from-import 结构中,from 语句后面为需要定义导入的模块名称,import 后面为模块中的结构名称,也可以通过 as 为指定的结构名称定义别名。

实例:使用 from-import 导入指定模块的指定结构

```
# coding:UTF-8
from com.yootk.info.message import get_info   # from 模块名称 import 程
                                              # 序结构
print(get_info())                # 直接调用函数,就好像本文件直接定义一样
```
程序执行结果:
沐言优拓:www.yootk.com

本程序直接通过指定的"包.模块"导入了模块中的指定结构,这样就可以直接通过模块中定义的标识符进行调用。

 提问:使用 from-import 导入是否太过烦琐?

在一个模块中可能存在有变量、函数或其他的结构,如果在一段代码里面需要导入指定模块中的多个结构,使用 from-import 是否过于烦琐?

回答：使用通配符"*"可以简化导入。

为了方便同一个模块的多次导入操作，Python 可以使用通配符"*"自动导入该模块中所需要的结构。

实例：使用通配符"*"自动导入

```
# coding:UTF-8
from com.yootk.info.message import *     # 为模块功能定义别名
print(get_info())                        # 利用别名调用函数
程序执行结果：
沐言优拓：www.yootk.com
```

本程序使用了通配符"*"，这样就可以方便地导入模块中的结构，但是从 Python 的官方建议来讲，使用通配符"*"会"污染程序代码"，所以是否使用就看每一位开发者的使用习惯了。本书更多的时候建议使用者分开导入。

但是从另外一方面需要提醒读者的是，使用通配符"*"进行结构导入时，还可以避免自动导入某些模块中的"_变量"，而这样的变量在进行明确导入后依然可以直接使用。

实例：在 com.yootk.info.message.py 文件中追加一个变量

```
_url = "www.yootk.com"                                  # 非自动导入
```

实例：在 main.py 中进行导入

错误使用	`from com.yootk.info.message import *` `print(_url)  # NameError: name '_url' is not defined`
正确使用	`import com.yootk.info.message` # 导入模块 `print(com.yootk.info.message._url)` # 引用模块变量

在使用"import *"时，message 模块中的"_url"变量是无法被自动导入的。

在使用 from-import 导入时也可以通过 as 关键字为导入的结构名称定义别名。

实例：使用 as 定义别名

```
# coding:UTF-8
from com.yootk.info.message import get_info as msg   # 为模块功能定义别名
print(msg())                                          # 利用别名调用函数
程序执行结果：
沐言优拓：www.yootk.com
```

本程序为 get_info()函数定义了一个名为 msg 的别名，这样就可以直接利用别名实现功能调用。

 提问：如何知道一个模块的全部功能？

本程序自定义了 message 模块，所以可以很清楚地知道该模块所具备的功能。如果要使用一个不熟悉的模块，那么该如何知道该模块的全部功能呢？

回答：通过文档或 dir() 函数获取。

在项目开发中，经常会使用到许多系统或外部提供的模块，这些模块功能除了可以在官方给出的文档中查看，也可以直接利用 Python 提供的 dir() 函数查看。

实例：查看 message 模块的全部功能

```
# coding:UTF-8
from com.yootk.info import message      # 导入 message 模块
print(dir(message))                     # 查看模块功能
```

程序执行结果：

```
['__builtins__', '__cached__', '__doc__', '__file__', '__loader__',
'__name__', '__package__', '__spec__', 'get_info']
```

此时返回了 message 模块所有可以使用的结构，返回信息中以"__xxx__"结构命名的都代表特殊的系统变量。

6.1.4　__init__.py

Python 中为了方便对模块进行管理，会将模块保存在各个包（目录）中。但是在一些严格的环境中，目录并不等同于 Python 的包，所以以为了对这些目录加以说明，就需要一个特殊的说明文件，而这个文件就是"__init__.py"文件，此文件在 Python 项目中有以下几个作用。

❧ **包（package）标识文件**：所有的包中除了定义模块之外还需要定义"__init__.py"文件。

❧ **模糊导入配置**：考虑到通配符"*"的作用，可以通过配置"__all__"系统变量设置引入模块。

❧ **编写部分 Python 代码**：一般开发中不建议采用此类形式。

假设要在 com.yootk.info 包中定义两个模块：message.py 和 information.py，按照 Python 官方标准来讲，这两个模块定义的目录结构如图 6-4 所示。这两个模块的源代码定义如下：

模块一：com.yootk.info.message.py	模块二：com.yootk.info.information.py

`# coding:UTF-8`
`def get_yootk():`
　　`return "沐言优拓:`
`www.yootk.com"`
	`# coding:UTF-8`
	`def get_jixianit():`
	　　`return "极限 IT 程序员:`
	`www.jixianit.com"`

现在假设需要在 main.py 文件中导入 com.yootk.info 包下的所有模块，那么使用通配符"*"是最简单的处理模式，但是在模糊导入过程中又不希望导入 information.py 模块，那么此时就可以修改 com.yootk.info 中的配置文件。

实例： 修改 com/yootk/info/__init__.py 配置文件

```
__all__ = ["message"]                                      # 定义自动导入项
```

　　"__all__"系统变量是一个列表序列，只需要将允许模糊导入的模块通过列表的形式依次定义即可，由于此文件保存在 com.yootk.info 包中，所以表示模糊导入配置中只允许导入 com.yootk.info 包下的 message 模块，即 information 模块将无法在导入时使用。

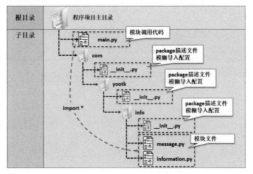

图 6-4　message.py 和 information.py 模块定义的目录结果

实例： 使用通配符 "*" 导入模块

```
# coding:UTF-8
from com.yootk.info import *            # 导入指定包中的全部模块
print(message.get_yootk())             # 通过模块名称调用函数
print(information.get_jixianit())      # NameError: name 'information'
is not defined
```
程序执行结果：
```
沐言优拓：www.yootk.com
    print(information.get_jixianit())# 通过模块名称调用函数
NameError: name 'information' is not defined
```

　　本程序采用通配符 "*" 对指定包中所有模块实现了模糊导入，由于包中的"__init__.py"文件的作用，所以无法模糊导入 information 模块。

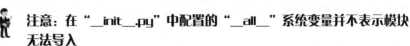

注意：在 "__init__.py" 中配置的 "__all__" 系统变量并不表示模块无法导入

　　读者千万要明确一个问题，"__all__"系统变量所能控制的只是模糊导入的模块，但是如果在此环境下使用了明确的模块导入方式，那么 information 模块依然可以被导入。

实例： 明确导入 information 模块

```
# coding:UTF-8
```

```
from com.yootk.info import information       # 明确配置导入模块
print(information.get_jixianit())            # 手工导入依然可用
```
程序执行结果：
极限 **IT** 程序员：**www.jixianit.com**

　　此时的程序可以正常执行完毕，也就是说，在很多开发环境下是否配置
"__init__.py" 的内容意义并不是很大，所以更多的情况下只是在每个包中都定义一个
"__init__.py" 空文件。

6.2　系统常用模块

　　Python 除了支持简洁与友好的语法外，还提供了大量的系统模块供开发者
使用，随着开发者编写的代码逐渐增多，对于这些系统模块也就更加熟悉。本
节将拓展讲解几个常用的系统模块，如 sys 模块、copy 模块、偏函数、数学模
块、随机数、MapReduce 数据处理等，读者可自行扫码学习 。

6.3　Python 环境管理

　　Python 提供了非常方便的开发包管理程序，同时为了防止公共开发环境受
到过多的污染，Python 也支持虚拟开发环境。本节将针对这些操作拓展讲解 pip
模块管理工具、虚拟环境、模块打包、Pypi 模块发布，读者可自行扫码学习。

6.4　本 章 小 结

　　1. 利用模块可以对大型项目进行拆分，利用模块可以保存不同的程序功能，
并且在需要的时候进行导入。

　　2. 模块导入命令有两种：import 和 from-import，前者使用模块的完整名
称导入；后者可以直接导入指定模块的指定结构。模块导入也可以使用通配符
"*" 进行自动导入。

　　3. 在 Python 中，所有的包必须提供 "__init__.py" 文件后才可以称为包，
没有此文件的包在进行项目打包处理时将不会被系统识别。

第 7 章　PyCharm 开发工具

 学习目标

❯ 掌握 PyCharm 开发工具的使用，并进行 Python 程序的开发；

❯ 掌握 PyCharm 开发工具提供的 debug 工具的使用；

❯ 掌握 PyCharm 第三方模块的导入与使用。

在 Python 项目开发中，为了提升代码的开发效率，往往会借助于一些集成开发环境（Integrated Development Environment，IDE）工具，其中 PyCharm 开发工具被广泛使用。本章将讲解 PyCharm 工具的使用。

7.1　PyCharm 开发工具简介

PyCharm 是由 JetBrains 开发的一款 Python 开发工具，利用此工具开发项目，可以对代码的关键字进行高亮显示，也可以在程序编写过程中直接针对开发者出现的语法错误进行纠正或代码提示。用户如果要想获取此工具，可以直接登录 http://www.jetbrains.com 网站下载，如图 7-1 所示。

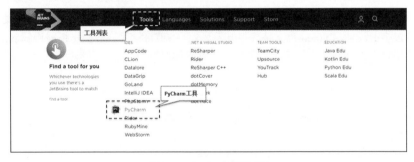

图 7-1　JetBrains 工具列表页

打开 PyCharm 页面后可以单击 Download（下载）按钮，而后下载 Professional（专业版），如图 7-2 所示。

可以直接启动下载的工具进行安装，由于 PyCharm 工具默认提供有 32 位与 64 位两种安装模式，开发者只需要依据自己的计算机硬件环境进行选择即可，如图 7-3 所示。安装完成后可以直接启动 PyCharm 工具，如图 7-4 所示。

图 7-2　PyCharm 下载版本

图 7-3　安装配置

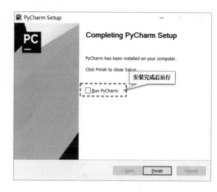

图 7-4　安装完成

 提示：关于 Eclipse 开发工具

著名的 Eclipse 开发工具实际上也可以进行 Python 项目的开发，但是如果开发者要使用 Eclipse，则需要在自己的计算机上安装 JDK，而后再安装 PyDev 插件。本书之所以选择 PyCharm 工具，主要原因有以下三点。

- ❯ Eclipse 需要很多与 Java 相关的开发环境配置，为避免相关概念的理解困难，所以没有选用。
- ❯ 在一些环境下开发者有可能安装不了 PyDev 插件，导致增加学习的烦恼。
- ❯ PyCharm 是一个纯粹且流行的 Python 开发工具，且被广泛使用。

7.2　配置 PyCharm 开发工具

PyCharm 安装完成之后可以直接启动，在启动前首先会询问用户是否要导入已经存在的用户配置，如果用户是第一次启动 PyCharm 工具，那么直接选择不导入任何配置即可，如图 7-5 所示。

当用户第一次启动 PyCharm 工具时，还会进行使用授权的询问，如果用户单击 Continue 按钮，则表示接受协议；如果单击 Reject and Exit 按钮，则会立即退出 PyCharm 工具，如图 7-6 所示。

图 7-5 是否导入已经存在的其他版本配置　　　　　　图 7-6 授权确认

为了方便用户开发，PyCharm 工具默认提供有两种开发模式 Darcula（暗黑系）和 Light（光明系），如图 7-7 所示，用户可以根据自己的喜好选择不同的风格，并且这些设置都可以在系统环境中进行更改。由于 PyCharm 属于商业发行版本，所以在最后会出现如图 7-8 所示的激活页面，用户只需要输入正确的激活码即可进入 PyCharm 主界面。

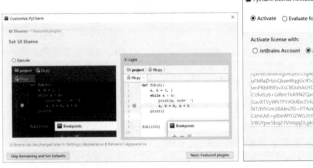

图 7-7 界面风格　　　　　　　　　图 7-8 激活页面

PyCharm 工具启动之后会出现如图 7-9 所示的界面，用户可以单击 Create New Project（创建新的项目）按钮，随后单位 Pure Python（纯净的 Python 项目）按钮，输入项目的保存路径。为了防止 Python 公共环境被破坏，新建立的项目都可以创建相应的虚拟环境，如图 7-10 所示。

单击 Create 按钮，即可进行项目创建并启动如图 7-11 所示的 PyCharm 主界面。

图 7-9 创建新的 Python 项目   图 7-10 设置项目虚拟环境

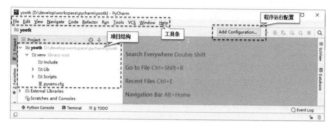

图 7-11 PyCharm 主界面

提示：关于 PyCharm 快捷键

如果开发者使用过 IDEA 开发工具，那么对于 PyCharm 工具的快捷键就应该比较熟悉了。如果开发者习惯使用 Eclipse 开发工具，也可以将快捷键更换为 Eclipse 风格。更换方法如下：选择 File→Settings→Keymap 选项，在列表中选择开发者习惯使用的快捷键组，如图 7-12 所示。

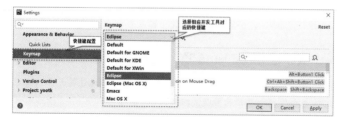

图 7-12 修改快捷键

7.3 开发 Python 程序

项目创建完成后就可以直接进行 Python 程序的创建，在项目上右击，并在弹出的快捷菜单中选择 New→Python File 选项，就可以直接创建 Python 程序代码，如图 7-13 所示。随后在弹出的对话框中输入程序文件的名称 hello，然后单击 OK 按钮，如图 7-14 所示。该程序的主要功能是进行信息输出。

图 7-13　创建 Python 程序文件　　　　　　　　图 7-14　输入程序文件名称

实例：编写 hello.py 程序文件

```
# coding:UTF-8
print("沐言优拓：www.yootk.com")                    # 信息输出
```

在第一次运行时，开发者需要右击代码并在弹出的快捷菜单中选择 Run 'hello'选项，随后就会在程序执行窗口上出现相应的程序快捷执行按钮，如图 7-15 所示。

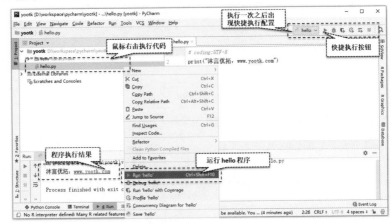

图 7-15　Python 程序执行

提示：关于输出信息颜色配置

在 PyCharm 工具中使用 print()函数输出信息时，可以通过转义序列实现文字与背景颜色的更换，进行颜色设置采用以下的格式。

```
print("\033[显示方式;前景色;背景色 m      显示内容      \033[0m")
```

在给定的格式中如果要进行颜色控制，则需要两个操作部分。

➥　开始部分：\033[显示方式;前景色;背景色 m。

➥　结束部分：\033[0m（结束部分与开始部分相同，但是习惯上采用此类方式简化）。

颜色的控制分为三个部分：显示方式、前景色、背景色，这三个内容都是可选参数，可以只写其中的某一个。另外，由于表示三个参数不同含义的数值都是唯一且无重复，所以三个参数的书写先后顺序没有固定要求，系统都能识别，但是，建议按照默认的格式规范书写。

数值表示的参数含义如下。

❧ 显示方式：0（默认值）、1（高亮）、22（非粗体）、4（下划线）、24（非下划线）、5（闪烁）、25（非闪烁）、7（反显）、27（非反显）。

❧ 前景色：30（黑色）、31（红色）、32（绿色）、33（黄色）、34（蓝色）、35（洋红）、36（青色）、37（白色）。

❧ 背景色：40（黑色）、41（红色）、42（绿色）、43（黄色）、44（蓝色）、45（洋红）、46（青色）、47（白色）。

实例：设置输出文本颜色

```
# coding:UTF-8
# 字体采用高亮显示（1）、红色前景色（31）、黑色背景色（40）
print("\033[1;31;40m 李兴华老师带你玩转 Python\033[0m")        # 彩色信息输出
```

此时就可以改变输出的显示颜色，但是这种设置只算是一种娱乐，在实际开发中的意义不大。

当程序第一次执行之后就可以自动出现在 PyCharm 的配置窗口中，如果开发者需要进行初始化参数的设置，则可以进入到配置环境进行设置，如图 7-16 所示。进入到相应配置环境后，在如图 7-17 所示的界面中输入初始化参数，而要想获取这些初始化参数，则必须通过 sys 模块完成。

图 7-16　配置代码执行参数　　　　　　图 7-17　输入初始化参数

实例：输出配置的初始化参数

```
# coding:UTF-8
import sys                          # 导入 sys 模块
for item in sys.argv:               # 循环输出设置的初始化参数
    print(item, end="、")           # 输出数据
```
程序执行结果：
yootk/hello.py（程序文件名称）、yootk、李兴华、Hello 小李老师、

程序执行后就可以输出在 hello 配置中所定义的全部初始化参数内容。

7.4　代 码 调 试

使用 IDE 工具的最大作用在于可以方便地进行代码的调试，利用调试功能可以实现对代码执行的逐步跟踪，这样就可以直观地确认程序出错的位置。为了方便调试，下面将创建一个 com.yootk.util.math 模块，由于在 PyCharm 工具

中，包和模块需要分开创建，所以首先要创建一个 com.yootk.util 包，按照如图
7-18 所示的菜单执行，随后在弹出的 New Package 对话框中输入要创建的包名
称，单击 OK 按钮，如图 7-19 所示。

图 7-18　创建 Python 包　　　　　　　　　　图 7-19　输入包名称

包创建完成后，PyCharm 工具会自动帮助用户在每个包中创建
"__init__.py"描述文件，随后用户就可以在指定的包中创建相应的 Python 模
块（Python File），如图 7-20 所示。本次创建了一个名为 math 的模块，如图
7-21 所示。

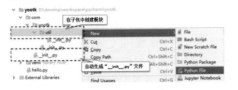 

图 7-20　在子包中创建模块　　　　　　　　　图 7-21　输入模块名称

实例：定义 com.yootk.util.math 模块

```python
# coding:UTF-8
def add(*numbers):                              # 定义函数
    """
    实现一个任意多个数字的累加操作
    :param numbers: 进行累加操作的数字元组
    :return: 数字累加结果
    """
    sum = 0                                     # 保存数字累加结果
    for num in numbers:                         # 迭代元组
        sum += num                              # 数字累加
    return sum                                  # 返回累加结果
```

模块定义完成之后可以在项目根路径下创建一个 debug_math.py 程序模块，
进行 math 模块中的函数调用。

实例：通过编写 debug_math.py 文件调用 math.add()函数

```python
# coding:UTF-8
from com.yootk.util.math import *
def main():                                     # 定义主函数
    """
```

定义程序主函数，程序从此处开始执行
"""
```
    print("数字累加计算结果：%d" % add(1, 2, 3))   # 调用 add()函数
if __name__ == "__main__":                        # 判断当前执行结构名称
    main()                              # 【断点设置此处】执行定义主函数
```

本程序在主函数中调用了 math.add()函数，随后在需要设置断点的位置上单击鼠标就会出现一个红点，如图 7-22 所示。断点设置完成后在要执行的程序代码上右击，并在弹出的快捷菜单中选择相应调试模式，如图 7-23 所示。

图 7-22　设置断点

图 7-23　调试模式启动

调试模式执行后，代码会在断点处暂停执行，随后会出现如图 7-24 所示的代码调试界面，开发者可以利用调试控制工具进行程序执行控制，有以下几种控制模式。

- **单步进入（Step Into）**：是指进入到执行的方法之中观察方法的执行效果，快捷键为 F5。
- **单步跳过（Step Over）**：在当前代码中执行，快捷键为 F6。
- **单步返回（Step Return）**：不再观察了，而返回到进入处，快捷键为 F7。
- **恢复执行（Resume）**：停止调试，而直接正常执行完毕，快捷键为 F8。

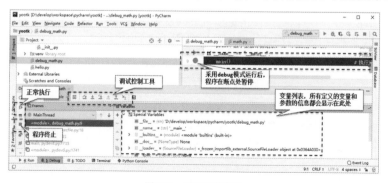

图 7-24　代码调试界面

7.5 模块的导入与使用

PyCharm 创建的项目都提供有虚拟环境，开发者的所有操作都是针对虚拟环境的配置，每一个虚拟环境可以单独下载自己所需要的第三方模块，如果要通过仓库下载第三方模块，则可以按照以下步骤进行：选择 File→Settings→【Project：项目名称】→Project Interpreter 选项，就可以打开如图 7-25 所示的界面，选择"+"就可以搜索并下载所需要的模块，如图 7-26 所示。

图 7-25　配置第三方模块

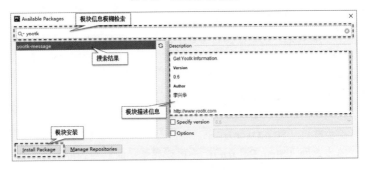

图 7-26　模块搜索与安装

下载的模块会自动保存在虚拟环境的 Lib/site-packages 目录之中，如果要想调用模块，则可以直接在指定项目下创建相应的程序，本次创建一个名为 main.py 的程序代码。项目结构如图 7-27 所示。

图 7-27　项目结构

实例: 通过编写 main.py 文件调用模块中的函数

```
# coding:UTF-8
from com.yootk.info.message import *        # 外部模块导入
def main():                                 # 定义主函数
    """
    定义程序主函数,程序从此处开始执行
    """
    print(get_info())                       # 调用模块函数
if __name__ == "__main__":                  # 判断当前执行结构名称
    main()                                  # 执行定义主函数
```
程序执行结果:
沐言优拓:www.yootk.com

此时 main.py 程序直接输出了 com.yootk.info.message 模块中的 get_info() 函数的返回结果,同时在该项目中配置的模块也不会影响全局 Python 环境。

7.6 本 章 小 结

1. PyCharm 是 JetBrains 开发的一款针对 Python 项目开发的 IDE 工具,此工具提供了代码高亮显示、错误标记、自动提示等支持,以提升开发人员的代码编写效率。

2. PyCharm 在创建 Python 项目时可以直接配置虚拟环境。

3. PyCharm 提供了断点调试工具,利用此工具可以对代码实现执行跟踪,快速确认代码问题。

P

第 2 篇

进 阶 篇

第8章 类 与 对 象

📚 学习目标

➧ 理解面向对象三大主要特点以及与面向过程开发的区别；
➧ 掌握类与对象的定义；
➧ 掌握对象的引用传递及垃圾产生；
➧ 掌握构造方法的作用与定义语法要求；
➧ 掌握类属性与实例属性的区别；
➧ 掌握内部类的定义与使用；
➧ 掌握类关联结构设计，利用面向对象的设计思想对现实事物进行程序
　转换。

面向对象（Object Oriented，OO）是现在最为流行的软件设计与开发方法，Python 除了支持传统的面向过程开发结构之外，也支持基于面向对象的设计结构，从而开发出结构更加合理的程序代码，使程序的可重用性得到进一步提升。

8.1　面向对象简介

面向对象是现在最为流行的一种程序设计方法，几乎所有的程序开发都是以面向对象为基础。但是在面向对象设计之前，面向过程被广泛采用。面向过程只是针对自己来解决问题，它是以程序的基本功能实现为主，并不会过多地考虑代码的标准性与可维护性。而面向对象，更多的是进行子模块化的设计，每一个模块都需要单独存在，并且可以被重复利用，所以，面向对象的开发是一个更加标准的开发模式。

👨‍🏫 **提示：面向过程与面向对象的区别**

考虑到读者暂时还没有掌握面向对象的概念，所以本书先使用一些较为直白的方式帮助读者理解面向过程与面向对象的区别。例如，如果说现在想制造机器人，则可以有两种做法。

➧ **做法一（面向过程）**：由个人准备好所有制造机器人的材料，而后按照自己的标准制造机器人，这样机器人各个部件（躯干、头部、四肢等）的尺寸以及连接的标准全部需要自行定义，一旦某个部件出现了问题，就需要自己进行修理或者重新制造。这样设计出来的机器人不具备通用性。

➧ **做法二（面向对象）**：首先由专业的设计团队将机器人的制造工艺进行拆分，而后详细设计出每个部件的定义标准以及各个部件之间的连接标准，随后将这

些设计标准交付给相应的工厂进行制造，每个工厂的流水线只完成某一个部件的生产，最后再一起进行拼接，如果某个部件出现了问题，那么可以很方便地找到替代品。

在本章之前所编写的 Python 程序，都是依据当前需要定义相关的函数，随后为了方便管理，将这些函数零散地保存在模块中，这样就会造成公共变量、全局变量以及函数定义与使用的结构混乱。而使用了面向对象的设计之后，会使变量与函数的定义联系更加紧密，结构更加清晰。

对于面向对象的程序设计有三个主要的特性：封装性、继承性、多态性。下面简单介绍一下这三种特性，在本书后面的内容中会对这三种特性进行完整的阐述。

1. 封装性

封装是面向对象的方法所应遵循的一个重要原则。它有两层含义：一层含义是指把对象的成员属性和行为看成一个密不可分的整体，将这两者"封装"在一个不可分割的独立单位（即对象）中；另一层含义是指"信息隐蔽"，把不需要让外界知道的信息隐藏起来。有些对象的属性或行为允许外界用户知道或使用，但不允许更改；而有些属性或行为不允许外界知晓；有一些属性或行为只允许使用对象的功能，而尽可能隐蔽对象功能的实现细节。

2. 继承性

继承是面向对象方法中的重要概念，是提高软件开发效率的重要手段。

首先拥有反映事物一般特性的类，然后在其基础上派生出反映特殊事物的类。如已有的汽车类，该类中描述了汽车的普遍属性和行为，进一步再产生轿车类，轿车类继承于汽车类，轿车类不但拥有汽车类的全部属性和行为，而且还拥有轿车特有的属性和行为。

面向对象程序设计中的继承机制，大大增强了程序代码的可复用性，提高了软件的开发效率，降低了程序产生错误的可能性，也为程序的修改扩充提供了便利。

3. 多态性

多态是面向对象程序设计的又一个重要特征。多态是允许在程序中出现重名现象，同样的操作依据环境的不同可以实现不同的功能，多态的特性使程序的抽象程度和简洁程度更高，有助于程序设计人员对程序的分组协同开发。

8.2　类与对象简介

面向对象编程中类与对象是基本的组成单元，类是对一个客观群体特征的抽象描述，而对象表示的是一个个具体的可操作事物，如张三同学、李四的汽车、王五的手机等，这些都可以统一理解为对象。

例如，在现实生活中，人就可以表示为一个类，因为人本身属于一种广义的概念，并不是一个具体个体描述。而某一个具体的人，例如：张三同学就可以称为对象，可以通过各种信息完整地描述这个具体的人，如姓名、年龄、性别等信息，那么这些信息在面向对象的概念中就称为属性（或者称为成员属性，实际上就是不同数据类型的变量，所以也称为成员变量），当然人是可以吃饭、睡觉的，那么这些行为在类中就称为方法。也就是说，如果要使用一个类，就一定会产生对象，对象之间根据属性进行区分，而每个对象所具备的操作就是类中规定好的方法。类与对象的关系如图 8-1 所示。

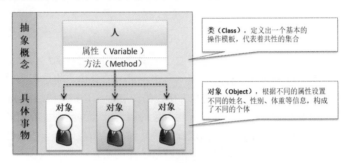

图 8-1　类与对象的关系

通过图 8-1 可以发现，一个类的基本组成单元有两个。

- ➥ **属性（Variable）**，主要用于保存对象的具体特征。例如：不同的人都有姓名、性别、学历、身高、体重等信息，但是不同的人都有不同的内容定义，而类就需要对这些描述信息进行统一的管理，在 Python 类定义时属性分为"类属性"与"实例属性"两种。

- ➥ **方法（Method）**，用于描述功能。例如：跑步、吃饭、唱歌，所有人类的实例化对象都有相同的功能。

提示：类与对象的简单理解

在面向对象中有这样一句话可以很好地解释出类与对象的区别：类是对象的模板，而对象是类的实例，即对象所具备的所有行为都是由类来定义的。按照这种方式可以理解为，在开发中，应该先定义出类的结构，然后再通过对象使用这个类。

8.2.1　类与对象的定义

在 Python 中可以使用 class 关键字来定义类，一个类中可以定义若干个属性和方法。在类中定义的方法直接使用 def 关键字声明即可，类中的属性则必须采用"对象实例.属性名称"的形式进行定义，而对象实例的描述则需要以方法参数的形式定义后才可以使用。

实例：定义一个描述人员信息的类

```python
# coding : utf-8
class Member:                          # 自定义程序类
    """
    定义信息设置方法，该方法需要接收 name 与 age 两个参数内容
    self 描述的是当前对象实例，只要是类中的方法，都需要加上这个描述
    """
    def set_info(self,name,age):       # 定义一个信息设置方法
        self.name = name               # 为类中方法定义实例属性
        self.age = age                 # 为类中方法定义实例属性
    def get_info(self):                # 方法定义
        """
            获取类中属性内容
        """
        return "姓名：%s，年龄：%d" % (self.name,self.age)   # 返回对象信息
```

在本程序的 Member 类中定义了两个方法：set_info()、get_info()，并且在 set_info()方法中定义了 name 和 age 两个实例属性，实例属性的内容为方法中参数设置的数据。

类的使用依靠的是对象，由于 Python 中提供的所有类型都属于引用类型，所以对象定义的基本语法如下：

对象名称（变量） = 类名称([参数,…])

这样就可以获得一个指定类的实例化对象，开发者利用此对象就可以实现对类中属性或方法的调用，操作形式如下。

- ↘ **实例化对象.属性**：调用类中的属性。
- ↘ **实例化对象.方法()**：调用类中的方法。

提示：关于类中方法的 self 参数

在定义 Member 类的时候，类中的所有方法不管是否接收参数，实际上都会接收一个 self 标记。该标记描述的就是一个实例化对象，这个对象不需要开发者传递，而是由 Python 自行传递。如果开发者不喜欢此关键字的名称，也可以进行更换，而对应的属性设置的名称也需要修改。

实例：将 self 修改为 this

```python
def set_info(this,name,age):           # 定义一个信息设置方法
    this.name = name                   # 为类中方法定义属性
    this.age = age                     # 为类中方法定义属性
```

本程序在定义 set_info()方法时使用 this 作为当前的标记，所以在进行属性设置时也统一更改为"this.属性"形式。

实例：实例化类对象并调用类中的方法

```
def main():                          # 主函数
    mem = Member()                   # 实例化 Member 类对象
    mem.set_info("小李老师", 18)      # 调用 set_info()方法并设置相应属性内容
    print(mem.get_info())            # 获取属性内容
    print("【类外部调用属性】name 属性内容：%s、age 属性内容：%d"
            % (mem.name, mem.age))   # 输出对象信息
if __name__ == "__main__":           # 判断程序执行名称
    main()                           # 调用主函数
```
程序执行结果：
姓名：小李老师，年龄：18
【类外部调用属性】name 属性内容：小李老师、age 属性内容：18

本程序实例化了 Member 类对象 mem，随后利用 mem 对象调用类中的 set_info()方法定义了该实例化对象的两个实例属性，这样，当使用 mem 对象调用 get_info()方法时就可以直接返回设置的实例属性内容，而属性也可以在类的外部由实例化对象直接调用。

提示："函数"和"方法"的区别

在本书第 5 章中讲解过，Python 中函数和方法的概念很相近，也可以理解为同一种结构类型，但是通过 Member 类中定义的函数都有一个自身对象的传递，这样的定义就与传统的函数有了差别。为了帮助读者区分概念，下面通过 type()函数来获取 get_info()结构的类型。

实例：观察类中提供的 get_info()结构的类型

```
mem = Member()                       # 实例化 Member 类对象
print(type(mem.get_info))            # 观察 get_info()结构的类型
```
程序执行结果：
```
<class 'method'>
```

通过此实例可以发现类中定义的 get_info()结构的类型实际上是 method（方法），而函数和方法在本质上来讲功能是相似的，唯一不同的是函数是单独定义的，而方法是定义在类中的。本书后续讲解时为了帮助读者区分概念，也会采用相应的名称进行说明。

Python 中的实例属性除了可以在类中进行配置外（**self.name** = name），也可以在类的外部通过实例化对象动态添加实例属性。

实例：动态设置属性内容并获取信息

```
# coding : utf-8
class Member:                        # 自定义 Member 类
    def get_info(self):              # 定义方法
```

```
        return "姓名：%s，年龄：%d" % (self.name,self.age)    # 返回信息
def main():                                      # 主函数
    mem = Member()                               # 实例化 Member 类对象
    mem.name = "小李老师"                         # 定义实例属性并设置内容
    mem.age = 18                                 # 定义实例属性并设置内容
    print(mem.get_info())                        # 调用类中方法获取信息
if __name__ == "__main__":                       # 判断程序执行名称
    main()                                       # 调用主函数
```
程序执行结果：
姓名：小李老师，年龄：18

本程序中的 Member 类在定义时并没有提供实例属性，而是通过实例化对象在类外部为类动态地添加实例属性与内容，这样的设计结构为代码的开发设计提供了极大的便利，使代码的操作更加灵活。

8.2.2 对象内存分析

在 Python 中每一个对象都会依据其所对应的类型进行创建，同时在不同对象中也会保存有各自的属性内容。为了帮助读者更方便地理解对象的内存操作，下面通过一个具体的程序进行说明。

实例：定义内存分析程序

```
# coding : utf-8
class Member:                                    # 自定义 Member 类
    pass                                         # 类中暂不定义内容
def main():                                      # 主函数
    mem = Member()                               # 实例化 Member 类对象
    mem.name = "小李老师"                         # 实例属性的定义与赋值
    mem.age = 18                                 # 实例属性的定义与赋值
    print("姓名：%s，年龄：%d" % (mem.name, mem.age))    # 输出属性内容
if __name__ == "__main__":                       # 判断程序执行名称
    main()                                       # 调用主函数
```
程序执行结果：
姓名：小李老师，年龄：18

本程序在 Member 类的外部利用实例化对象定义了 name 与 age 两个实例属性。内存关系如图 8-2 所示。

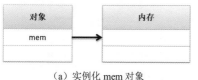

（a）实例化 mem 对象　　　　　　　（b）设置对象属性

图 8-2　内存关系

类属于 Python 中的引用数据类型，所以由类所产生的对象也可以进行引用传递处理，引用传递时对象所传递的是其所对应的内存地址。

实例：对象引用传递

```
# coding : utf-8
class Member:                               # 自定义 Member 类
    def get_info(self):                     # 定义方法
        return "姓名：%s，年龄：%d" % (self.name,self.age) # 返回对象信息
def change_member_info(temp):               # 定义函数
    """
    定义一个修改函数，该函数的主要功能是修改指定对象中的类属性内容
    :param temp: 要修改的对象引用
    :return: NoneType
    """
    temp.name = "李兴华"                      # 修改实例属性定义
    temp.age = 22                           # 修改实例属性定义
def main():                                 # 主函数
    mem = Member()                          # 实例化 Member 类对象
    mem.name = "小李老师"                     # 实例属性定义与赋值
    mem.age = 18                            # 实例属性定义与赋值
    change_member_info(mem)                 # 引用传递
    print(mem.get_info())                   # 输出属性内容
if __name__ == "__main__":                  # 判断程序执行名称
    main()                                  # 调用主函数
```

程序执行结果：

姓名：李兴华，年龄：22

本程序为了方便读者观察对象引用传递的操作效果，特别定义了一个 change_member_info()函数，利用此函数接收一个对象并进行内容修改。对象引用传递的内存操作分析如图 8-3 所示。

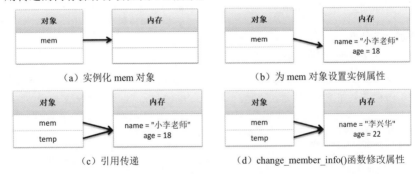

图 8-3 对象引用传递的内存操作分析

8.2.3 引用与垃圾产生

在 Python 中每一块内存都可以被不同的对象同时指向,这些对象可以同时对内存中的数据进行操作,但是每一个对象只允许保存一个引用地址,如果现在引用地址发生了改变,则就会断开已经引用的内存空间并指向新的内存空间。

实例:修改对象引用

```python
# coding : utf-8
class Member:                              # 自定义 Member 类
    def set_info(self,name,age):           # 设置属性方法
        self.name = name                   # 设置 name 属性内容
        self.age = age                     # 设置 age 属性内容
    def get_info(self):                    # 获取对象信息
        return "姓名:%s,年龄:%d" % (self.name,self.age)
                                           # 以字符串形式返回属性内容
def main():                                # 主函数
    mem_a = Member()                       # 实例化 Member 类对象
    mem_b = Member()                       # 实例化 Member 类对象
    mem_a.set_info("小李老师",18)           # 设置实例属性内容
    mem_b.set_info("优拓教育",5)            # 设置实例属性内容
    print("【引用传递前】mem_a 对象地址:%d、mem_b 对象地址:%d" % (id(mem_a),
id(mem_b)))
    mem_a = mem_b                          # 引用传递
    print(mem_a.get_info())                # 输出实例属性信息
    print("【引用传递后】mem_a 对象地址:%d、mem_b 对象地址:%d" % (id(mem_a),
id(mem_b)))
if __name__ == "__main__":                 # 判断程序执行名称
    main()                                 # 调用主函数
```

程序执行结果:
【引用传递前】mem_a 对象地址:<u>**13260560**</u>、mem_b 对象地址:23260656
姓名:优拓教育,年龄:5
【引用传递后】mem_a 对象地址:<u>**23260656**</u>、mem_b 对象地址:23260656

本程序实现了对对象引用内存地址的修改操作,在程序中分别实例化了两个 Member 类对象,并且通过 set_info()方法分别为两个对象设置了各自的属性内容,在随后发生的引用传递(mem_a = mem_b)操作中,将 mem_b 的内存地址指向赋给了 mem_a,所以此时两个对象都指向同一块内存空间,但是 mem_a 原本的内存空间由于没有任何对象引用,所以该内存空间就将成为垃圾空间并等待内存释放。本程序的内存操作分析如图 8-4 所示。

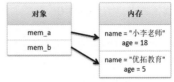

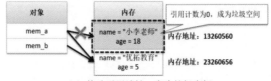

（a）实例化 Member 类对象　　　　　　（b）实例属性赋值

（c）修改引用地址，产生垃圾空间

图 8-4　修改对象引用内存地址的操作分析

提示：减少垃圾生成

虽然 Python 针对垃圾空间提供了 GC（Garbage Collection，垃圾回收）机制，但是在代码编写中，如果产生了过多的垃圾，则会影响程序的性能。所以在开发人员编写代码的过程中，应该尽量减少无用对象的产生，以减少垃圾的生成。

8.3　类结构定义深入

类与对象是面向对象编程的核心基础，一个设计良好的类结构不仅实用，而且也可以保证良好的可维护性。本节将讲解封装、构造方法、类关联设计等相关内容。

8.3.1　属性封装

在类中定义的属性可以记录每一个对象的完整信息，但是在默认情况下，类中的全部属性可以在类的外部直接通过对象进行调用，这样就会造成属性操作的不安全性。所以在类中定义的属性就需要通过封装进行私有化定义，而封装也是面向对象编程中的第一大特性。如果要将属性封装，只需要在属性定义时使用"__属性名称"（两个下划线"_"）定义即可，在类外部无法访问封装属性，此时可以在类中提供 setter() 和 getter() 形式的方法间接进行访问。下面通过具体代码进行演示。

实例：属性封装与访问

```
# coding : utf-8
class Member:                          # 自定义 Member 类
    def set_name(self, name):          # 设置 name 属性方法
        self.__name = name             # 为封装属性 name 赋值
```

```
        def set_age(self, age):           # 设置 age 属性方法
            self.__age = age              # 为封装属性 age 赋值
        def get_name(self):               # 获取 name 属性方法
            return self.__name            # 返回封装属性内容
        def get_age(self):                # 获取 age 属性方法
            return self.__age             # 返回封装属性内容
    def main():                           # 主函数
        mem = Member()                    # 实例化 Member 类对象
        mem.set_name("小李老师")           # 通过 setter()方法间接访问 name 属性
        mem.set_age(18)                   # 通过 setter()方法间接访问 age 属性
        print("姓名: %s, 年龄: %d" % (mem.get_name(), mem.get_age()))
                                          # 通过 getter()方法间接访问封装属性
    if __name__ == "__main__":            # 判断程序执行名称
        main()                            # 调用主函数
```

程序执行结果:

姓名: 小李老师,年龄: 18

本程序在 Member 类中定义两个封装属性 "__name" 和 "__age",这样在进行封装属性访问时就只能够通过定义好的 setter() 与 getter()方法间接进行访问。而此时如果直接在类外部通过对象进行私有属性访问,那么将出现 AttributeError 异常。

提示:关于封装属性内部操作的问题

属性封装之后在类的外部无法通过 "对象.属性" 的形式进行访问,但这并不意味着在类的内部无法通过此格式进行访问。下面通过一个特别的代码加以说明。

实例:在类的内部通过对象引用修改封装属性

```
# coding : utf-8
class Member:                            # 自定义 Member 类
    def set_name(self, name):            # 设置 name 属性内容
        self.__name = name               # 为封装属性 name 赋值
    def get_name(self):                  # 获取 name 属性内容
        return self.__name               # 返回封装属性内容
    def inner_change(self,temp):         # 接收对象引用
        temp.__name = "Yootk"            # 对象直接访问私有属性
def main():                              # 主函数
    mem = Member()                       # 实例化 Member 类对象
    mem.set_name("小李老师")              # 通过 setter()方法间接访问 name 属性
    mem.inner_change(mem)                # 引用传递到内部实现私有属性直接访问
    print(mem.get_name())                # 输出 name 属性
if __name__ == "__main__":               # 判断程序执行名称
    main()                               # 调用主函数
```

程序执行结果:

Yootk

本程序在 Member 类的内部定义了一个 inner_change()方法，并且在此方法中传递了一个本类对象的引用，由于是在类的内部，所以可以直接使用"对象.属性"的形式访问类中定义的封装属性。

8.3.2 构造与析构

 构造方法是在类中定义的一种特殊方法，主要的功能是可以在类对象实例化时进行一些初始化操作的定义。在 Python 中构造方法的定义要求如下：

- ⮩ 构造方法的名称必须定义为__init__()。
- ⮩ 构造方法是实例化对象操作的起点，不允许有返回值。
- ⮩ 一个类中只允许定义零个或一个构造方法，不允许出现多个构造方法定义。

实例：定义一个无参构造方法

```
# coding : utf-8
class Member:                        # 自定义 Member 类
    def __init__(self):              # 定义构造方法
        print("实例化 Member 类对象")# 输出信息
def main():                          # 主函数
    mem_a = Member()                 # 实例化 Member 类对象并调用无参构造方法
    mem_b = Member()                 # 实例化 Member 类对象并调用无参构造方法
if __name__ == "__main__":           # 判断程序执行名称
    main()                           # 调用主函数
```

程序执行结果：
实例化 Member 类对象
实例化 Member 类对象

本程序在 Member 类定义时使用__init__()定义了一个无参构造方法，这样当用户实例化新的 Member 类对象时都会自动调用此构造方法。

 提问：构造方法未定义时也可以执行吗？
在之前所讲解的类的定义中并没有明确地定义无参构造方法，但是也可以使用"对象 = 类()"的形式实例化类对象，这是怎么回事？

 回答：程序编译时会默认生成构造方法。
在 Python 中，为了保证每一个类的对象可以正常实例化，即使类中没有定义任何一个构造方法，系统也会自动生成一个无参的并且什么都不做的构造方法供用户使用。如果要想验证这一点，可以直接利用 dir()函数获取类中的全部结构，此函数的返回结果类型为列表。

实例：使用 dir()函数返回数据

```python
# coding : utf-8
class Member:                              # 自定义 Member 类
    pass                                   # 类中没有定义任何结构
def main():                                # 主函数
    dir_list = dir(Member)                 # 获取 Member 类中的全部结构
    for item in dir_list:                  # 列表迭代输出
        if item == "__init__":             # 判断是否有__init__()方法
            print("Member 类中存在有无参构造方法。")    # 信息输出
if __name__ == "__main__":                 # 判断程序执行名称
    main()                                 # 调用主函数
```

程序执行结果：

Member 类中存在有无参构造方法。

当用户使用 dir()函数会返回 Member 类中的全部列表，由于内容太多，本次加入了一个判断，如果返回的方法中存在有__init__()，则进行信息打印。

另外需要提醒读者的是，在 Python 中会提供许多特殊的方法，这些方法大部分都是以"__方法名称__()"的形式命名的，所以开发者在自定义方法时应该回避此类方法名称的使用。

类中提供构造方法的主要目的是方便类中的属性初始化，所以也可以通过__init__()函数接收参数，这样就可以在类对象实例化时为类中属性进行初始化，从而避免重复调用 setter()方法进行设置。

实例：定义带参数的构造方法

```python
# coding : utf-8
class Member:                              # 自定义 Member 类
    def __init__(self,name,age):           # 构造方法接收所需要的参数
        self.__name = name                 # 为 name 属性初始化
        self.__age = age                   # 为 age 属性初始化
    def get_info(self):                    # 获取对象信息
        return "姓名：%s、年龄：%s" % (self.__name,self.__age)  # 返回属性内容
    # setter()、getter()相关方法略
def main():                                # 主函数
    mem = Member("小李老师",18)             # 实例化对象并设置属性初始化内容
    print(mem.get_info())                  # 调用 get_info()方法输出属性内容
if __name__ == "__main__":                 # 判断程序执行名称
    main()                                 # 调用主函数
```

程序执行结果：

姓名：小李老师、年龄：18

本程序在 Member 类中定义了一个有参构造方法，所以在实例化 Member 类对象时需要明确地传入两个参数内容，这样在 mem 对象实例化时就自动为属性进行了赋值处理。

注意：定义有参构造方法的 Member 类无法使用无参构造方法实例化对象

在一个类中永远都会提供构造方法，即使一个类没有明确定义构造方法，系统也会自动为用户添加一个无参数并且什么都不做的默认构造方法，所以在本章之前的程序代码中可以直接使用无参构造实例化对象。但是如果类中已经明确定义了一个构造方法，则默认无参构造方法将不会自动生成。

如果说现在程序中要求同时支持有参构造方法和无参构造方法，那么就可以通过关键字参数的形式进行定义，如以下代码所示。

实例：在构造方法中定义关键字参数

```python
# coding : utf-8
class Member:                                # 自定义 Member 类
    def __init__(self,**kwargs):             # 构造方法接收所需要的参数
        self.__name = kwargs.get("name")     # 为 name 属性初始化
        self.__age = kwargs.get("age")       # 为 age 属性初始化
    def get_info(self):                      # 获取对象信息
        return "姓名：%s、年龄：%s" % (self.__name,self.__age)
                                             # 返回对象信息
    # setter()、getter()相关方法略
def main():                                  # 主函数
    mem_a = Member()                         # 无参构造
    mem_b = Member(name="小李老师",age=18)    # 有参构造
    print(mem_a.get_info())                  # 信息输出
    print(mem_b.get_info())                  # 信息输出
if __name__ == "__main__":                   # 判断程序执行名称
    main()                                   # 调用主函数
```

程序执行结果：

姓名：None、年龄：None
姓名：小李老师、年龄：18

此时程序在构造方法中应用了可变的关键字参数，这样当用户调用无参构造时（相当于不传递参数），对应的属性内容就设置为 None。

除了构造方法之外，还可以在类中定义析构方法，析构方法的主要作用在于对象回收前的资源释放操作。在 Python 中析构方法的名称为__del__()，当一个对象不再使用或者使用了 del 关键字删除对象时都会自动调用析构方法。

实例：定义析构方法

```python
# coding : utf-8
```

```
class Member:                                    # 自定义 Member 类
    def __init__(self,**kwargs):                 # 构造方法接收所需要的参数
        print("【构造方法】实例化新对象，当前对象地址：%s" % id(self))
                                                 # 输出提示信息
        self.__name = kwargs.get("name")         # 为 name 属性初始化
        self.__age = kwargs.get("age")           # 为 age 属性初始化
    def __del__(self):                           # 定义析构方法
        print("〖析构方法〗资源被释放，当前对象地址：%s" % id(self))
                                                 # 输出提示信息
    def get_info(self):                          # 获取对象信息
        return "姓名：%s、年龄：%s" % (self.__name,self.__age)
                                                 # 获取返回属性内容
    # setter()、getter()相关方法略
def main():                                      # 主函数
    mem_a = Member()                             # 无参构造
    mem_b = Member(name="小李老师",age=18)        # 有参构造
    print("mem_a 对象内存地址：%s、mem_b 对象内存地址：%s" %
(id(mem_a),id(mem_b)))                           # 获取对象地址
    del mem_b                                     # 显示调用析构方法
    print(mem_a.get_info())                      # 信息输出
if __name__ == "__main__":                       # 判断程序执行名称
    main()                                       # 调用主函数
```

程序执行结果：
【构造方法】实例化新对象，当前对象地址：**10808720**（mem_a 对象实例化调用构造）
【构造方法】实例化新对象，当前对象地址：**47959504**（mem_b 对象实例化调用构造）
mem_a 对象内存地址：**10808720**、mem_b 对象内存地址：**47959504**（对象地址）
〖析构方法〗资源被释放，当前对象地址：47959504（mem_b 对象执行析构）
姓名：None、年龄：None
〖析构方法〗资源被释放，当前对象地址：10808720（mem_a 对象执行析构）

　　本程序在 Member 类中定义了析构方法，可以发现当一个对象不再使用或者使用 del 明确删除对象时都会自动进行析构方法的调用。

　　一个类的对象实例化之后往往会引用一块内存空间，这样就可以使用该实例化对象进行类中方法的重复调用，但在某些时候，某个实例化对象可能只使用一次，所以就可以省略对象名称的定义，而直接通过一个匿名对象进行类中结构的调用。由于匿名对象没有引用名称，所以该对象只允许使用一次，之后就将成为垃圾空间，如图 8-5 所示。

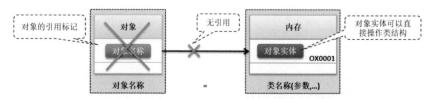

图 8-5　Python 匿名对象

实例：定义匿名对象

```
# coding : utf-8
# Member 类不再重复定义
def main():                                              # 主函数
    print(Member(name="小李老师",age=18).get_info()) # 信息输出
if __name__ == "__main__":                              # 判断程序执行名称
    main()                                              # 调用主函数
```

程序执行结果：

【构造方法】实例化新对象，当前对象地址：**24112528**
〖析构方法〗资源被释放，当前对象地址：**24112528**
姓名：**小李老师**、年龄：**18**

本程序直接利用构造方法创建了一个 Member 类的匿名对象，并直接使用此匿名对象调用了 get_info()函数，由于匿名对象没有名称引用，所以该对象使用一次之后就将成为垃圾空间等待资源释放。

8.3.3 类属性

在 Python 中属性分为实例属性与类属性两种，类中的实例属性可以依据开发者的需要动态地进行添加，但是类属性表示的就是公共属性可以被修改，并且类属性可以由类名称直接进行调用。

实例：定义类属性

```
# coding : utf-8
class Message:                        # 自定义 Message 类
    info = "www.yootk.com"           # 定义类属性
def main():                           # 主函数
    print(Message.info)              # 直接通过类名称调用类属性
if __name__ == "__main__":           # 判断程序执行名称
    main()                            # 调用主函数
```

程序执行结果：

```
www.yootk.com
```

本程序在 Message 类中定义了一个名为 info 的类属性，并且在没有实例化对象调用的情况下采用"类.属性名称"的形式进行类属性调用，一个类中的类属性是所有对象共享的。

实例：观察类属性与实例属性重名的情况

```
# coding : utf-8
class Message:                        # 自定义 Message 类
    info = "www.yootk.com"           # 定义类属性
def main():                           # 主函数
```

```
    msg_a = Message()                                   # 实例化 Message 类对象
    msg_b = Message()                                   # 实例化 Message 类对象
    print("【属性修改前】msg_a.info: %s、msg_b.info: %s" % (msg_a.info,
msg_b.info))                                            # 输出对象信息
    msg_a.info = "小李老师"                              # 定义实例属性
    print("【属性修改后】msg_a.info: %s、msg_b.info: %s" % (msg_a.info,
msg_b.info))                                            # 输出对象信息
if __name__ == "__main__":                              # 判断程序执行名称
    main()                                              # 调用主函数
```

程序执行结果:

【属性修改前】msg_a.info: www.yootk.com、msg_b.info: www.yootk.com
【属性修改后】msg_a.info: 小李老师、msg_b.info: www.yootk.com

本程序在 Message 类中定义了一个名为 info 的公共类属性,这样对于所有的 Message 类对象实际上都存在同一个 info 类属性,但是由于 msg_a 对象追加了一个 info 的实例属性,这样在进行调用时就会首先使用实例属性。本程序的内存关系如图 8-6 所示。

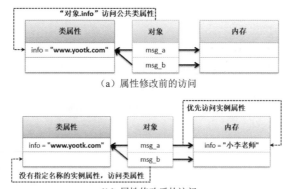

(a)属性修改前的访问

(b)属性修改后的访问

图 8-6 类属性与实例属性的内存关系

 提问:属性如何定义比较合理?

在 Python 中,类属性可以在定义类的时候定义,也可以通过对象动态配置实例属性,那么使用哪种方式会更好呢?

回答:"全局"与"局部"决定属性的定义方式。

类中定义的类属性实际上是所有类对象共有的,而对象动态设置的实例属性只能由该对象访问,其他对象不能访问。这就好比"人生来都是善良的,坏人是沾染了坏习惯的好人",不管是好人还是坏人,其都属于人,但是坏人明显要比好人多一些特质(实例属性),而这些特质并不是创建"人类"时所希望存在的。

所以本书给出建议:在描述公共信息时(如公共的服务器地址或者公共的标记等)

139

使用类属性进行定义，而其他的属性建议采用实例属性的形式定义，并且优先考虑实例属性。

在 Python 中定义的类属性，除了可以在类定义的时候直接声明之外，也可以进行动态配置。

实例：动态配置类属性

```
# coding : utf-8
class Message:                                   # 自定义 Message 类
    def __init__(self):                          # 构造方法
        Message.title = "优拓软件学院"             # 构造方法设置类属性
def main():                                      # 主函数
    Message.url = "www.yootk.com"                # 在类外部设置类属性
    msg = Message()                              # 实例化对象
    print("%s: %s" % (msg.title, msg.url))       # 通过对象访问类属性
if __name__ == "__main__":                       # 判断程序执行名称
    main()                                       # 调用主函数
```
程序执行结果：
优拓软件学院：www.yootk.com

本程序在定义 Message 类的时候没有在类中声明类属性，而是通过构造方法和在类外部动态地进行了类属性的设置。

8.3.4 "__slots__"系统属性

在 Python 开发的程序类中，所有类的实例属性都可以根据用户的需要进行动态的配置，这样就有可能造成不同的实例化对象都拥有各自不同的实例属性。为了解决这样的问题，在 Python 中提供了一个特殊的"__slots__"系统属性，利用此属性可以定义一个类的实例化对象并设置其属性范围（类属性不受"__slots__"系统属性的限制）。

实例：使用"__slots__"系统属性

```
# coding : utf-8
class Member:                                    # 默认 object 子类
    __slots__ = ("name","age")                   # 所有可以使用的属性名称
def main():                                      # 主函数
    mem = Member()                               # 实例化类对象，并可以按照字典模式操作
    mem.name = "小李老师"                         # name 属性名称在定义范围内允许使用
    mem.salary = 2400.00                         # 【错误】salary 属性名称不在定义范围内
if __name__ == "__main__":                       # 判断程序执行名称
    main()                                       # 调用主函数
```
程序执行结果：

```
    mem.salary = 2400.00
AttributeError: 'Member' object has no attribute 'salary'
```

本程序在 Member 类中定义了一个类属性，该类属性对实例属性的名称进行了限制，如果随意设置，程序将抛出异常。

8.3.5 内部类

内部类是一种类的嵌套结构，即可以在一个类或方法中定义其他的类，这样内部嵌套的类就可以为外部类提供操作的支持。例如，在一个用户发送网络消息的操作结构中，用户通过 Message 类进行信息的发送，但是在 Message 类的内部可以专门定义一个 Connect 类，负责网络通道的连接管理，这样 Connect 类就只为 Message 类服务，如图 8-7 所示。

图 8-7 内部类设计

提示：关于内部类通俗点的解释

程序定义为内部类的主要目的在于让内部类只为一个外部类服务，这就好比一个业务非常繁忙的老板即使能力再强，也不可能做到"事无巨细，事必躬亲"，所以往往会为自己配备几个助理，每个助理有各自的工作，但是所有的助理都只为老板一个人服务，帮助老板完成最终的任务。

实例：观察内部类的基本定义

```
# coding : utf-8
class Message:                              # 自定义 Message 类
    def send(self, msg):                    # 消息发送
        conn = Message.Connect()            # 创建消息连接通道
        if conn.build():                    # 连接消息通道
            print("【Message 类】发送消息：%s" % msg)   # 发送消息
            conn.close()                    # 关闭消息通道
        else:                               # 通道创建失败
            print("【ERROR】消息通道创建失败，无法进行消息发送。")
                                            # 输出错误信息
    class Connect:                          # 通道管理工具类
        def build(self):                    # 通道连接
            print("【Connect 类】建立消息发送通道。")    # 输出提示信息
            return True                     # 通道创建成功返回 True
```

```
        def close(self):                         # 通道关闭
            print("【Connect 类】关闭消息连接通道。")      # 输出提示信息
def main():                                        # 主函数
    message = Message()                            # 实例化 Message 类对象
    message.send("www.yootk.com")                  # 发送消息内容
if __name__ == "__main__":                         # 判断程序执行名称
    main()                                         # 调用主函数
```

程序执行结果：
【Connect 类】建立消息发送通道。
【Message 类】发送消息：www.yootk.com
【Connect 类】关闭消息连接通道。

本程序在 Message 类中定义了一个 Connect 内部类，此类的主要功能就是负责消息发送通道的连接与关闭，在使用 Message 类中的 send()方法发送消息时会根据 Connect.build()连接情况的不同进行不同的处理。

提示：内部类封装

以上实例中的 Connect 类也可以在 Message 类的外部使用，操作形式如下。

实例：在外部使用 Connect 内部类

```
# 重复代码略
def main():                                        # 主函数
    con = Message.Connect()                        # 外部实例化内部类对象
    print(con.build())                             # 调用内部类方法
if __name__ == "__main__":                         # 判断程序执行名称
    main()                                         # 调用主函数
```

程序执行结果：
【Connect 类】建立消息发送通道。
True

此时程序在 Message 类外部直接利用"外部类.内部类"的形式实例化了内部类对象，并直接调用了内部类中的函数，如果开发者不希望内部类被外部类所调用，则也可以使用"__Inner"的形式进行内部类的封装定义，如以下代码所示。

```
class Message:                                     # 自定义 Message 类
    # 其他重复代码略
    class __Connect:                               # Message 私有内部类
        # 其他重复代码略
```

这样"__Connect"类只能够被 Message 类所使用，外部无法调用。

内部类与外部类虽然属于嵌套关系，但是两个类彼此还属于完全独立的状态，如果要想在内部类中调用外部类的方法，那么必须将外部类的对象实例传递到内部类中。

实例：内部类接收外部类实例并调用外部类方法

```
# coding : utf-8
class Outer:                              # 自定义外部类
    def __init__(self):                   # 外部类构造方法初始化属性内容
        self.__info = "www.yootk.com"     # 定义外部类实例属性
    def get_info(self):                   # 外部类定义获取 info 属性内容
        return self.__info                # 返回 info 属性内容
    class __Inner:                        # 自定义内部类
        def __init__(self, out):          # 内部类实例化时接收外部类实例
            self.__out = out              # 外部类实例作为内部类实例属性保存
        def print_info(self):             # 内部类方法
            print(self.__out.get_info())  # 通过外部类实例调用外部类方法
    def fun(self):                        # 外部类方法
        inobj = Outer.__Inner(self)       # 实例化内部类实例并传入外部类当前实例
        inobj.print_info()                # 内部类对象调用内部类方法
def main():                               # 主函数
    out = Outer()                         # 实例化外部类对象
    out.fun()                             # 调用外部类方法
if __name__ == "__main__":                # 判断程序执行名称
    main()                                # 调用主函数
```
程序执行结果：
```
www.yootk.com
```

　　本程序在外部类的 fun()方法中实例化了 Inner 类对象，并且将当前实例 self 传入了 Inner 内部类，这样在 Inner 类中就可以依靠外部类的实例调用 get_info() 方法获得 info 对象属性内容。

　　内部类除了可以定义在类中，也可以在方法中进行定义。在方法中定义的内部类可以直接访问方法中的参数或局部变量。

实例：在方法中定义内部类

```
# coding : utf-8
class Outer:                              # 自定义外部类
    def __init__(self):                   # 构造方法
        self.__info = "www.yootk.com"     # 外部类实例属性
    def print_info(self,title):           # 信息输出方法
        print("%s: %s" % (title,self.__info))  # 信息输出
    def fun(self, msg):                   # 定义方法
        out_obj = self                    # 保存外部类实例
        subtitle = "优拓"                  # 方法局部变量
        class Inner:                      # 在方法中定义内部类
            def send(self):               # 内部类方法
                out_obj.print_info(msg + subtitle)  # 调用外部类实例
```

```
        Inner().send()                         # 内部类匿名对象调用方法
def main():                                     # 主函数
    out = Outer()                               # 实例化外部类对象
    out.fun("沐言")                             # 调用方法
if __name__ == "__main__":                      # 判断程序执行名称
    main()                                      # 调用主函数
```

程序执行结果：

沐言优拓：www.yootk.com

本程序在 Outer.fun()方法中定义了一个内部类 Inner，这样该内部类就可以直接访问 fun()方法中的 msg 参数与 subtitle 局部变量。

8.4 类关联结构

面向对象最大的特点是可以实现对现实世界的事物的抽象定义，在面向对象设计中，可以利用引用传递的形式实现不同类之间的关联。为了更好地理解面向对象中的类设计，下面将通过几个日常生活中常见的案例进行分析讲解。

8.4.1 一对一关联结构

在开发的现实意义上来说，类是可以描述一类事物共性的结构体。假设要描述出这样一种关系："一个人拥有一辆汽车"，如图 8-8 所示。此时就需要定义两个类：Member 和 Car，随后通过引用的形式配置彼此的关联关系。

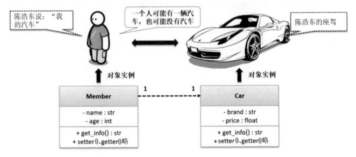

图 8-8 一对一关联关系

实例： 一对一关联代码实现

```
# coding : utf-8
class Member:                                   # 人员信息类
    def __init__(self, **kwargs):               # 构造方法
        self.__name = kwargs.get("name")        # name 属性初始化
        self.__age = kwargs.get("age")          # age 属性初始化
    def set_car(self,car):                      # 设置 Car 类引用
```

```
            self.__car = car                          # 接收 Car 引用实例
        def get_car(self):                            # 获取 Car 类引用
            return self.__car                         # 返回 Car 引用实例
        def get_info(self):                           # 获取人员信息
            return "【Member 类】姓名：%s，年龄：%d" % (self.__name,self.__age)
                                                      # 返回对象信息
        # setter()、getter()相关方法略
    class Car:                                        # 汽车信息
        def __init__(self, **kwargs):                 # 构造方法
            self.__brand = kwargs.get("brand")        # brand 属性初始化
            self.__price = kwargs.get("price")        # price 属性初始化
        def set_member(self,member):                  # 设置 Member 类引用
            self.__member = member                    # 接收 Member 引用实例
        def get_member(self):                         # 获取 Member 类引用
            return self.__member                      # 返回 Member 引用实例
        def get_info(self):                           # 获取汽车信息
            return "【Car 类】汽车品牌：%s，汽车价格：%s" %
    (self.__brand,self.__price)                       # 返回对象信息
        # setter()、getter()相关方法略
    def main():
        mem = Member(name="陈浩东",age=50)            # 实例化 Member 类对象
        car = Car(brand="奔驰 G50",price=1588800.00)  # 实例化 Car 类对象
        mem.set_car(car)                              # 一个人有一辆车
        car.set_member(mem)                           # 一辆车属于一个人
        print(mem.get_car().get_info())               # 通过人获取车的信息
        print(car.get_member().get_info())            # 通过车获取人的信息
    if __name__ == "__main__":                        # 判断程序执行名称
        main()                                        # 调用主函数
```

程序执行结果：
【Car 类】汽车品牌：奔驰 G50，汽车价格：1588800.0
【Member 类】姓名：陈浩东，年龄：50

　　本程序定义了两个程序类：Member（描述人的信息）和 Car（描述车的信息），并且在这两个类的内部分别设置一个自定义的引用类型（Member 类提供有 car 实例属性、Car 类提供有 member 实例属性），用于描述两个类之间的引用联系。在 main()函数中首先根据两个类的关系设置了引用关系，随后就可以根据引用关系依据某一个类对象获取相应信息。

 提示：关于代码链的编写

在本程序编写信息获取时，读者可以发现有如下的代码形式。

```
print(mem.get_car().get_info())                       # 通过人获取车的信息
```

实际上这就属于代码链的形式，因为 Member 类内部的 get_car()方法返回的是 Car 的实例化对象（通过关联设置已经确定返回的内容不是 None），所以可以继续利用此方法调用 Car 类中的方法。如果觉得代码链不好理解，也可以将其拆分如下：

```
temp_car = mem.get_car()              # 获取人对应的汽车实例
print(temp_car.get_info())            # 输出Car实例信息
```

与代码链相比，这类操作比较烦琐，所以读者应该尽量习惯代码链的编写方式。

8.4.2　自身关联结构

在进行类关联描述的过程中，除了可以关联其他类之外，也可以实现自身的关联操作。例如，现在假设一个人会有一辆车，那么每个人都可能还有自己的多位后代，而每位后代也有可能有一辆车，这时就可以利用自身关联的形式描述人员后代的关系，而多位后代可以利用列表来描述，如图 8-9 所示。

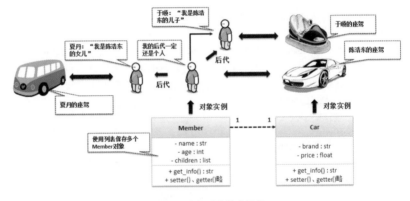

图 8-9　人与后代关联关系

实例：定义自身关联

```
# coding : utf-8
class Member:                             # 人员信息类
    def __init__(self, **kwargs):         # 构造方法
        self.__name = kwargs.get("name")  # name 属性初始化
        self.__age = kwargs.get("age")    # age 属性初始化
        self.__children = []              # 定义空列表
    def get_children(self):               # 返回一个人的全部后代
        return self.__children            # 返回列表引用
    def set_car(self,car):                # 设置 Car 类引用
        self.__car = car                  # 设置 Car 引用实例
```

```python
    def get_car(self):                        # 获取 Car 类引用
        return self.__car                     # 返回 Car 引用实例
    def get_info(self):                       # 获取人员信息
        return "【Member 类】姓名：%s，年龄：%d" % (self.__name,self.__age)
                                              # 返回对象信息

    # setter()、getter()相关方法略
class Car:                                    # 汽车信息
    def __init__(self, **kwargs):             # 构造方法
        self.__brand = kwargs.get("brand")    # brand 属性初始化
        self.__price = kwargs.get("price")    # price 属性初始化
    def set_member(self,member):              # 设置 Member 类引用
        self.__member = member                # 设置 Member 引用实例
    def get_member(self):                     # 获取 Member 类引用
        return self.__member                  # 返回 Member 引用实例
    def get_info(self):                       # 获取汽车信息
        return "【Car 类】汽车品牌：%s，汽车价格：%s" %
(self.__brand,self.__price)                   # 返回对象信息
def main():
    mem = Member(name="陈浩东",age=50)          # 实例化 Member 类对象
    chd_a = Member(name="于顺",age=28)          # 实例化 Member 类对象
    chd_b = Member(name="夏丹",age=26)          # 实例化 Member 类对象
    car_a = Car(brand="奔驰 G50",price=1588800.00) # 实例化 Car 类对象
    car_b = Car(brand="碰碰车",price=2800.81)    # 实例化 Car 类对象
    car_c = Car(brand="公交车",price=1308800.00) # 实例化 Car 类对象
    mem.set_car(car_a)                        # 一个人有一辆车
    chd_a.set_car(car_b)                      # 一个人有一辆车
    chd_b.set_car(car_c)                      # 一个人有一辆车
    car_a.set_member(mem)                     # 一辆车属于一个人
    car_b.set_member(chd_a)                   # 一辆车属于一个人
    car_c.set_member(chd_b)                   # 一辆车属于一个人
    mem.get_children().append(chd_a)          # 追加父子关系
    mem.get_children().append(chd_b)          # 追加父子关系
    print(mem.get_info())                     # 输出父亲信息
    print("\t|- %s" % mem.get_car().get_info()) # 输出自己拥有的汽车信息
    for child in mem.get_children():          # 迭代后代信息
        print(child.get_info())               # 输出后代信息
        print("\t|- %s" % child.get_car().get_info()) # 输出后代拥有的汽车信息
if __name__ == "__main__":                    # 判断程序执行名称
    main()                                    # 调用主函数
```

程序执行结果：

```
【Member 类】姓名：陈浩东，年龄：50
        |- 【Car 类】汽车品牌：奔驰 G50，汽车价格：1588800.0
【Member 类】姓名：于顺，年龄：28
```

```
                 |- 【Car 类】汽车品牌：碰碰车，汽车价格：2800.81
【Member 类】姓名：夏丹，年龄：26
                 |- 【Car 类】汽车品牌：公交车，汽车价格：1308800.0
```

　　由于一个人的后代可能会有零个或多个，为了方便进行多个本类对象的存储，本实例使用一个列表结构定义了 children 实例属性，并依据既定的信息实现了引用的关联定义。

 提示：关于 Python 中列表的重要性

　　以上实例中使用列表描述了一个人的所有后代信息，之所以使用列表，是因为列表具有良好的动态操作性（追加或删除），但是如果 Python 没有提供列表这一数据类型，那么开发者就需要通过各种引用关系并采用链表数据结构的方式来实现，这样会增加开发难度。

8.4.3　一对多关联结构

　　在进行类引用关联的操作中，一对多的关联结构是一种较为常见的形式。例如，假设要描述这样一种关系，一个部门有多位员工，为了方便部门管理，每个部门应设置一位正领导和一位副领导。部门员工对应关系如图 8-10 所示。

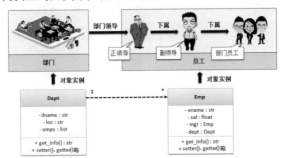

图 8-10　部门员工对应关系

实例：一对多关联代码实现

```python
# coding : utf-8
class Dept:                                    # 定义部门类
    def __init__(self, **kwargs):              # 构造方法
        self.__dname = kwargs.get("dname")     # dname 属性初始化
        self.__loc = kwargs.get("loc")         # loc 属性初始化
        self.__emps = []                       # 保存多个雇员
    def get_emps(self):                        # 获取所有雇员信息
        return self.__emps                     # 返回雇员列表引用
    def get_info(self):                        # 获取部门信息
```

```python
        return "【Dept 类】部门名称：%s，部门位置：%s" % (self.__dname,
self.__loc)
    # setter()、getter()相关方法略
 class Emp:                                      # 雇员类
    def __init__(self, **kwargs):               # 构造方法
        self.__ename = kwargs.get("ename")      # ename 属性初始化
        self.__sal = kwargs.get("sal")          # sal 属性初始化
    def set_mgr(self, mgr):                     # 设置员工对领导的引用
        self.__mgr = mgr                        # 返回自身引用实例
    def get_mgr(self):                          # 获取领导
        if "_Emp__mgr" in dir(self):            # 判断是否存在"__mgr"属性
            return self.__mgr                   # 如果存在则返回对象
        else:                                   # 没有领导
            return None                         # 返回 None
    def set_dept(self, dept):                   # 设置雇员所属部门
        self.__dept = dept                      # 设置 Dept 引用实例
    def get_dept(self):                         # 获取雇员所属部门
        return self.__dept                      # 获取 Dept 引用实例
    def get_info(self):                         # 获取雇员信息
        return "【Emp 类】雇员姓名：%s，月薪：%s" % (self.__ename, self.__sal)
                                                # 返回对象信息
    # setter()、getter()相关方法略
def main():                                     # 主函数
    dept = Dept(dname="优拓教学部", loc="北京") # Dept 对象实例化
    emp_a = Emp(ename="于顺", sal=35000.00)     # Emp 对象实例化
    emp_b = Emp(ename="陈浩东", sal=8500.00)    # Emp 对象实例化
    emp_c = Emp(ename="公孙夏丹", sal=7000.00)  # Emp 对象实例化
    emp_a.set_dept(dept)                        # 设置雇员与部门引用关联
    emp_b.set_dept(dept)                        # 设置雇员与部门引用关联
    emp_c.set_dept(dept)                        # 设置雇员与部门引用关联
    emp_b.set_mgr(emp_a)                        # 设置雇员与领导引用关联
    emp_c.set_mgr(emp_b)                        # 设置雇员与领导引用关联
    dept.get_emps().append(emp_a)              # 设置部门雇员引用关联
    dept.get_emps().append(emp_b)              # 设置部门雇员引用关联
    dept.get_emps().append(emp_c)              # 设置部门雇员引用关联
    print(dept.get_info())                      # 输出部门信息
    for emp in dept.get_emps():                 # 输出部门全部雇员信息
        print(emp.get_info())                   # 雇员信息
        if emp.get_mgr() != None:               # 如果该雇员有领导
            print("\t|- %s" % emp.get_mgr().get_info()) # 输出领导信息
if __name__ == "__main__":                      # 判断程序执行名称
    main()                                      # 调用主函数
程序执行结果：
```

【Dept 类】部门名称：优拓教学部，部门位置：北京
【Emp 类】雇员姓名：于顺，月薪：35000.0
【Emp 类】雇员姓名：陈浩东，月薪：8500.0
　　　|- 【Emp 类】雇员姓名：于顺，月薪：35000.0
【Emp 类】雇员姓名：公孙夏丹，月薪：7000.0
　　　|- 【Emp 类】雇员姓名：陈浩东，月薪：8500.0

本程序首先实例化了各个对象信息，随后根据关联关系设置了数据间的引用配置，在数据配置完成后就可以依据对象间的引用关系获取对象的相应信息。

8.4.4　合成设计模式

将对象的引用关联进一步扩展就可以实现更多的结构描述，在设计模式中有一种合成设计模式（Composite Pattern），此设计模式的核心思想为：通过不同的类实现子结构定义，随后在一个父结构中将其整合。例如，现在要通过面向对象的设计思想描述一间教室的组成类结构，在教室中会有一张讲台、一块黑板、一张地图及若干套课桌椅，如图 8-11 所示。如果将其转换为面向对象的结构设计，就可以采用图 8-12 所示的结构进行定义。

图 8-11　教室结构拆分

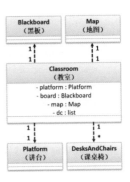

图 8-12　类结构设计

实例：使用合成设计模式实现伪代码

```
# coding : utf-8
class Blackboard:                       # 定义黑板类
    pass                                # 相关属性与方法略
class Map:                              # 定义地图类
    pass                                # 相关属性与方法略
class Platform:                         # 定义讲台类
    pass                                # 相关属性与方法略
class DesksAndChairs:                   # 定义课桌椅类
```

```
        pass                               # 相关属性与方法略
class Classroom:                           # 定义教室类
    def __init__(self):                    # 构造方法
        self.__platform = Platform()       # 实例化讲台类对象
        self.__board = Blackboard()        # 实例化黑板类对象
        self.__map = Map()                 # 实例化地图类对象
        self.dc = []                       # 实例化列表保存多套课桌椅信息
```

本实例给出了一个伪代码的组成结构，实际上这也属于面向对象的基本设计思想。Python 中提供的引用类型不仅是描述的内存操作形式，而且包含了抽象与关联的设计思想。

8.5　本章小结

1. 面向对象设计有三大主要特征：封装性、继承性、多态性。

2. 面向对象设计中类与对象是其核心组成，类是抽象的集合，对象是实例的个体，对象依据类的定义进行操作。

3. 在 Python 中通过 class 关键字进行类的定义，类由属性及方法组成，对于属性又分为实例属性与类属性两种。

4. 类属于引用数据类型，进行引用传递时，传递的是堆内存的使用权（一块堆内存可以被多个栈内存所指向；而一块栈内存只能保存一块堆内存的地址）。

5. 所有的内存空间都会有一个引用计数，当引用计数为 0 时，此空间将成为垃圾空间，且等待 GC 回收并释放内存。

6. 类中的封装可以在标识符前使用 "__" 进行定义，被封装的属性或方法只允许本类进行调用。

7. 构造方法的主要作用是进行类中实例属性初始化，在 Python 中构造方法的名称为__init__()，并且不允许返回数据。

8. 在一个类的内部嵌套其他类的形式称为内部类，内部类主要是作为外部类的专属工具存在。

9. 合理地利用引用传递可以实现不同类之间的关联设计，这样就可以将现实事物进行程序抽象定义。

第9章 继承与多态

📖 学习目标

↘ 掌握继承性的主要作用以及实现；

↘ 掌握方法覆写的作用与意义；

↘ 掌握 object 父类的作用以及新式类的概念；

↘ 掌握工厂设计模式与代理设计模式的作用；

↘ 掌握对象多态性的作用。

面向对象设计的主要优点在于代码的模块化设计以及代码重用，而只是依靠单一的类和对象的概念是无法实现这些设计要求的。所以，为了开发出更好的面向对象程序，还需要进一步学习继承以及多态的概念。本章将详细讲解面向对象继承与多态的相关知识。

9.1 继　　承

在面向对象的设计过程中，类是基本的逻辑单位，对于类需要考虑到重用的设计问题，所以在面向对象的设计里提供有继承功能，并利用这一特点实现类的可重用性定义。

9.1.1 继承问题的引出

 一个良好的程序设计结构不仅便于维护，而且也可以提高程序代码的可重用性。在本章前所讲解的面向对象的知识只是围绕着单一的类，而这样的类之间没有重用性的描述。例如：在以下实例中定义 Person 类与 Student 类，就可以发现代码设计的缺陷。

Person.py	Student.py
`class Person:`　　　　# 自定义类	`class Student:`　　　　# 自定义类
`def __init__(self):`　# 构造方法	`def __init__(self):`　# 构造方法
`self.__name = None` # 属性初始化	`self.__name = None` # 属性初始化
`self.__age = 0`　　# 属性初始化	`self.__age = 0`　　# 属性初始化
`def set_name(self, name):`# 修改属性	`self.__school = None`
`self.__name = name` # 修改内容	`def set_name(self, name):`
`def set_age(self, age):`# 修改属性	`self.__name = name`　# 修改内容

self.__age = age　　# 修改内容 **def** get_name(self):　　# 获取属性 　　**return** self.__name　# 返回属性 **def** get_age(self):　　# 获取属性 　　**return** self.__age　# 返回属性	**def** set_age(self, age):　# 修改属性 　　self.__age = age　　# 修改内容 **def** set_school(self, school): 　　self.__school = school **def** get_name(self):　　# 获取属性 　　**return** self.__name　# 返回属性 **def** get_age(self):　　# 获取属性 　　**return** self.__age　# 返回属性 **def** get_school(self):　# 获取属性 　　**return** self.__school # 返回属性

以上定义的 Person 与 Student 是最为基础的两个类，但是通过比较后可以发现，这两个类在定义中存在许多的重复代码。换个角度来讲，学生本来就属于人，人可以分为工人、学生、教师等，如图 9-1 所示。从图 9-1 可以很明显看出学生所描述的群体范围一定要比人的范围更小，也更加具体。

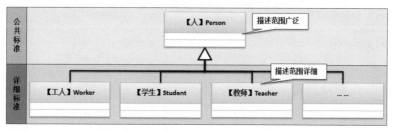

图 9-1　继承作用

提示：关于类范围的描述

笔者在多年的教学与写作过程中一直秉持着一个核心的观念：面向对象是生活事物的良好抽象。对于继承的作用读者可以换一个方式理解：假设一个快餐店要招聘兼职人员，并且要求只招聘学生兼职人员，这就表示范围的细分，因为如果招聘的人员范围定义为"人"，那么就表示社会上的所有人都可以进行应聘。

9.1.2　类继承的定义

继承的主要目的是在无须修改原始类定义的情况下，可以使用新的类对原始类进行功能扩展。在面向对象设计中，通过继承创建的新类称为"子类"或"派生类"，而被继承的父类称为"基类"或"超类"。在 Python 中类继承结构的定义语法如下：

```
class 子类(父类,父类,…):
    子类代码
```

在 Python 中，考虑到代码的灵活性，一个子类可以同时继承多个父类，这样就可以直接拥有多个父类的功能。

实例：实现类继承结构

```
# coding : utf-8
class Person:                               # 定义 Person 父类
    def __init__(self):                     # 构造方法定义实例属性
        self.__name = None                  # 属性默认值
        self.__age = 0                      # 属性默认值
    def set_name(self, name):               # 设置 name 属性内容
        self.__name = name                  # 修改属性内容
    def set_age(self, age):                 # 设置 age 属性内容
        self.__age = age                    # 修改属性内容
    def get_name(self):                     # 获取 name 属性内容
        return self.__name                  # 返回属性内容
    def get_age(self):                      # 获取 age 属性内容
        return self.__age                   # 返回属性内容
class Student(Person):                      # 定义 Student 类并继承 Person 父类
    pass                                    # Student 类中暂不定义任何内容
def main():                                 # 主函数
    stu = Student()                         # 实例化子类对象
    stu.set_name("小李老师")                 # 调用父类继承方法设置属性
    stu.set_age(18)                         # 调用父类继承方法设置属性
    print("姓名：%s、年龄：%s" % (stu.get_name(),stu.get_age()))
                                            # 输出对象信息
if __name__ == "__main__":                  # 判断程序执行名称
    main()                                  # 调用主函数
```

程序执行结果：

姓名：小李老师，年龄：18

本程序为 Person 父类定义了一个 Student 子类，这样即使 Student 子类没有定义任何结构，也可以直接继承 Person 父类中的全部结构。继承的本质在于对功能的扩充，所以此时 Student 子类可以在 Person 父类的基础上定义更多的功能。

实例：子类扩充功能

```
# coding : utf-8
# Person 类定义重复，代码略
class Student(Person):                      # 定义 Student 子类并继承 Person 父类
    def __init__(self):                     # 构造方法定义子类实例属性
        self.__school = None                # 子类属性默认值
    def set_school(self, school):           # 设置 school 属性内容
        self.__school = school              # 修改属性内容
    def get_school(self):                   # 获取 school 属性内容
```

```
        return self.__school            # 获取属性内容
def main():                             # 主函数
    stu = Student()                     # 实例化子类对象
    stu.set_name("小李老师")            # 调用父类继承方法设置属性
    stu.set_age(18)                     # 调用父类继承方法设置属性
    stu.set_school("沐言优拓")          # 调用子类新定义的方法设置属性
    print("姓名：%s，年龄：%s，学校：%s" %
            (stu.get_name(),stu.get_age(),stu.get_school()))
                                        # 输出对象信息
if __name__ == "__main__":             # 判断程序执行名称
    main()                              # 调用主函数
```
程序执行结果：
姓名：小李老师，年龄：18，学校：沐言优拓

　　本程序在定义 Student 子类中扩展了新的操作属性和方法，这样就比 Person 父类提供了更多的操作结构。

 提示：关于子类继承的内容

在子类继承父类的结构中，子类会继承父类中所有的属性和方法。

实例：观察子类继承的内容

```
# coding : utf-8
class Parent:                          # 定义父类
    def __init__(self):                # 构造方法
        self.msg = "www.yootk.com"     # 属性未封装
    def get_info(self):                # 方法定义
        return "沐言优拓"               # 返回数据
class Sub(Parent):                     # 子类定义
    def fun(self):                     # 子类函数
        print("【访问父类属性】msg = %s" % (self.msg))   # 调用属性
        print("【调用父类方法】%s" % self.get_info())      # 调用方法
def main():                            # 主函数
    sub = Sub()                        # 实例化子类对象
    sub.fun()                          # 调用子类方法
if __name__ == "__main__":            # 判断程序执行名称
    main()                             # 调用主函数
```
程序执行结果：
【访问父类属性】msg = www.yootk.com
【调用父类方法】沐言优拓

　　本程序在定义 Parent 父类时没有对属性和方法进行封装，所以父类的属性和方法都将被子类所继承。需要注意的是，在大多数情况下类中的属性往往会被封装，所以建议在实际项目开发中子类通过方法访问父类属性。

9.1.3 继承与构造方法

在 Python 中可以定义构造方法，这样就可以在对象实例化时执行某些操作。在继承关系中，父类和子类同样也可以进行构造方法的定义，但是此时构造方法的执行需要考虑两种情况。

↘ 当父类定义构造方法，但是子类没有定义构造方法时，实例化子类对象会自动调用父类中提供的无参构造方法，如果此时的子类同时继承了多个父类，则按照继承顺序执行无参构造方法。

↘ 当子类定义构造方法时，默认不再调用父类中的任何构造方法，但是可以手工调用。

实例：观察父类默认构造调用

```
# coding : utf-8
class Parent:                                    # 定义类
    def __init__(self):                          # 定义父类构造方法
        print("【Parent 父类】__init__()")       # 提示信息
class Sub(Parent):                               # 定义子类
    pass                                         # 子类结构为空
def main():                                      # 主函数
    sub = Sub()                                  # 实例化子类对象
if __name__ == "__main__":
    main()
程序执行结果：
【Parent 父类】__init__()
```

本程序在定义 Sub 子类时并没有定义任何构造方法，这样在子类对象实例化时将默认调用父类中的无参构造方法，这样就可以为父类中的属性进行初始化操作。但如果此时子类中定义了构造方法，那么在默认情况下将不会再去调用父类中的无参构造。

实例：在子类中定义构造方法

```
# coding : utf-8
class Parent:                                    # 类定义
    def __init__(self):                          # 定义父类构造方法
        print("【Parent 父类】__init__()")       # 输出提示信息
class Sub(Parent):                               # 定义子类
    def __init__(self):                          # 定义子类构造方法
        print("【Sub 子类】__init__()")          # 输出提示信息
def main():                                      # 主函数
    sub = Sub()                                  # 实例化子类对象
if __name__ == "__main__":                       # 判断程序执行名称
```

```
        main()                                    # 调用主函数
程序执行结果：
【Sub 子类】__init__()
```

本程序在 Sub 子类中定义了构造方法，所以在对象实例化时将不再调用父类中提供的构造方法，而只调用子类自己定义的构造方法。如果这个时候需要在子类中调用父类构造，那么可以借助 super 类的实例化对象完成。

实例：通过 super 类实例调用父类构造

```
# coding : utf-8
class Parent:                                     # 定义 Parent 类
    def __init__(self):                           # 定义父类构造方法
        print("【Parent 父类】__init__()")         # 输出提示信息
class Sub(Parent):                                # 定义子类
    def __init__(self):                           # 定义子类构造方法
        super().__init__()                        # 调用父类无参构造
        print("【Sub 子类】__init__()")            # 输出提示信息
def main():                                        # 主函数
    sub = Sub()                                   # 实例化子类对象
if __name__ == "__main__":                        # 判断程序执行名称
    main()                                        # 调用主函数
程序执行结果：
【Parent 父类】__init__()
【Sub 子类】__init__()
```

本程序在子类构造方法中使用 super() 实例化对象调用了父类中的无参构造方法，这样一来会先执行父类的构造方法为父类实例初始化，而后再调用子类构造进行初始化操作。

提示：关于父类构造调用的意义

在继承结构中，由于子类往往拥有比父类更多的功能，所以在开发过程中，使用子类对象并实例化会比较方便，但是有些时候父类需要通过构造方法对一些属性进行初始化操作，这样就可以通过子类构造将参数的内容传递到父类中。

实例：通过子类传递参数内容到父类构造

```
# coding : utf-8
class Parent:                                     # 定义 Parent 类
    def __init__(self, name, age):                # 定义父类构造方法
        self.__name = name                        # name 属性初始化
        self.__age = age                          # age 属性初始化
    def get_info(self):                           # 获取对象信息
        return "姓名：%s、年龄：%s" % (self.__name, self.__age) # 返回属性内容
```

```
class Sub(Parent):                          # 定义子类
    def __init__(self, name, age):          # 定义子类构造方法
        super().__init__(name, age)         # 调用父类构造
def main():                                 # 主函数
    sub = Sub("小李老师", 18)               # 实例化子类对象
    print(sub.get_info())                   # 输出对象信息
if __name__ == "__main__":                  # 判断程序执行名称
    main()                                  # 调用主函数
```

程序执行结果：

姓名：小李老师、年龄：18

本程序在 Parent 父类中定义了一个有参构造方法，随后在子类中可以利用"super(). 父类构造"的形式将接收到的 name 与 age 参数传递到 Parent 类中。

9.1.4 多继承

 在 Python 中，考虑到代码设计结构的简化，允许一个子类同时继承多个父类，这样子类就可以同时拥有多个父类的功能。

实例： 子类多继承

```
# coding : utf-8
class Message:                              # 定义 Message 类
    def send(self,msg):                     # 消息发送
        print("【Message】消息发送：%s" % (msg))  # 输出提示信息
class Connect:                              # 定义 Connect 类
    def build(self):                        # 通道连接
        print("【Connect】连接服务器，创建发送连接…")# 输出提示信息
        return True                         # 返回连接结果
    def close(self):                        # 通道关闭
        print("【Connect】服务处理完毕，关闭服务器连接…")  # 输出提示信息
class NetMessage(Message,Connect):          # 定义消息发送子类
    def net_message(self, msg):             # 通道测试
        if self.build():                    # 调用父类方法
            self.send(msg)                  # 调用父类方法
            self.close()                    # 调用父类方法
        else:                               # 连接建立失败
            print("【Error】服务器连接失败，消息无法发送!")  # 输出提示信息
def main():                                 # 主函数
    net = NetMessage()                      # 实例化子类对象
    net.net_message("www.yootk.com")        # 调用子类方法
if __name__ == "__main__":                  # 判断程序执行名称
    main()                                  # 调用主函数
```

程序执行结果：
【Connect】连接服务器，创建发送连接...
【Message】消息发送：www.yootk.com
【Connect】服务处理完毕，关闭服务器连接...

本程序实现了一个信息发送操作的功能，NetMessage 子类继承了 Message 与 Connect 两个父类，随后利用两个父类中提供的方法实现了消息发送处理业务。

在子类没有定义任何构造方法的情况下，Python 子类对象实例化时会自动调用父类中的构造方法，但是在多继承结构中，由于一个子类存有有多个父类（多继承结构如图 9-2 所示），就会造成结构调用的二义性。为了解决这个问题，Python 专门提供了一个 MRO（Method Resolution Order，方法解析顺序）算法，执行时按照从左至右的原则进行调用，如图 9-3 所示。

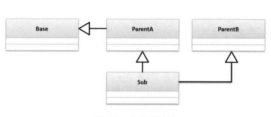

图 9-2　多继承结构

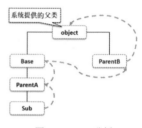

图 9-3　MRO 分析

实例：观察多继承结构下的父类无参构造执行

```python
# coding : utf-8
class Base:                              # 定义 Base 父类
    def __init__(self):                  # 无参构造
        print("【Base】__init__()")      # 输出提示信息
class ParentA(Base):                     # 定义 ParentA 类
    def __init__(self):                  # 无参构造
        print("【ParentA】__init__()")   # 输出提示信息
class ParentB:                           # 定义 ParentB 类
    def __init__(self):                  # 无参构造
        print("【ParentA】__init__()")   # 提示信息输出
class Sub(ParentA,ParentB):              # 子类不定义构造
    pass                                 # 子类结构为空
def main():                              # 主函数
    sub = Sub()                          # 实例化子类对象
if __name__ == "__main__":               # 判断程序执行名称
    main()                               # 调用主函数
```
程序执行结果：
【ParentA】__init__()

此时程序在 Sub 子类中同时继承了 ParentA 与 ParentB 两个父类，并且 Sub 子类没有定义构造方法，通过输出结果可以发现此时 Sub 子类执行了 ParentA 类中的无参构造方法。如果 ParentA 类中没有提供无参构造方法，则 Sub 子类将会调用 Base 类中的无参构造方法。

提示：获取 mro 信息

在 Python 中，所有的方法执行顺序信息都会自动保存在一个拓扑序列中，开发者如果要想获得此信息，内容可以使用"类名称.mro()"函数完成。

实例：观察 mro()函数

```
def main():                              # 主函数
    print(Sub.mro())                     # 获取 mro 信息
if __name__ == "__main__":
    main()
```
程序执行结果：
```
[<class '__main__.Sub'>, <class '__main__.ParentA'>, <class
'__main__.Base'>, <class '__main__.ParentB'>, <class 'object'>]
```

通过此时的执行结果可以发现，如果此时 Sub 子类没有构造方法，则会调用 ParentA 父类中的无参构造方法；如果 ParentA 父类中没有构造方法，则会调用 Base 类中的无参构造方法。

9.1.5 获取继承信息

利用继承性使得不同的类之间存在关联，对象也会分为父类或子类实例。为了方便获取这些关联结构的信息并对相关继承关系进行判断，Python 提供了许多内置的系统变量与函数用于进行类信息或者相关实例的判断。这些函数与变量如表 9-1 所示。

表 9-1　获取继承结构信息的函数与变量

序　号	函数与变量	类　型	描　　述
1	__class__	变量	获取指定对象所属类 Class 对象，与 type()返回值相同
2	__bases__	变量	获取一个类对应的所有父类信息
3	__subclasses__()	函数	获取一个类对应的所有子类信息
4	issubclass(class, 父类)	函数	判断一个 Class 对象是否是某一个类的子类

为了方便读者观察表 9-1 所示的各个操作功能，下面将定义一个类继承关系。类继承结构如图 9-4 所示。

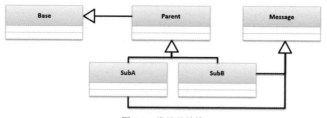

图 9-4 类继承结构

实例：定义类继承结构

```
# coding : utf-8
class Base:                          # 定义父类
    pass                             # 结构为空
class Parent(Base):                  # 定义 Base 子类
    pass                             # 结构为空
class Message:                       # 定义独立的类
    pass                             # 结构为空
class SubA(Parent,Message):          # 定义 Parent 与 Message 子类
    pass                             # 结构为空
class SubB(Parent,Message):          # 定义 Parent 与 Message 子类
    pass                             # 结构为空
```

在以上实例所定义的类结构中，Parent 和 Message 都是 SubA 与 SubB 两个子类的父类，同时 Base 又是 Parent 父类，在实际开发中，这些类都可以直接进行对象的实例化定义，所以此时开发者就可以利用"＿＿class＿＿"系统变量根据指定的实例化对象获取对应的类信息。

实例：使用"＿＿class＿＿"系统变量获取类信息

```
def main():
    sub = SubA()                     # 实例化子类对象
    msg = Message()                  # 实例化 Message 类对象
    print("sub 对象所属类型：%s" % sub.__class__)
                                     # 根据实例化对象获取其对应类型
    print("msg 对象所属类型：%s" % msg.__class__)
                                     # 根据实例化对象获取其对应类型
if __name__ == "__main__":           # 判断程序执行名称
    main()                           # 调用主函数
程序执行结果：
sub 对象所属类型：<class '__main__.SubA'>
msg 对象所属类型：<class '__main__.Message'>
```

"＿＿class＿＿"系统变量可以应用在任意的实例化对象上，并且会动态地获取实例对应的类型。

提问："__class__" 系统变量有什么用处？

使用 "__class__" 系统变量主要是根据对象获取其类型，但是在开发中如果不知道类型，则肯定无法进行对象创建，那么 "__class__" 系统变量有什么用处呢？

回答：可以确定类型与获取 mro 信息。

在 Python 中，由于所有变量没有强制要求进行数据类型定义，所以当通过某些方法接收到返回对象时，有可能造成因不明确对象类型而导致程序代码出错的问题。因而 Python 提供了 "对象.__class__" 系统变量和 type 类以获取类信息，这样在开发中可以结合分支判断进行类型判断并进行准确的方法调用。

实例：判断对象所属类型

```python
def main():                                # 主函数
    sub = SubA()                           # 实例化子类对象
    if sub.__class__ == SubA:              # 判断对象类型
        print("sub 是 SubA 类的对象实例。")   # 输出提示信息
if __name__ == "__main__":                 # 判断执行名称
    main()                                 # 调用主函数
```

程序执行结果：
sub 是 SubA 类的对象实例。

本程序通过对象所属的类型判断了其是否属于某个类的实例（也可以直接使用 isinstance()函数进行判断），这样就可以直接确定对象身份。

使用 "__class__" 系统变量还可以根据一个类的实例化对象来获取 mro 信息。

实例：根据对象调用 mro()函数

```python
def main():                                # 主函数
    sub = SubA()                           # 实例化子类对象
    print(sub.__class__.mro())             # 获取 mro 信息
if __name__ == "__main__":                 # 判断执行名称
    main()                                 # 调用主函数
```

程序执行结果：
[<class '__main__.SubA'>, <class '__main__.Parent'>, <class '__main__.Base'>, <class '__main__.Message'>, <class 'object'>]

通过以上代码的执行结果可以发现，mro 信息也可以利用 "__class__" 的形式获取。

在 Python 中，一个子类可以同时继承多个父类，一个父类也可以同时拥有多个子类，而关于子类与父类的信息可以通过系统变量动态获取。

实例：获取子类与父类信息

```python
def main():                                # 主函数
```

```
    print("【Parent 子类】%s" % Parent.__subclasses__())  # 获取全部子类
    print("【SubA 父类】%s" % str(SubA.__bases__))     # 获取子类的父类
if __name__ == "__main__":                            # 判断程序执行名称
    main()                                            # 调用主函数
```
程序执行结果：
```
【Parent 子类】[<class '__main__.SubA'>, <class '__main__.SubB'>]
【SubA 父类】(<class '__main__.Parent'>, <class '__main__.Message'>)
```

本程序通过 Parent.__subclasses__()函数获取了一个子类的列表，这样就可以直接通过类本身明确地获取其子类的信息，而 SubA.__bases__ 会通过一个元组保存一个类所继承的所有父类信息。

由于一个子类可能同时继承有多个父类，这样为了确认某一个类是否为指定父类的子类，可以通过 issubclass()函数进行判断。

实例：判断某个类或某个对象所属的类是否为指定父类的子类

```
def main():                                           # 主函数
    sub = SubA()                                      # 实例化子类对象
    print(issubclass(sub.__class__,Parent))           # 通过对象获取类信息并判断
                                                      # 是否为指定类的子类
    print(issubclass(SubB,Parent))                    # 判断是否为指定类的子类
if __name__ == "__main__":                            # 判断程序执行名称
    main()                                            # 调用主函数
```
程序执行结果：
```
True（通过实例化对象判断）
True（通过类判断）
```

issubclass()函数是依靠类对象的形式进行判断，如果直接使用类名称判断，那么就可以直接获取类对象。如果使用的是实例化对象，则必须依靠"__class__"系统变量获取对应类后才可以进行判断。

9.2　多　　态

在面向对象设计中，多态性描述的是同一结构在执行时会根据不同的形式展现出不同的效果。在 Python 中，多态性的体现有两种形式。

- ➥ **方法覆写**：子类继承父类后可以依据父类的方法名称进行方法体的重新定义。
- ➥ **对象多态性**：在方法覆写的基础上利用相同的方法名称作为标准，就可以在不考虑具体类型的情况下实现不同子类中相同方法的调用。

9.2.1　方法覆写

在类继承结构中，子类可以继承父类中的全部方法，当父类某些方法无法满足子类设计需求时，就可以对父类已有的方法进行扩充。也就是说，在子类中可以定义与父类中方法名称、返回值类型、参数类型及个数完全相同的新方法。这称为方法的覆写。

实例：实现方法覆写

```python
# coding : utf-8
class Channel:                                      # 定义父类
    def build(self):                                # 父类方法
        print("【Channel】通道连接…")               # 输出提示信息
class DatabaseChannel(Channel):                     # 定义子类
    def build(self):                                # 方法覆写
        print("【DatabaseConnect】数据库通道连接…")  # 输出提示信息
def main():                                         # 主函数
    channel = DatabaseChannel()                     # 实例化子类对象
    channel.build()                                 # 调用被覆写过的方法
if __name__ == "__main__":                          # 判断程序执行名称
    main()                                          # 调用主函数
```

程序执行结果：

【DatabaseConnect】数据库通道连接…

本程序为 Channel 类定义了一个 DatabaseChannel 子类，并且在子类中定义了与父类结构完全相同的 build()方法，这样在利用子类实例化对象调用 build() 方法时所调用的就是被覆写过的方法。

👤 **提示：关于方法覆写的意义**

方法覆写主要是定义子类个性化的方法体，同时为了保持父类结构的形式，才保留了父类的方法名称。例如：每一个人有不同的人生成就，小人物的人生成就是吃饱喝足；英雄豪杰的人生成就在于开疆拓土，不同的人物有自己不同的追求，这样对于小人物和英雄豪杰子类的人生成就方法就可以通过继承覆写的形式扩充，如图 9-5 所示。

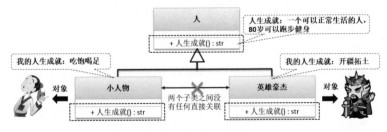

图 9-5　子类方法覆写

当通过子类实例化对象调用方法时所调用的是被覆写过的方法，如果此时需要调用父类已被覆写过的方法，在子类中可以使用"super().方法()"的形式调用。

实例： 调用父类被覆写过的方法

```
# coding : utf-8
class Channel:                                    # 定义父类
    def build(self):                              # 父类方法
        print("【Channel】通道连接…")              # 输出提示信息
class DatabaseChannel(Channel):                   # 定义子类
    def build(self):                              # 方法覆写
        super().build()                           # 调用父类被覆写的方法
        print("【DatabaseConnect】数据库通道连接…") # 输出提示信息
def main():                                       # 主函数
    channel = DatabaseChannel()                   # 实例化子类对象
    channel.build()                               # 调用被覆写过的方法
if __name__ == "__main__":                        # 判断程序执行名称
    main()                                        # 调用主函数
```
程序执行结果：
【Channel】通道连接…（Channel.build()方法输出）
【DatabaseConnect】数据库通道连接…（DatabaseChannel.build()方法输出）

本程序子类覆写了 build()方法，这样在子类中只能通过 super().build()调用父类中已经被覆写的方法。

9.2.2 对象多态性

在继承结构中，子类可以根据需要选择是否要覆写父类中的指定方法，而方法覆写的主要目的在于可以让子类与父类中的方法名称统一。这样在进行引用传递时不管传递的是子类实例还是父类实例，就都可以使用相同的方法名称进行操作。例如：现在有一个消息发送通道 Channel 类，在此类中需要进行消息的发送，而现在的消息分为普通消息、数据库消息、网络消息，此时就可以采用如图 9-6 所示的对象多态性程序结构来实现。

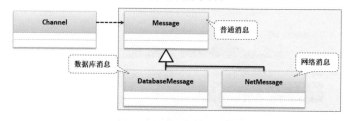

图 9-6　对象多态性程序结构

实例：实现对象多态性

```
# coding : utf-8
class Message:                                    # 定义 Message 父类
    def get_info(self):                           # 定义方法
        return "【Message】www.yootk.com"          # 返回信息
class DatabaseMessage(Message):                   # Message 子类
    def get_info(self):                           # 方法覆写
        return "【DatabaseMessage】Yootk 数据库信息" # 返回信息
class NetMessage(Message):                        # Message 子类
    def get_info(self):                           # 方法覆写
        return "【NetMessage】Yootk 网络信息"        # 返回信息
class Channel:                                     # 定义 Channel 类
    def send(self,msg):                           # 定义方法
        print(msg.get_info())                     # 输出内容
def main():                                       # 主函数
    channel = Channel()                           # 实例化通道类对象
    channel.send(Message())                       # 发送普通消息
    channel.send(DatabaseMessage())               # 发送数据库消息
    channel.send(NetMessage())                    # 发送网络消息
if __name__ == "__main__":                        # 判断程序执行名称
    main()                                        # 调用主函数
```

程序执行结果：

```
【Message】www.yootk.com
【DatabaseMessage】Yootk 数据库信息
【NetMessage】Yootk 网络信息
```

此时的程序 Channel 类可以接收 Message 及其子类实例，由于这三个类都提供有 get_info()方法，所以此时会根据传入的不同类型的实例获取不同的输出信息。

提示：对象多态性的主要作用在于参数统一

之所以会提供对象多态性的概念，更多的时候是为了进行方法中操作参数的统一。就好比在高速公路上，只允许时速 70km 以上的机动车（轿车、越野车、货车等）通过，而行人、电动自行车是不允许通过的，如图 9-7 所示，实际上这就相当于设计了一个操作的标准。

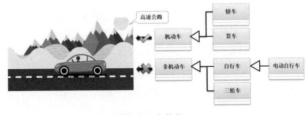

图 9-7 参数统一

166

9

Python 编程从入门到实践（微课视频版）

虽然以上实例实现了一个参数的统一接收，但是需要提醒读者的是，Python
语言最大的特点是所有的变量定义时不需要进行类型的定义，所以此时程序中
Channel.send()方法的 msg 参数可以传递非 Message 类型。

实例：观察程序的问题

```
# 其他重复代码略
def main():                              # 主函数
    channel = Channel()                  # 实例化通道类对象
    channel.send("小李老师")             # 【错误】传入字符串
if __name__ == "__main__":               # 判断程序执行名称
    main()                               # 调用主函数
程序执行结果：
AttributeError: 'str' object has no attribute 'get_info'
```

很明显，此时程序中传入了一个字符串对象，但是在字符串对象中并没有
get_info()方法，这样程序在执行的过程中就会出现错误。若解决这样的错误，
最方便的做法是追加一个实例的类型判断，可以使用内置的isinstance(对象，类)
函数。在此函数中需要传递一个对象和要判断的类型，如果该对象为此类实例，
则返回 True；否则返回 False。

实例：利用 isinstance()函数保证代码的正确执行

```
# 其他重复代码略
class Channel:                           # 定义 Channel 类
    def send(self,msg):                  # 定义方法
        if isinstance(msg,Message):      # 判断msg是否属于Message 或其子类实例
            print(msg.get_info())        # 调用方法
```

本程序修改了 Channel.send()方法，在调用类方法时追加了一个实例判断，
如果传入的 msg 实例是 Message 或其子类，则可以调用 get_info()方法，反之什
么也不做。

9.2.3 object 父类

在 Python 语言设计过程中，为了方便操作类型的统一，以及为每一个类定
义一些公共操作，所以专门设计了一个公共的 object 父类（此类是唯一一个没
有父类的类，但却是所有类的父类），所有利用 class 关键字定义的类全部都默
认继承自 object 父类。以下两种类的定义效果是相同的。

class Message(object): # 明确继承父类	class Message: # 未明确继承父类
pass # 类结构为空	pass # 类结构为空

本程序定义 Message 类的时候不管是否明确继承 object 父类，Python 都会
自动将其设置为 object 子类。

提示：关于经典类与新式类的区别

在 Python 2.x 开发时代，由于类不默认继承 object 父类，所以类的定义分为两种：经典类（不继承 object 父类）与新式类（明确继承 object 父类），这两种类的区别如下：

➥ 经典类的操作方法要比新式类的操作方法少（新式类通过 object 父类继承方法）。

➥ 针对 MRO 算法使用的区别（以图 9-8 所示的类继承结构为例）。

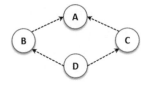

  ➢ 经典类：采用深度优先算法，访问路径为 B →A→C。

  ➢ 新式类：采用广度优先算法，访问路径为 B →C→A。

图 9-8　类继承结构

实例：观察新式类中的广度优先算法

```python
# coding : utf-8
class A:                          # 定义 A 类
    def info(self):               # 定义方法
        print("【A】info…")        # 提示信息
class B(A):                       # 定义子类 B
    def info(self):               # 覆写方法
        print("【B】info…")        # 提示信息
class C(A):                       # 定义子类 C
    def info(self):               # 覆写方法
        print("【C】info…")        # 提示信息
class D(B,C):                     # 定义子类 D
    pass                          # 结构为空
def main():                       # 主函数
    d = D()                       # 实例化 D 类对象
    d.info()                      # 调用类方法
    print(d.__class__.mro())      # 调用内置 mro()
if __name__ == "__main__":        # 判断执行名称
    main()                        # 调用主函数
```

程序执行结果：

```
【B】info…
[<class '__main__.D'>, <class '__main__.B'>, <class '__main__.C'>,
<class '__main__.A'>, <class 'object'>]
```

在 Python 3.x 之后所有的类全部默认继承了 object 父类，所以均为新式类。

9.2.4　工厂设计模式

在面向对象设计中，父类的主要功能是进行各个子类操作方法标准的定义，所以不管何种子类，只要按照父类中的方法要求覆写了方法，那么就可以通过父类对象的形式进行表示，也就是说，调用时需要关心的是父类实例，而并不需要关心子类实例。为了达到这一目的，项目开发中可以引入工厂设计模式来隐藏子类。工厂设计模式操作结构如图9-9所示。

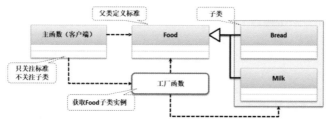

图 9-9　工厂设计模式操作结构

实例：实现工厂设计模式

```python
# coding : utf-8
class Food:                              # 定义食物标准
    def eat(self):                       # 定义公共方法
        pass                             # 方法结构为空
class Bread(Food):                       # 定义面包子类
    def eat(self):                       # 覆写方法
        print("【Bread】吃面包")          # 输出提示信息
class Milk(Food):                        # 定义牛奶子类
    def eat(self):                       # 覆写方法
        print("【Milk】喝牛奶")           # 输出提示信息
"""
获取 Food 接口实例
@:param cls 要获取实例的名称标记
"""
def get_food_instance(cls):              # 工厂函数
    if cls == "bread":                   # bread 代表 Bread 子类
        return Bread()                   # 返回 Bread 子类实例
    elif cls == "milk":                  # milk 代表 Milk 子类
        return Milk()                    # 返回 Milk 子类实例
    else:                                # 没有匹配返回 None
        return None                      # 返回 None
def main():                              # 主函数
    food = get_food_instance("bread")    # 获取指定类实例
    if food != None:                     # 判断是否有实例返回
        food.eat()                       # 调用公共方法
if __name__ == "__main__":               # 判断程序执行名称
    main()                               # 调用主函数
```

程序执行结果：
【Bread】吃面包

本程序通过 get_food_instance()工厂函数获取了 Food 类的实例化对象，利用这样的结构，主函数就可以在不清楚子类的情况下获取类的实例化对象并依据 Food 父类定义的方法标准执行程序。

 提示：系统内置工厂函数

在面向对象设计中，工厂函数的主要目的是获取指定的对象实例，在之前所学习过的 int()、str()、float()、tuple()等函数实际上都属于内置的工厂函数，通过函数传递若干参数后就可以获取指定类型的实例化对象。

9.2.5 代理设计模式

代理设计是指通过一个代理主题来操作真实业务主题，真实主题执行具体的业务操作，而代理主题负责其他相关业务的处理。例如，食客饿的时候准备去餐厅吃饭，"吃饭"即为真实主题，而餐厅为食客"吃饭"的业务做各种辅助操作（如购买食材、处理食材、烹制美食、收拾餐具）即为代理主题，而食客只负责关键的一步"吃"就可以了。餐厅业务结构如图 9-10 所示。代理设计模式实现结构如图 9-11 所示。

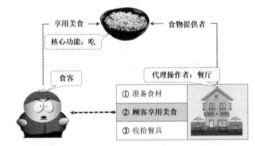

图 9-10　餐厅业务结构

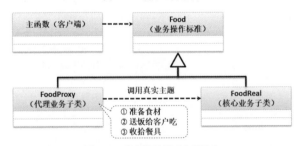

图 9-11　代理设计模式实现结构

实例： 实现代理设计模式

```
# coding : utf-8
```

```
class Food:                              # 定义食物标准
    def eat(self):                       # 定义公共业务方法
        pass                             # 方法结构为空
class FoodReal(Food):                    # 定义核心业务子类
    def eat(self):                       # 方法覆写
        print("【FoodReal】享用丰盛的美食。")  # 输出提示信息
class FoodProxy(Food):                   # 定义代理业务子类
    def __init__(self,food):             # 保存核心业务对象
        self.__food = food               # 设置属性内容
    def prepare(self):                   # 核心业务执行前的准备
        print("【FoodProxy】准备做饭的食材。")  # 输出提示信息
    def eat(self):                       # 方法覆写
        self.prepare()                   # 调用代理方法
        self.__food.eat()                # 调用核心业务方法
        self.clear()                     # 调用代理方法
    def clear(self):                     # 核心业务执行后的处理方法
        print("【FoodProxy】收拾碗筷，打扫卫生。") # 输出提示信息
def main():                              # 主函数
    food = FoodProxy(FoodReal())         # 获取指定类实例
    if food != None:                     # 判断是否有实例返回
        food.eat()                       # 调用公共方法
if __name__ == "__main__":               # 判断程序执行名称
    main()                               # 调用主函数
```

程序执行结果：

【FoodProxy】准备做饭的食材。

【FoodReal】享用丰盛的美食。

【FoodProxy】收拾碗筷，打扫卫生。

本程序为一个 Food 父类定义了两个子类：核心业务子类（FoodReal）和代理业务子类（FoodProxy），核心业务子类只有在代理业务子类提供支持的情况下才可以正常完成核心业务。但是对于主函数（客户端）而言，其所关注的只是 Food 类定义业务方法标准，而并不关注具体使用哪一个子类。

 提示：代理设计模式与工厂设计模式整合

本程序实现了一个最为基础的代理设计模式，但是在该设计模式中有一段代码是需要商榷的。

```
food = FoodProxy(FoodReal())
```

在主函数里，用户需要明确的实例化子类对象才可以获得 food 实例化对象，但是从标准设计来讲，所有的子类对象应该对外部隐藏，所以对于此时的代码最好的修改方式是引入工厂设计模式。代理设计模式结合工厂设计模式如图 9-12 所示。

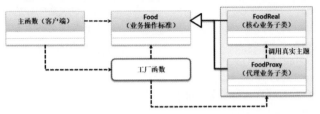

图 9-12　代理设计模式结合工厂设计模式

实例：修改程序代码

```python
# 其他重复代码略
def get_food_instance():                    # 定义工厂函数
    return FoodProxy(FoodReal())            # 返回代理类实例
def main():                                 # 主函数
    food = get_food_instance()              # 获取指定类实例
    if food != None:                        # 判断是否有实例返回
        food.eat()                          # 调用公共方法
if __name__ == "__main__":                  # 判断程序执行名称
    main()                                  # 调用主函数
```

此时将通过工厂函数 get_food_instance()获取代理对象实例，这样主函数（客户端）将不再关心 Food 父类的子类有哪些，而只关心获取 Food 父类的实例化对象即可。

9.3　本章小结

1. 继承主要解决了类代码的可重用性问题，利用继承可以基于一个已经存在的父类进行功能扩充。

2. Python 中一个子类允许继承多个父类，这样可以同时拥有多个父类的操作结构。

3. 在多继承关系中，为了解决方法调用二义性的问题，引入了 MRO 算法，使用广度优先算法实现方法的正确调用。

4. 在继承结构中，Python 可以通过一些内定的系统变量获取继承关系中父类与子类的信息。

5. 在继承结构中，如果子类发现父类中的某些方法功能不足，可以根据自己的需要进行覆写，这样就可以在保留原始方法名称的前提下，实现功能的扩充。

6. 对象多态性可以实现父子实例之间的转换，实现操作参数的统一。

7. 在 Python 中定义的任何类都是 object 子类，所有继承 object 父类的子类都属于新式类。

8. 工厂设计模式可以对外隐藏子类的定义，实现操作的解耦合。

9. 代理设计模式可以通过专门的代理业务子类辅助核心业务子类来实现功能，这样使代码的开发结构更加清晰。

第 10 章 异 常 处 理

学习目标

- ➥ 了解异常对程序执行的影响；
- ➥ 掌握异常处理语句格式，熟悉 try、except、finally、else 等异常处理关键字的使用；
- ➥ 掌握异常处理流程；
- ➥ 掌握 raise 关键字的使用；
- ➥ 掌握 with 关键字的使用以及对应特殊方法的作用；
- ➥ 掌握自定义异常类型的作用与实现。

程序在运行时有可能出现各种各样导致程序退出的错误，这些错误在 Python 中统一称为异常，Python 提供非常方便的异常处理支持。本章将介绍异常的基本概念以及相关的处理方式。

10.1　异常处理语句

异常是指在程序执行时由于程序处理逻辑上的错误而导致程序中断的一种指令流。首先通过以下两个实例来分析异常所带来的影响。

实例：不产生异常的代码

```python
# coding : UTF-8
def main():                                          # 主函数
    print("【1】****** 程序开始执行 ******")          # 信息提示
    print("【2】****** 数学计算：%s" % (10 / 5))       # 除法计算
    print("【3】****** 程序执行完毕 ******")          # 信息提示
if __name__ == "__main__":                           # 判断程序执行名称
    main()                                           # 调用主函数
```
程序执行结果：
【1】****** 程序开始执行 ******
【2】****** 数学计算：2.0
【3】****** 程序执行完毕 ******

本程序并没有异常产生，所以程序会按照既定的逻辑顺序执行完毕，然而在有异常产生的情况下，程序的执行就会在异常产生处被中断。

实例：产生异常的代码

```
# coding : UTF-8
def main():                                          # 主函数
    print("【1】****** 程序开始执行 ******")          # 信息提示
    print("【2】****** 数学计算：%s" % (10 / 0))      # 除法计算
    print("【3】****** 程序执行完毕 ******")          # 信息提示
if __name__ == "__main__":                           # 判断程序执行名称
    main()                                           # 调用主函数
```

程序执行结果：

```
Traceback (most recent call last):
【1】****** 程序开始执行 ******
  File "D:/workspace/pycharm/yootk/main.py", line 7, in <module>
    main()
  File "D:/workspace/pycharm/yootk/main.py", line 4, in main
    print("【2】****** 数学计算：%s" % (10 / 0))  # 除法计算
ZeroDivisionError: division by zero
```

在本程序中产生有数学异常（10/0 的计算将产生 ZeroDivisionError 异常），由于程序没有对异常进行任何处理，所以默认情况下，系统会打印异常信息，同时终止执行产生异常之后的代码。

通过观察以上实例可以发现，如果没有正确的异常处理操作，程序的执行会被异常终止，为了让程序在出现异常后依然可以正常执行完毕，所以必须引入异常处理语句来完善程序代码。

10.1.1 处理异常

在 Python 中，可以使用 try、except、else、finally 几个关键字的组合来实现异常处理操作，其完整的语法定义格式如下：

```
try:
        有可能产生异常的语句
[except 异常类型 [as 对象]:
        异常处理
except 异常类型 [as 对象]:
        异常处理
…] [else:
        异常未处理时的执行语句]
[finally:
        异常统一出口]
```

在异常处理中需要将有可能产生异常的语句定义在 try 语句中，当通过 try 语句捕获到异常后，会与 except 语句中的异常类型进行匹配，如果匹配成功，则执行相应的 except 语句中的代码；如果 try 语句没有捕获到异常，则会执行 else 语句中的代码。无论是否出现异常以及异常是否被处理，程序最终都会统一执行 finally 语句中的代码。异常处理的操作流程如图 10-1 所示。

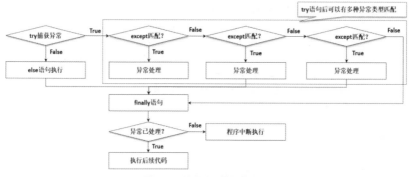

图 10-1　异常处理的操作流程

实例：处理程序中产生的 ZeroDivisionError 异常

```
# coding : UTF-8
def main():                                     # 主函数
    print("【1】****** 程序开始执行 ******")      # 信息提示
    try:                                        # 捕获可能出现的异常
        result = 10 / 0                         # try 语句中异常之后的代码将不再执行
        print("【2】****** 数学计算：%s" % (result)) # 除法计算
    except ZeroDivisionError as err:            # 当出现 ZeroDivisionError 异常时执行
        print("程序出现异常：%s" % err)           # 异常处理
    print("【3】****** 程序执行完毕 ******")      # 信息提示
if __name__ == "__main__":                      # 判断程序执行名称
    main()                                      # 调用主函数
```

程序执行结果：

```
【1】****** 程序开始执行 ******
程序出现异常: division by zero
【3】****** 程序执行完毕 ******
```

本程序将有可能产生异常的语句定义在 try 语句中，这样，当程序产生异常时会自动匹配相应的 except 语句进行异常处理。

异常处理除了使用 try…except 结构外，也可以使用 try…except…finally 结构，使用后者可以定义异常处理的统一出口，这样，在程序执行时无论是否出现异常都会执行 finally 语句。

实例：使用 finally 定义异常统一出口

```
# coding : UTF-8
def main():                                     # 主函数
```

```
    print("【1】****** 程序开始执行 ******")        # 信息提示
    try:                                              # 捕获可能出现的异常
        result = 10 / 0                # try 语句中异常之后的代码将不再执行
        print("【2】****** 数学计算：%s" % (result)) # 除法计算
    except ZeroDivisionError as err:                  # 当出现
                                        # ZeroDivisionError 异常时执行
        print("【except】程序出现异常：%s" % err) # 异常处理
    finally:                                          # 不管是否有异常处理都执行
        print("【finally】异常统一出口！")         # 异常统一出口
    print("【3】****** 程序执行完毕 ******")  # 不管是否出现异常，都执行此语句
if __name__ == "__main__":                            # 判断程序执行名称
    main()                                            # 调用主函数
```

程序执行结果：
【1】****** 程序开始执行 ******
【except】程序出现异常：division by zero
【finally】异常统一出口！
【3】****** 程序执行完毕 ******

本程序增加了一个 finally 语句，这样在整个异常处理过程中，无论是否出现异常，最终都会执行 finally 语句中的代码，而此代码将成为异常的统一出口。

实例： 使用 else 作为未出现异常的操作

```
# coding : UTF-8
def main():                                           # 主函数
    print("【1】****** 程序开始执行 ******")        # 信息提示
    try:                                              # 捕获可能出现的异常
        result = 10 / 0                # try 语句中异常之后的代码将不再执行
        print("【2】****** 数学计算：%s" % (result)) # 除法计算
    except ZeroDivisionError as err: # 当出现ZeroDivisionError异常时执行
        print("【except】程序出现异常：%s" % err) # 异常处理
    else:                                             # 未出现异常时执行
        print("【else】程序未出现异常，正常执行完毕。") # 提示信息
    finally:                                          # 最终会执行的代码
        print("【finally】异常统一出口！")         # 异常统一出口
    print("【3】****** 程序执行完毕 ******")  # 不管是否出现异常，都执行此语句
if __name__ == "__main__":                            # 判断程序执行名称
    main()                                            # 调用主函数
```

程序执行结果：
【1】****** 程序开始执行 ******
【except】程序出现异常：division by zero
【finally】异常统一出口！
【3】****** 程序执行完毕 ******

本程序在 try 语句中定义的代码不会产生任何异常，所以在 try 语句中的代码执行完毕会自动执行 else 语句，而不管是否产生异常，最终也会执行 finally 语句。

10.1.2 处理多个异常

在项目开发中，一段代码有可能会产生若干个异常，为了保证程序可以正常执行，就需要在项目中对多个异常进行相应的处理。

实例：通过键盘输入计算数字

```
# coding : UTF-8
def main():                                    # 主函数
    print("【1】****** 程序开始执行 ******")      # 信息提示
    try:                                        # 捕获可能出现的异常
        num_a = int(input("请输入第一个数字: "))  # 输入数据并转换为整型
        num_b = int(input("请输入第二个数字: "))  # 输入数据并转换为整型
        result = num_a / num_b          # try 语句中异常之后的代码将不再执行
        print("【2】****** 数学计算: %s" % (result)) # 除法计算
    except ZeroDivisionError as err:    # 当出现 ZeroDivisionError 异常时执行
        print("【except】程序出现异常: %s" % err) # 异常处理
    except ValueError as err:           # 当出现 ValueError 异常时执行
        print("【except】程序出现异常: %s" % err) # 异常处理
    else:                                       # 未出现异常时执行
        print("【else】程序未出现异常, 正常执行完毕。") # 提示信息
    finally:                                    # 最终会执行的代码
        print("【finally】异常统一出口!")         # 异常统一出口
    print("【3】****** 程序执行完毕 ******")     # 不管是否出现异常, 都执行此语句
if __name__ == "__main__":                      # 判断程序执行名称
    main()                                      # 调用主函数
```

本程序利用 input() 函数实现了键盘数据的输入，并且利用 int() 函数将输入的字符串数据转换为整型数据，此时在程序中就有可能出现两类异常：输入的字符串不是由数字组成（ValueError 异常）；除数为 0（ZeroDivisionError 异常）。为了保证程序的正常执行，本程序使用了两个 except 语句捕获异常。

10.1.3 异常的统一处理

为了保证程序可以正常执行完毕，往往会在 try 语句中定义一系列的 except 语句对有可能产生的异常类型进行捕获与处理，然而此时会出现这样一个问题：如果每次处理异常的时候都要去考虑所有的异常种类，那么直接使用 if 判断是否更加方便？为了回答这个问题，首先来研究一下 Python 中的异常处理流程，如图 10-2 所示。

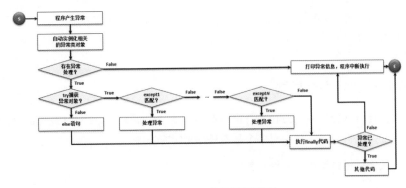

图 10-2　Python 的异常处理流程

从图 10-2 中可以看出，Python 的异常处理流程如下：

（1）在 Python 中可以处理的异常全部都是在程序运行中产生的，当程序执行到某行代码并且此代码产生异常时，会由 Python 虚拟机动态地进行相应异常类型的对象实例化操作。

（2）如果此时在代码中没有提供异常处理语句，则 Python 虚拟机会采用默认的异常处理方式，即输出异常信息，随后中断程序的执行。

（3）产生异常的代码需要定义在 try 语句中，如果此时项目中存在有异常处理，则该异常类的实例化对象会自动被捕获并交由 except 语句处理；如果没有产生异常，则执行 else 语句。

（4）except 语句负责将 try 捕获到的异常类实例化对象进行异常类型的匹配，如果匹配成功，则进行相应的异常处理；如果没有匹配成功，则继续匹配后续的 except 异常类型；如果所有异常类型都不匹配，则表示该异常无法处理。

（5）不管是否产生异常，最终都要执行 finally 语句，当执行完 finally 语句后，程序会进一步判断当前的异常是否已经被处理，如果已经处理完毕，则继续执行其他代码；如果没有处理，则交由 Python 虚拟机进行默认处理。

通过分析可以发现在整个的异常处理流程中，所有的操作围绕的是一个异常类的实例化对象，那么这个异常类的实例化对象的类型就成了理解异常处理的核心关键所在。之前接触过的两种异常继承关系如图 10-3 所示。

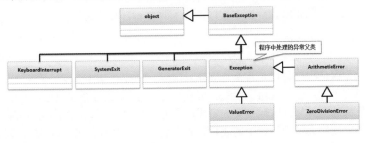

图 10-3　异常继承关系

通过图 10-3 可以发现 Python 中的异常全部都继承自 BaseException 父类，程序中可以处理的异常全部都是 Exception 子类，按照对象的多态性原则，此时 except 语句就可以利用 Exception 类来简化异常捕获操作。

实例：使用 Exception 类捕获异常

```
# coding : UTF-8
def main():                                          # 主函数
    print("【1】****** 程序开始执行 ******")          # 信息提示
    try:                                             # 捕获可能出现的异常
        num_a = int(input("请输入第一个数字："))       # 输入数据并转换为整型
        num_b = int(input("请输入第二个数字："))       # 输入数据并转换为整型
        result = num_a / num_b        # try 语句中异常之后的代码将不再执行
        print("【2】****** 数学计算：%s" % (result))   # 除法计算
    except Exception as err:                         # 当出现异常时执行
        print("【except】程序出现异常：%s" % err)      # 异常处理
    else:                                            # 未出现异常时执行
        print("【else】程序未出现异常，正常执行完毕。") # 信息输出
    finally:                                         # 最终会执行的代码
        print("【finally】异常统一出口!")             # 异常统一出口
    print("【3】****** 程序执行完毕 ******")          # 不管是否出现异常，都执行此语句
if __name__ == "__main__":                           # 判断程序执行名称
    main()                                           # 调用主函数
```

本程序在 except 语句后直接捕捉了 Exception 异常类型，这样，当 try 语句中出现任何异常时，就都可以使用同一个 except 语句进行异常处理。

提示：获取完整异常信息

在进行异常处理时，如果直接输出异常对象，那么得到的只是最为基础的异常信息，为了可以更加详细地获取异常的相关内容，Python 提供了一个 traceback 模块。

实例：使用 traceback 模块输出异常信息

```
import traceback                         # 导入模块
def main():                              # 主函数
    try:                                 # 捕获可能出现的异常
        # 产生异常的语句
    except Exception as err:             # 匹配任意异常
        print(traceback.format_exc())    # 获取异常详细信息
```

此时的程序在出现异常之后将会打印所有的异常信息以及出错的代码。

提问：异常是一起处理好，还是分开处理好？

虽然可以使用 Exception 类简化异常的处理操作，但是从实际的开发上来讲，所有产生的异常是应该统一处理，还是每种异常分开处理？

回答：根据实际的开发要求是否严格来决定。

　　在实际的项目开发工作中，所有的异常是统一使用 Exception 类处理还是分开处理，完全是由各个项目开发标准来决定的。如果项目开发环境严谨，那么就应该要求对每一种异常分别进行处理，并且要详细记录下异常产生的时间以及产生的位置，以方便程序维护人员进行代码的维护。考虑到篇幅问题，本书讲解时所有的异常会统一使用 Exception 类进行处理。

10.2　异　常　控　制

　　在异常处理中，除了可以使用标准异常结构保证程序的正确执行外，开发者也可以独立创建异常对象、自定义异常类型。

10.2.1　raise 关键字

　　异常产生后，Python 会自动实例化指定异常类的对象，以方便开发者进行异常处理，但是在一些时候开发者也可以手工实例化异常类对象，并通过 raise 关键字抛出异常。

　　实例：观察 raise 关键字的使用

```
# coding : UTF-8
def main():                                  # 主函数
    try:                                     # 捕获可能出现的异常
        raise NameError("NameError - 名称错误!")  # 手工抛出异常类实例化对象
    except Exception as err:                 # 异常捕获
        print("【except】程序出现异常：%s" % err) # 输出异常信息
if __name__ == "__main__":                   # 判断程序执行名称
    main()                                   # 调用主函数
```
程序执行结果：
【except】程序出现异常：NameError - 名称错误！

　　本程序中使用 raise 关键字手工抛出了一个异常类的实例化对象，这样本程序就会产生异常，为了保证程序可以正常执行完毕，就需要通过 try…except 语句进行异常的捕获与处理。

　　提示：使用 raise 关键字控制方法覆写

　　在很多语言中都会有接口的概念，接口的主要作用是规定所有子类必须遵循的方法标准（强制要求子类覆写父类方法），但是 Python 为了降低开发的复杂性，并未提供接口概念，所以这时就可以利用 raise 关键字在需要覆写的方法上进行一些限定。

　　实例：使用 raise 关键字对父类方法进行限定

```
# coding : UTF-8
```

```python
class Connect:                                      # 定义父类
    def build(self):                                # 父类不提供此方法实现
        raise NotImplementedError("【Connect】build()方法未实现。")
            # 手工抛出异常
class ServerConnect(Connect):                       # 定义子类
    def build(self):                                # 方法覆写
        print("【ServerConnect】连接网络服务器…")    # 提示信息
def main():                                         # 主函数
    conn = ServerConnect()                          # 实例化对象
    conn.build()                                    # 调用被覆写过的方法
if __name__ == "__main__":                          # 判断程序执行名称
    main()                                          # 调用主函数
```
程序执行结果：

【ServerConnect】连接网络服务器…

本程序在 Connect 类中定义的 build()方法内部使用 raise 关键字抛出了一个异常，如果开发者直接调用父类的 build()方法，就会出现 NotImplementedError 异常，而只有在子类中正确覆写此方法后才可以正常调用，这样就对子类方法的覆写进行了约定。

在使用 raise 关键字抛出异常时也可以基于一个已经存在的异常，此时会自动将该异常附加到引发异常的"__cause__"属性中。

实例： 基于存在的异常获取新的异常信息

```python
# coding : UTF-8
def fun():                                          # 自定义函数
    try:                                            # 捕获可能产生的异常
        raise NameError("NameError - 名称错误!")     # 手工抛出异常类实例化对象
    except Exception as err:                        # 异常捕获
        print("【except-fun】程序出现异常：%s" % err) # 输出异常信息
        raise TypeError("TypeError - 类型错误!") from err
            # 依据 NameError 实例抛出新的异常
def main():                                         # 主函数
    try:                                            # 捕获可能产生的异常
        fun()                                       # 函数调用
    except Exception as err:                        # 异常捕获
        print("【except-main】程序出现异常：%s、cause = %s" %
                    (err, err.__cause__))           # 输出异常信息
if __name__ == "__main__":                          # 判断程序执行名称
    main()                                          # 调用主函数
```
程序执行结果：

【except-fun】程序出现异常：NameError - 名称错误!

【except-main】程序出现异常：TypeError - 类型错误!、cause = NameError - 名称错误!

本程序在 fun()函数中进行异常处理时，根据已经产生的 NameError 实例化对象附加了一个新的 TypeError 实例化对象，这样就可以在 main()函数进行异常处理时通过"__cause__"属性获取异常来源信息。

 提示：不附加"__cause__"属性

如果现在不希望通过 raise 关键字抛出的异常附加到"__cause__"属性中，则可以使用 None 定义来源。

```
raise TypeError("TypeError - 类型错误!") from None
```

此时的程序抛出的 TypeError 异常不会将其产生来源附加到"__cause__"属性中。

10.2.2　with 关键字

在程序进行资源访问的过程中，为了保证资源不被浪费，往往需要及时释放资源。以客户端向服务器端发送信息为例，如图 10-4 所示，在消息发送前应该建立服务器连接通道，而消息发送完毕不管是否产生异常都应该自动关闭服务器连接通道。此时的程序逻辑如果使用传统的异常处理语句进行编写则会非常烦琐，为了解决这一问题，Python 提供了 with 关键字，以实现对象的上下文管理。

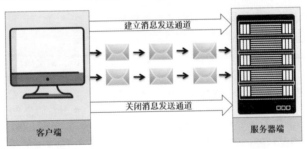

建立消息发送通道

关闭消息发送通道

客户端　　　　　　　　服务器端

图 10-4　客户端与服务器端信息发送

程序中利用带有 with 关键字的语句（以下简称 with 语句）可以方便地执行一些程序功能的初期操作与收尾处理，这就需要两个特殊方法的支持。

➥　__enter__(self)：当 with 语句开始执行时触发此方法执行。

➥　__exit__(self, type, value, trace)：当 with 语句结束后触发此方法执行，该方法有三个参数，作用如下。

➤　type：如果抛出异常，此处用于接收异常类型。

➤　value：如果抛出异常，此处用于接收异常内容。

➤　trace：如果抛出异常，此处显示异常所在的位置。

实例： 使用 with 关键字进行对象上下文管理

```
# coding : UTF-8
class Message:                                    # 自定义 Message 类
    class __Connect:                              # 定义网络连接内部类
        def build(self):                          # 通道连接
            print("【Connect 类】建立消息发送通道。")  # 输出提示信息
            return True                           # 通道创建成功返回 True
        def close(self):                          # 通道关闭
            print("【Connect 类】关闭消息连接通道。")  # 输出提示信息
    def send(self, msg):                          # 消息发送
        print("【Message 类】发送消息：%s" % msg)    # 发送消息
    def __enter__(self):                          # with 进入时执行
        print("【enter】with 语句开始执行")          # 输出提示信息
        self.__conn = Message.__Connect()         # 创建消息连接通道
        if not self.__conn.build():               # 判断连接是否建立成功
            print("【ERROR】消息通道创建失败，无法进行消息发送。"  # 输出错误信息
        return self                               # 需要返回当前对象
    def __exit__(self, type, value, trace):       # with 退出时执行
        print("【exit】with 语句执行完毕")           # 输出提示信息
        self.__conn.close()                       # 释放资源
def main():                                       # 主函数
    with Message() as message:                    # 使用 with 语句
        message.send("www.yootk.com")             # 直接调用类方法
        message.send("www.yootk.com")             # 直接调用类方法
if __name__ == "__main__":                        # 判断程序执行名称
    main()                                        # 调用主函数
```

程序执行结果：

【enter】with 语句开始执行（with 语句刚执行时触发）
【Connect 类】建立消息发送通道。（__enter__()调用 Connect.build()方法）
【Message 类】发送消息：www.yootk.com
【Message 类】发送消息：www.yootk.com
【exit】with 语句执行完毕（with 语句执行完毕后触发）
【Connect 类】关闭消息连接通道。（__exit__()调用 Connect.close()方法）

　　本程序通过 with 语句定义了一个 message 对象，这样在该对象调用类中的方法前会自动调用 Message 类中定义的__enter__()方法初始化资源，当 with 语句中的全部代码执行完毕或者执行方法产生异常后将自动调用__exit__()方法释放资源。

10.2.3　自定义异常类

　　为了方便开发，Python 已经提供了大量的异常类，但是这些异常类在实际

的工作中往往并不能完全满足需求。例如，假设要定义一个吃饭的操作，有可能会产生"吃撑炸肚"（BombException）的异常，而 Python 并不会提供该类异常，这就需要开发者根据业务需要自定义异常类。自定义异常类可以通过继承 Exception 父类来实现。

实例：自定义业务异常类

```python
# coding : UTF-8
class BombException(Exception):              # 自定义异常类
    def __init__(self, msg = "BombException"):  # 接收提示信息
        self.msg = msg                       # 保存提示信息
    def __str__(self):                       # 返回对象信息
        return self.msg                      # 返回属性内容
class Food:                                  # 自定义业务类
    @staticmethod                            # 使用静态装饰减少实例化对象个数
    def eat(num):                            # 吃饭方法
        if num > 999:                        # 异常触发条件
            raise BombException("吃太多了，肚子进入爆炸倒计时…")  # 向上抛出异常
        else:                                # 条件不满足
            print("敞开吃，我有万人羡慕的身材，吃多少都不胖…")  # 输出提示信息
def main():                                  # 主函数
    try:                                     # 捕获可能出现的异常
        Food.eat(1000)                       # 调用 Food.eat() 并传入参数
    except BombException as err:             # 异常处理
        print("【except】异常处理：%s" % err)   # 输出提示信息
if __name__ == "__main__":                   # 判断程序执行名称
    main()                                   # 调用主函数
```

程序执行结果：

【except】异常处理：吃太多了，肚子进入爆炸倒计时…

本程序设计了一个自定义的异常类型，当满足指定条件时就可以手工抛出异常，利用自定义异常机制可以更加清晰、准确地描述当前的业务场景，所以实际项目开发中都会根据自身的业务需求自定义大量的异常类型。

10.3 本 章 小 结

1. 异常是导致程序中断运行的一种指令流，当异常发生的时候，如果没有进行良好的处理，则程序将会中断执行。

2. 异常处理关键字为 try、except、finally 和 else，在 try 语句中捕捉异常（如果没有异常，则执行 else 语句）；然后在 except 中处理异常；finally 作为异常的统一出口，不管是否发生异常，都要执行此段代码。

3. Python 中异常的父类是 BaseException，其中 Exception 是程序运行中出

现的主要异常。

4．发生异常后，Python 虚拟机会自动产生一个异常类的实例化对象，并匹配相应的 except 语句中的异常类型，由于对象多态性的支持，所有产生的异常类实例都可以通过 Exception 接收。

5．在 Python 中除了可以自动实例化异常类对象之外，也可以利用 raise 关键字手工抛出异常。

6．使用 with 关键字定义了一个对象的上下文管理，在此结构执行时会自动调用__enter__()方法进行上下文初始化，当调用结束后也会自动调用__exit__()方法释放相应资源。

7．为了明确地描述与业务相关的异常，实际项目开发中往往会采用自定义异常的形式，使用特定的类来标注异常。

第 11 章　程序结构扩展

学习目标

↳ 掌握 set 集合、双端队列、堆和枚举的特点与使用；

↳ 掌握 yield 关键字的作用以及与传统 return 的区别；

↳ 掌握时间戳、时间元组以及时间格式化字符串间的转换处理；

↳ 掌握 datetime 模块的使用，并可以利用 datetime 模块进行日期、时间、间隔计算等操作；

↳ 掌握正则表达式的使用。

在 Python 项目开发中，开发人员除了考虑内部提供的基本数据类型外，还需要考虑各种存储结构的扩展，以及程序性能问题。本章将讲解序列结构扩展、生成器、日期时间以及正则表达式的相关操作。

11.1　序列结构扩展

在 Python 中，利用序列可以实现对多个数据内容的存储，但是为了方便开发，Python 又提供了 set 集合、双端队列（deque）、堆（heapq）和枚举（enum）。下面将分别讲解这些内容。

11.1.1　set 集合

set 是 Python 中提供的一个集合定义类，其最大的特点是不保存重复数据。使用该类可以实现对数据的动态存储，由于其不保存数据的存储索引，所以 set 集合中保存的数据是无序的。set 集合中的常用操作方法如表 11-1 所示。

表 11-1　set 集合中的常用操作方法

序　号	方　　法	描　　述
1	add(self, element)	向集合追加数据
2	clear(self)	清空集合数据
3	copy(self)	集合浅拷贝
4	difference(self, t)	计算两个集合的差集，等价于 s − t
5	intersection(self, t)	计算两个集合的交集，等价于 s & t

序 号	方 法	描 述
6	symmetric_difference(self, t)	计算两个集合的对称差集,等价于 s ^ t
7	union(self, t)	计算两个集合的并集,等价于 s	t
8	discard(self, element)	如果元素存在,则进行删除
9	update(self, seq)	更新集合数据
10	remove(self, element)	从集合删除元素
11	pop(self)	从集合弹出一个元素

在 set 集合创建时可以直接将所有要保存的数据定义在序列中,也可以创建一个空的 set 集合并利用 add()方法动态地添加数据。

实例:定义 set 集合并保存数据

```
# coding : UTF-8
def main():                                          # 主函数
    info_set = set(["hello", "yootk", "Yootk", "hello", "小李老师"])
            # 定义 set 集合,并保存数据
    info_set.add("www.yootk.com")                    # 追加数据
    print(info_set)                                  # 直接输出数据
if __name__ == "__main__":                           # 判断程序执行名称
    main()                                           # 调用主函数
```
程序执行结果:
```
{'www.yootk.com', 'yootk', '小李老师', 'hello', 'Yootk'}
```

本程序通过 set 类的构造方法将一个序列数据转换为 set 集合,通过输出的结果可以发现,重复的数据内容自动被删除,同时采用无序的方式进行数据存储。

使用 set 集合存储数据有一个最为重要的操作就是可以进行集合的运算处理,实现"交集""差集""并集"计算。

实例:集合运算

```
# coding : UTF-8
def main():                                          # 主函数
    set_a = set("abcd")                              # 定义 set 集合,并保存序列数据
    set_b = set("acxy")                              # 定义 set 集合,并保存序列数据
    print("【交集】方法计算:%s、符号计算:%s" % (set_a.intersection(set_b),
set_a & set_b))
    print("【差集】方法计算: %s、符号计算: %s" % (set_a.difference(set_b),
set_a - set_b))
    print("【对称差集】方法计算: %s、符号计算: %s" %
(set_a.symmetric_difference(set_b), set_a ^ set_b))
```

11

```
    print("【并集】方法计算：%s、符号计算：%s" % (set_a.union(set_b), set_a
| set_b))
if __name__ == "__main__":                    # 判断程序执行名称
    main()                                     # 调用主函数
```

程序执行结果：

【交集】方法计算：{'a', 'c'}、符号计算：{'a', 'c'}

【差集】方法计算：{'b', 'd'}、符号计算：{'b', 'd'}

【对称差集】方法计算：{'b', 'x', 'y', 'd'}、符号计算：{'b', 'x', 'y', 'd'}

【并集】方法计算：{'a', 'c', 'b', 'x', 'y', 'd'}、符号计算：{'a', 'c', 'b', 'x', 'y', 'd'}

本程序直接利用字符串定义了两个 set 集合，随后分别利用 set 类提供的方法和简化符号实现了集合的运算。

11.1.2 双端队列

双端队列是一种线性存储结构，在双端队列的前端和后端都可以进行数据的存储与弹出操作，这样就可以方便地实现数据的 FIFO（First Input First Output，先进先出）与 FILO（First Input Last Output，先进后出），如图 11-1 所示。

（a）FIFO 结构　　　　　　　　　　　（b）FILO 结构

图 11-1 双端队列

Python 中将双端队列定义在 collections.deque 模块中，用户可以直接利用表 11-2 所示的方法进行队列操作。

表 11-2 collections.deque 操作方法

序　号	方　　法	描　　述
1	append(self, element)	向队列后端添加数据
2	appendleft(self, element)	向队列前端添加数据
3	clear(self)	清空队列数据
4	count(self, element)	获取指定元素在队列中的出现次数
5	pop(self)	从队列前端弹出数据
6	popleft(self)	从队列后端弹出数据
7	remove(self, element)	删除队列中的指定数据
8	reverse(self)	队列反转

实例：实现双端队列操作

```
# coding : UTF-8
from collections import deque              # 模块导入
def main():                                # 主函数
    info_deque = deque(("Hello", "Yootk"))  # 创建双端队列并保存数据
    info_deque.append("小李老师")           # 在队列后端添加数据
    info_deque.appendleft("沐言优拓")        # 在队列前端添加数据
    print("队列数据：%s，队列长度：%s" % (info_deque,
info_deque.__len__()))
    print("从前端弹出数据：%s、从后端弹出数据：%s" % (info_deque.pop(),
info_deque.popleft()))
    print("弹出数据后的队列长度：%s" % info_deque.__len__())
if __name__ == "__main__":                 # 判断程序执行名称
    main()                                 # 调用主函数
```
程序执行结果：
队列数据：deque(['沐言优拓', 'Hello', 'Yootk', '小李老师'])，队列长度：4
从前端弹出数据：小李老师、从后端弹出数据：沐言优拓
弹出数据后的队列长度：2

　　本程序实现了一个双端队列的操作，利用 deque 模块给定的方法可以实现队列前端和队列后端数据的保存与弹出处理。

11.1.3　堆

　　堆是一种基于数组实现的完全二叉树，其最大的特点是其所存储的数据内容为有序存储，所以又可以将堆称为优先队列。Python 提供了 heapq 模块实现对堆的操作，heapq 模块的操作方法如表 11-3 所示。

表 11-3　heapq 模块的操作方法

序　号	方　法	描　述
1	heapify(iterable)	向堆中追加一个可迭代对象，例如：列表
2	heappush(heap, element)	向堆中保存数据
3	heappop(heap)	从堆中移除并弹出一个最小值
4	heappushpop(heap, ele)	先执行 push 操作，再执行 pop 操作
5	heapreplace(heap, ele)	先执行 pop 操作，再进行替换
6	nlargest(n, heap, key = fun)	获取前 n 个最大值
7	nsmallest(n, heap, key = fun)	获取前 n 个最小值

实例：使用堆进行操作

```
# coding : UTF-8
import heapq                                     # 模块导入
def main():                                      # 主函数
    data = [6, 1, 3, 8, 9, 7]                    # 定义一个列表里面的数据无序存储
    heapq.heapify(data)                          # 基于迭代对象（iterable）创建堆
    heapq.heappush(data, 0)                      # 向堆中进行数据保存
    print("保存并弹出数据：%s" % heapq.heappushpop(data, 5)) # 弹出最小值
    print(heapq.nlargest(2,data))                # 获取堆中前 2 个最大数据
    print(heapq.nsmallest(3,data))               # 获取堆中前 3 个最小数据
if __name__ == "__main__":                       # 判断程序执行名称
    main()                                       # 调用主函数
```

程序执行结果：
保存并弹出数据：0（"heapq.heappushpop(data, 5)"代码执行结果）
[9, 8]（获取前 2 个最大的数据）
[1, 3, 5]（获取前 3 个最小的数据）

　　本程序利用 heapq 模块并基于 data 列表序列创建了一个堆存储，这样在进行数据保存时会自动实现数据的有序存储，同时在每次进行数据弹出时都会弹出最小值。

11.1.4 枚举

　　枚举是一系列常量的集合，通常用于表示某些特定的有限对象的集合。例如，定义一周时间数信息（范围：周一至周日）、定义性别信息（范围：男、女）、定义表示颜色基色信息（范围：红色、绿色、蓝色）。Python 提供了 enum 模块帮助用户实现枚举类的定义。

实例：定义枚举类

```
# coding : UTF-8
import enum                                      # 导入枚举模块
@enum.unique                                     # 防止枚举内容重复
class Week(enum.Enum):                           # 定义枚举子类
    MONDAY = 0                                   # 定义枚举项
    TUESDAY = 1                                  # 定义枚举项
    WEDNESDAY = 2                                # 定义枚举项
    THURSDAY = 3                                 # 定义枚举项
    FRIDAY = 4                                   # 定义枚举项
    SATURDAY = 5                                 # 定义枚举项
    SUNDAY = 6                                   # 定义枚举项
    def main():                                  # 主函数
```

```
    monday = Week.MONDAY                    # 获取枚举对象
    print("枚举对象名称：%s、枚举对象内容：%s" %
            (monday.name, monday.value))    # 信息提示
if __name__ == "__main__":                  # 判断程序执行名称
    main()                                  # 调用主函数
```

程序执行结果：

枚举对象名称：MONDAY、枚举对象内容：0

本程序定义了一个描述一周时间数的 Week 枚举类，同时在枚举类中定义了若干个枚举对象，这样当用户在使用 Week 类时就只能通过有限的几个对象进行操作。

11.2 生 成 器

程序的主要功能是进行数据的处理，在实际项目中，为了方便数据的管理，程序往往会对每一条数据进行编号。现在假设该编号由程序生成，按照目前所学习到的知识来讲，此时的代码实现如下。

实例： 实现原始的生成器

```
# coding : UTF-8
def generator():                            # 生成数据编号
    # 生成的数据编号要求数据长度保持一致，所以使用 0 进行填充
    num_list = ("yootk-{num:0>20}".format(num=item) for item in
range(99999999))                            # 生成数据
    return num_list                         # 返回生成的编号
def main():                                 # 主函数
    result = generator()                    # 获取生成编号
    for item in result:                     # 编号处理
        print(item)                         # 打印列表项
if __name__ == "__main__":                  # 判断程序执行名称
    main()                                  # 调用主函数
```

程序执行结果：

yootk-00000000000000000001
yootk-00000000000000000002
…（内容相似，略）

本程序通过一个 generator()函数生成了一个数据列表，但是这种列表生成的模式会产生大量不会使用到的数据，同时这些数据的 ID 又全部保存在内存中，这样就会对程序所在主机的性能产生影响。

11.2.1 yield 关键字

　　yield 主要用于生成器操作中，与传统的操作相比，yield 的最大特点在于不会生成全部的数据，而是根据需要动态地控制生成器的数据，这样的好处是避免生成的数据占用过多的内存，从而影响程序的执行性能。yield 的作用与 return 类似，最大的区别在于，调用 yield 需要通过外部提供的 next() 方法来控制，当调用 next() 方法后才可以触发 yield 返回数据，同时外部也可以利用"生成器对象.send()"方法向 yield 调用处发送信息，并返回下一次的 yield 内容。为了加强读者理解，下面通过一个具体的程序进行操作展示。

实例：观察 yield 关键字的基本使用

```
# coding : UTF-8
def generator():                                        # 生成器
    print("【generator()】yield 代码执行前。")          # 提示信息
    res = yield "yootk-001"   # 返回数据并接收发送来的内容
    print("【generator()】yield 代码执行后，res = %s" % res)
                # 接收到发送来的数据后继续执行
    yield "yootk-%s" % res                              # 返回数据
def main():                                             # 主函数
    result = generator()                               # 获取生成器对象
    print("【main()】调用 next() 函数获取 yield 返回内容：%s" % next(result))
            # 接收 yield 返回数据
    print("【main()】向 yield 发送数据：%s" % result.send(125))
            # yield 发送并返回数据
if __name__ == "__main__":                              # 判断程序执行名称
    main()                                              # 调用主函数
```

程序执行结果：

【generator()】yield 代码执行前。
【main()】调用 next() 函数获取 yield 返回内容：yootk-001
【generator()】yield 代码执行后，res = 125
【main()】向 yield 发送数据：yootk-125

　　本程序在 generator() 函数中通过 yield 返回数据，当外部调用 next(result) 函数时就可以接收返回数据，由于 yield 本身还可以在内部接收外部传递的数据，所以当执行 result.send(125) 函数时会将数字 125 传递给 generator() 函数的 res 变量，由于本次 yield 已经执行完毕，所以会返回下一个 yield 内容。本程序的执行流程如图 11-2 所示。

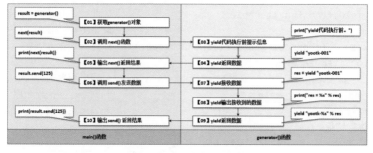

图 11-2　yield 的执行流程

实例：使用 yield 关键字实现生成器

```
# coding : UTF-8
def generator(maxnum):                              # 生成器
    for num in range(1, maxnum):                    # 不会一次性生成
        yield "yootk-{num:0>20}".format(num=num)    # yield 返回生成结果
def main():                                         # 主函数
    for item in generator(10):                      # for 循环调用
        print(item)                                 # 直接输出生成器返回结果
if __name__ == "__main__":                          # 判断程序执行名称
    main()                                          # 调用主函数
程序执行结果：
yootk-00000000000000000001
yootk-00000000000000000002
…（内容相似，略）
```

本程序利用 yield 关键字实现了一个主键生成器，此时的生成器操作在每一次执行 for 循环时才会执行并返回数据，所以不会造成占用过多内存的问题，从而提升了程序执行性能。

在使用 yield 关键字实现生成器的同时也可以使用 yield from iterable（可迭代对象，如生成器、列表、元组）的形式返回另外一个生成器，该语法等价于 for item in iterable: yield item。

实例：使用 yield from 生成一个斐波那契数列

```
# coding : UTF-8
def fibonacci(max = 99):                            # 斐波那契数列生成器
    num_a, num_b = 0, 1                             # 定义初始化输出值
    while num_b < max:                              # 数列生成结束条件
        yield num_b                                 # 返回生成数据
        num_a, num_b = num_b, num_a + num_b         # 数据计算
def fibonacci_wrapper(fun_iterable):                # 生成器包装
    # 等价于 for item in iterable: yield item
```

```
    yield from fun_iterable        # 此处必须是一个迭代对象
def main():                        # 主函数
    wrap = fibonacci_wrapper(fibonacci(66))    # 可迭代对象包装
    for item in wrap:              # 生成数据
        print(item, end='、')      # 输出列表项
if __name__ == "__main__":         # 判断程序执行名称
    main()                         # 调用主函数
```

程序执行结果：

1、1、2、3、5、8、13、21、34、55、

本程序使用 yield from 封装了另外一层的生成器处理，这样就可以在循环时控制数据的生成，减少过多数据的产生。

11.2.2　contextlib 模块

 　　为了方便上下文管理，Python 提供了 with 语句，但是传统的 with 语句是基于类的定义形式，并且需要在类中提供__enter__()和 __exit__()两个特殊方法才可以使用。为了简化这一结构（不强制性使用__enter__()和__exit__()两个特殊方法），Python 从 Python 2.5 开始提供了 contextlib 模块，随后可以使用@contextmanager 装饰器将一个函数作为上下文管理器。

实例： 使用 contextlib 模块实现上下文管理

```
# coding : UTF-8
from contextlib import contextmanager    # 模块导入
class Message:                            # 消息发送类
    def send(self, info):                # 消息发送
        print("【Message】消息发送：%s" % info)  # 提示信息
@contextmanager                          # 将函数定义为上下文管理器
def message_wrap():                      # 上下文管理装饰器
    class __Connect:                     # 定义一个连接工具类
        def build(self):                 # 创建连接
            print("【Connect】建立网络连接…")  # 提示信息
            return True                  # 返回连接状态
        def close(self):                 # 关闭连接
            print("【Connect】关闭网络连接…")  # 提示信息
    try:                                 # 捕获可能产生的异常
        conn = __Connect()               # 实例化连接类对象
        if conn.build():                 # 判断连接状态
        # 执行到 yield 代码时后续代码将不再执行，一直到 with 结构操作完毕再继续执行
            yield Message()              # 返回一个 Message 类实例
        else:                            # 连接失败
```

```
            yield None                          # 返回空对象
    except:                                     # 异常处理
        print("【except】连接出现异常…")            # 提示信息
    finally:                                     # 连接通道必须关闭
        conn.close()                            # 释放资源
def main():                                     # 主函数
    with message_wrap() as msg:                 # 定义上下文管理
        msg.send("www.yootk.com")               # 调用 Message 类的 send()方法
if __name__ == "__main__":                      # 判断程序执行名称
    main()                                      # 调用主函数
```

程序执行结果:

【Connect】建立网络连接…
【Message】消息发送：www.yootk.com
【Connect】关闭网络连接…

本程序针对 message_wrap()函数实现了一个上下文管理结构，当连接创建时将通过 yield 返回一个 Message 类的实例，由于存在 yield 关键字，所以当所有消息发送完毕才会继续执行 message_wrap()函数的后续部分。

提示：自动关闭处理

contextlib 模块除了提供一个方便的上下文管理结构之外，还提供了一个 closing 类，该类在上下文操作完成后会自动调用类中提供的 close()方法释放资源。

实例：自动释放资源

```
# coding : UTF-8
from contextlib import closing                  # 导入所需要模块中的类
class Connect:                                   # 定义一个连接工具类
    def __init__(self):                          # 构造方法实现连接
        print("【Connect】建立网络连接…")           # 输出提示信息
    def close(self):                             # 关闭连接
        print("【Connect】关闭网络连接…")           # 输出提示信息
def main():                                      # 主函数
    with closing(Connect()) as conn:             # 定义上下文管理
        print("消息发送：www.yootk.com")          # 消息发送
if __name__ == "__main__":                       # 判断程序执行名称
    main()                                       # 调用主函数
```

程序执行结果:

【Connect】建立网络连接…
消息发送：www.yootk.com
【Connect】关闭网络连接…

本程序直接利用 closing 类实现了 Connect 连接类的操作管理，这样操作的方便之处在于只要类中提供了 close()方法，开发者将不再需要显式调用此方法，而会由 closing 类自动调用。

在本节第一个实例中，为了保证代码执行的正确性使用了以下分支结构。

```
if conn.build():                        # 判断连接状态
    yield Message()                     # 返回一个 Message 类实例
else:                                   # 连接失败
    yield None                          # 返回空对象
```

该结构操作的特点在于，如果网络连接建立失败，为了避免程序出现 RuntimeError 异常，所以返回了一个空对象。如果用户已经明确知道操作中可能会产生此异常，并且不希望自己处理，那么就可以利用 contextlib 模块中提供的 suppress 类压制异常。

实例：压制异常

```
# coding : UTF-8
from contextlib import contextmanager,suppress  # 模块导入
class Message:                          # 消息发送类
    def send(self, info):               # 消息发送
        print("【Message】消息发送：%s" % info)  # 提示信息
@contextmanager                         # 将函数定义为上下文管理器
def message_wrap():                     # 自定义函数
    class __Connect:                    # 定义一个连接工具类
        def build(self):                # 创建连接
            print("【Connect】建立网络连接…")  # 提示信息
            return False                # 返回连接状态
        def close(self):                # 关闭连接
            print("【Connect】关闭网络连接…")  # 提示信息
    try:                                # 捕获可能产生的异常
        conn = __Connect()              # 实例化连接类对象
        if conn.build():                # 判断连接状态
    # 执行到 yield 代码时后续代码将不再执行，一直到 with 结构操作完毕再继续执行
            yield Message()             # 返回一个 Message 类实例
    finally:                            # 连接通道必须关闭
        conn.close()                    # 调用类方法
def main():                             # 主函数
    with suppress(RuntimeError, TypeError):  # 可以压制多种异常
        with message_wrap() as msg:     # 定义上下文管理
            msg.send("www.yootk.com")   # 调用 Message 类的 send() 方法
if __name__ == "__main__":             # 判断程序执行名称
    main()                              # 调用主函数
```

程序执行结果：
【Connect】建立网络连接…
【Connect】关闭网络连接…

此时的程序利用 suppress 类压制了程序中可能产生的异常，如果产生了异常，将不执行消息发送处理。

11.3 日 期 时 间

日期时间是程序开发中的重要单元，为了方便开发者进行日期时间的处理操作，Python 提供了 time 模块、datetime 模块、calendar 模块。本节将分别讲解这几个模块的使用。

11.3.1 time 模块

在 Python 中，日期时间的处理操作可以利用 time 模块来完成，在 time 模块中日期时间的表示格式一共有三种。

- ◥ 时间戳（timestamp）：表示从 1970 年 1 月 1 日 00 时 00 分 00 秒开始按秒计算的偏移量，时间戳是一个经加密后形成的凭证文档，包括三个组成部分。
    - ➢ 需加时间戳的文件摘要（digest）。
    - ➢ DTS（Decode Time Stamp，解码时间戳）收到文件的日期和时间。
    - ➢ DTS 的数字签名。
- ◥ 时间元组（struct_time）：用于保存日期时间数字的元组结构，该结构由 9 个元素组成，如表 11-4 所示。
- ◥ 格式化日期时间（format time）：利用如表 11-5 所示的格式化标记，提高日期时间的可读性。

表 11-4 时间元组元素描述

序 号	属 性	描 述	数 值
1	tm_year	年（4 位数字）	2008
2	tm_mon	月（1~2 位数字）	1~12
3	tm_mday	日（1~2 位数字）	1~31
4	tm_hour	时（1~2 位数字）	0~23
5	tm_min	分（1~2 位数字）	0~59
6	tm_sec	秒（1~2 位数字）	0~61（60 或 61 是闰秒）
7	tm_wday	一周第几天	0~6（0 表示周一）
8	tm_yday	一年第几天	1~366
9	tm_isdst	夏令时	是否为夏令时，设置内容为:1(夏令时)、0（非夏令时），默认为 1

11

表 11-5　日期时间格式化标记

序　号	格式化标记	描　　　述
1	%a	星期数简写，返回数据范围：Mon～Sun
2	%A	星期数完整编写，返回数据范围：Monday～Sunday
3	%b	月份简写，返回数据范围：Jan～Dec
4	%B	月份完整编写，返回数据范围：January～December
5	%c	简写星期、月份、日、时
6	%C	世纪（N 个百年），从 0 开始定义，比当前世纪少 1，例如：现在是 21 世纪，%C 输出为 20
7	%d	一个月中第几天，返回数据范围：01～31
8	%D	短时间格式输出，例如：17/02/87（格式为：月/日/年）
9	%e	短格式天数，返回数据范围：1～31
10	%F	日期数据显示，例如：2017-02-17（格式为：年-月-日）
11	%g	年份最后两位，例如：当前年份为 2017 年，则显示为 17
12	%G	显示 4 位年份数据，例如：2017
13	%h	等于%b 标记
14	%H	24 小时制小时数字，返回数据范围：00～23
15	%I	12 小时制小时，返回数据范围：01～12
16	%j	一年中第几天，返回数据范围：001～366
17	%m	月份数字，返回数据范围：01～12
18	%M	分钟数字，返回数据范围：00～59
19	%n	换行，例如：\n 转义字符
20	%p	输出大写，例如：AM（上午）、PM（下午）
21	%r	输出 12 小时制时间，例如：09:15:32 PM
22	%R	输出 24 小时制时间，例如：21:15
23	%S	秒，例如：00～59
24	%t	制表符 tab（\t 转义字符）
25	%T	24 小时制时间，例如：21:15:32
26	%u	一周中的第几天，返回数据范围：1（星期一）～7（星期日）
27	%U	以周日为一周第一天，一年中的第几周，返回数据范围：00～53
28	%V	以周一为一周第一天，一年中的第几周，返回数据范围：00～53
29	%w	一周中的第几天，返回数据范围：0（星期一）～6（星期日）
30	%W	等同于%V
31	%x	返回短格式日期，例如：02/17/83（格式为：月/日/年）
32	%X	等同于%T

序　号	格式化标记	描　　　述
33	%y	年份的最后两位，等同于%g
34	%Y	年份完整，等同于%G
35	%z	时区
36	%Z	时区字母缩写（EDT、CST）

time 模块中定义的函数主要的功能就是实现时间戳、时间元组、格式化日期字符串三者的转换处理操作。time 模块的常用函数如表 11-6 所示。

表 11-6　time 模块的常用函数

序　号	函　　数	描　　　述
1	asctime([t])	将时间元组转换为日期时间字符串，若未设置时间元组，则取出当前日期时间
2	ctime([secs])	将一个时间戳转换为日期时间字符串，若未设置时间戳，则取出当前日期时间
3	time()	返回时间戳（自 1970 年 1 月 1 日 00 时 00 分 00 秒至今所经历的秒数）
4	localtime([secs])	返回时间戳的本地时间元组，若未设置时间戳，则返回当前时间元组
5	gmtime([secs])	返回指定时间戳对应的 UTC 时区（0 时区）时间元组
6	strptime(time_str, time_format_str)	将日期时间字符串转换为时间元组，同时设置转换格式
7	mktime(struct_time_instance)	将时间元组转换为时间戳
8	strftime(time_format_str, struct_time_instance)	将时间元组转换为日期时间字符串
9	process_time()	返回 CPU 耗时时间，第一次调用返回进程时间，第二次调用描述的是距离第一次调用所耗费的时间

时间戳是日期时间的基本描述单位，每一个时间戳在产生时，首先通过 Hash 编码进行加密形成摘要，然后将该摘要发送到 DTS，DTS 加入收到文件摘要的日期和时间信息后再对该文件加密（数字签名），最后将数据送回给用户。

实例：获取当前时间戳

```
# coding : UTF-8
import time                              # 导入 time 模块
def main():                              # 主函数
    start_timestamp = time.time()        # 操作开始前获取时间戳
    print("【开始】程序执行开始时间戳：%s" % start_timestamp)# 提示信息
    info = "www.yootk.com"               # 定义变量
    for item in range(999999):           # 设置一个循环实现延迟操作
```

```
        info += str(item)                          # 字符串连接
    end_timestamp = time.time()                    # 操作结束后获取时间戳
    print("【结束】程序执行完毕时间戳:%s" % end_timestamp)      # 提示信息
    print("【统计】本次操作执行所花费的时间为:%5.2f 秒。" % (end_timestamp
- start_timestamp))
if __name__ == "__main__":                         # 判断程序执行名称
    main()                                         # 调用主函数
```

程序执行结果:

【开始】程序执行开始时间戳:1549965857.4118524
【结束】程序执行完毕时间戳:1549965859.5850418
【统计】本次操作执行所花费的时间为:2.17 秒。

本程序在 for 循环开始前通过 time() 函数获取了相应的时间戳数据,这样,在程序执行完毕时,只需要将开始和结束时获取的两个时间戳的信息进行减法操作就可以得出本次操作所耗费的时间。

 提示:通过 CPU 执行时间获取程序耗时统计

在项目开发中可以利用时间戳的信息实现某些操作的耗时统计处理,此时只需要在开始和结束时分别获取一次时间戳,随后通过减法计算即可。

实例:时间操作耗时统计

```
# coding : UTF-8
import time                                        # 导入 time 模块
def main():                                        # 主函数
    start_time = time.process_time()               # 程序启动 CPU 耗时统计
    print("【开始】程序启动耗时:%s" % start_time)    # 打印提示信息
    info = "www.yootk.com"                          # 字符串变量
    for item in range(999999):                     # 设置一个循环实现延迟操作
        info += str(item)                          # 字符串连接
    end_time = time.process_time()                 # 程序执行耗时
    print("【结束】程序执行完毕耗时:%s" % end_time)  # 提示信息
if __name__ == "__main__":                         # 判断程序执行名称
    main()                                         # 调用主函数
```

程序执行结果:

【开始】程序启动耗时:0.046875
【结束】程序执行完毕耗时:2.078125

本程序在 for 循环开始前实现了时间戳的记录,这样在最终只需要将两个时间戳的信息进行减法操作就可以得出本次操作所耗费的时间。

时间元组是 Python 提供的一个描述日期时间数据的基本保存结构,开发者可以获取当前的时间元组,也可以定义指定日期时间的时间元组,时间元组的定义格式如下,其单位说明如表 11-7 所示。

(tm_year , tm_mon , tm_mday , tm_hour , tm_min , tm_sec , tm_wday , tm_yday , tm_isdst)

第 11 章 程序结构扩展

表 11-7　时间元组单位说明

索　引	单　位	描　述	属性取值
0	tm_year	4 位数年份	0000～9999
1	tm_mon	月	1～12
2	tm_mday	日	1～31
3	tm_hour	小时	0～23
4	tm_min	分钟	0～59
5	tm_sec	秒	0～61（60、61 是闰秒）
6	tm_wday	星期几	0～6，0 是周一
7	tm_yday	一年的第几天	1～366（366 描述闰年）
8	tm_isdst	夏令标识	1 表示夏令时，0 表示非夏令时

实例：时间戳与时间元组的转换

```
# coding : UTF-8
import time                                    # 导入 time 模块
def main():                                     # 主函数
    current_timestamp = time.time()            # 获取当前时间戳
    current_time_tuple = time.localtime(current_timestamp)
        # 将时间戳转换为时间元组
    print("时间戳转换为时间元组：%s" % str(current_time_tuple))
        # 将时间戳转换为时间元组
    default_time_tuple = (2017, 2, 17, 21, 15, 32, 4, 48, 0)
        # 自定义时间元组
    print("时间元组转换为时间戳：%s" % time.mktime(default_time_tuple))
        # 将时间元组转换为时间戳
if __name__ == "__main__":                      # 判断程序执行名称
    main()                                      # 调用主函数
```

程序执行结果：

时间戳转换为时间元组：time.struct_time(tm_year=2019, tm_mon=6, tm_mday=17, tm_hour=23, tm_min=20, tm_sec=22, tm_wday=1, tm_yday=43, tm_isdst=0)
时间元组转换为时间戳：1487337332.0

　　本程序通过 time()函数获取了当前系统的时间戳，利用 localtime()函数将其转换为时间元组并进行输出。Python 允许用户按照指定格式自定义时间元组，使用 mktime()函数可以将时间元组转换为时间戳格式。

　　时间戳与时间元组本质上是属于系统内部的数据存储结构，但是这样的存储结构并不适合用户的阅读，所以在 Python 中可以对日期时间进行格式化处理。

11

实例：格式化日期显示

```
# coding : UTF-8
import time                                    # 导入 time 模块
def main():                                    # 主函数
    default_time_tuple = (2017, 2, 17, 21, 15, 32, 4, 48, 0) # 自定义时间元组
    print("时间元组格式化: %s" % time.strftime("%Y-%m-%d %H:%M:%S",
default_time_tuple))                           # 提示信息
    print("获取时间元组中的日期数据：%s" % time.strftime("%F",
default_time_tuple))                           # 提示信息
    print("获取时间元组中的时间数据：%s" % time.strftime("%T",
default_time_tuple))                           # 提示信息
    default_date_time = "2017-02-17 21:15:32"  # 字符串
    print("字符串转换为时间戳: %s" % str(time.strptime(default_date_time,
"%Y-%m-%d %H:%M:%S")))
if __name__ == "__main__":                     # 判断程序执行名称
    main()                                     # 调用主函数
```

程序执行结果：

```
时间元组格式化: 2017-02-17 21:15:32
获取时间元组中的日期数据: 2017-02-17
获取时间元组中的时间数据: 21:15:32
字符串转换为时间戳:time.struct_time(tm_year=2017, tm_mon=2, tm_mday=17,
tm_hour=21, tm_min=15,
 tm_sec=32, tm_wday=4, tm_yday=48, tm_isdst=-1)
```

本程序利用格式化字符串的操作形式实现了时间元组与日期时间字符串之间的转换处理操作。在 Python 中，除了使用自定义转换格式外，也可以使用内置的转换格式将时间元组转换为日期时间字符串。

实例：使用内置结构格式化时间元组

```
# coding : UTF-8
import time                                    # 导入 time 模块
def main():                                    # 主函数
    print(time.asctime())                      # 获取当前日期时间
    print(time.asctime((2017, 2, 17, 21, 15, 32, 4, 48, 0))) # 时间元组转换
if __name__ == "__main__":                     # 判断程序执行名称
    main()                                     # 调用主函数
```

程序执行结果：

```
Fri Jun 17 23:55:32 2019
Fri Feb 17 21:15:32 2017
```

本程序利用 asctime()函数采用内置的结构将时间元组格式化，如果没有设置时间元组，则会通过 localtime()函数获取当前系统时间元组并进行转换。在 time 模块中的三种日期时间格式转换流程如图 11-3 所示。

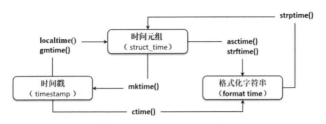

图 11-3　time 模块中的三种日期时间格式转换流程

11.3.2　calendar 模块

calendar 是一个日历模块,开发者可以利用此模块显示年历或月历。calendar 模块的常用方法如表 11-8 所示。

表 11-8　calendar 模块的常用方法

序　号	方　　法	描　　述
1	calendar(year, w=2, l=1, c=6, m=3)	返回指定年份的年历,用户可以设置相关格式参数。 ◢ w:每个单元格宽度 ◢ l:每列换行数 ◢ c:月份之间的间隔宽度 ◢ m:12 个月显示的列数
2	firstweekday()	返回每周起始星期数,默认返回 0(星期一)
3	isleap(year)	判断指定年份是否为闰年,如果是闰年,则返回 True
4	leapdays(y1, y2)	返回两个年份之间的闰年总和
5	month(year, month, w=2, l=1)	返回指定年和月的月历
6	monthcalendar(year,month)	返回一个整数单层嵌套列表。每个子列表表示一个星期的数据。该月之外的日期数都为 0,该月之内的日期从 1 开始编号
7	monthrange(year, month)	返回两个整数组成的元组,第一个数表示该月的第一天是星期几,第二个数表示该月的总天数
8	prcal(year, w=2, l=1, c=6)	输出年历,等价于 calendar.calendar(year)返回信息
9	prmonth(year, month)	输出月历,等价于 calendar. month(year, month)返回信息
10	setfirstweekday(weekday)	设置每周起始日期码,设置范围:0(星期一)～6(星期日)
11	timegm(tupletime)	接收一个时间元组,返回该时刻的时间戳
12	weekday(year, month, day)	返回给定日期的星期码,设置范围:0(星期一)～6(星期日)

实例：显示指定月份日历

```
# coding : UTF-8
import calendar                          # 导入 calendar 模块
def main():                              # 主函数
    cal = calendar.month(2017, 2)        # 获取 2017 年 2 月的日历
    print(cal)                           # 日历显示
if __name__ == "__main__":               # 判断程序执行名称
    main()                               # 调用主函数
```
程序执行结果：
```
    February 2017
Mo Tu We Th Fr Sa Su
       1  2  3  4  5
 6  7  8  9 10 11 12
13 14 15 16 17 18 19
20 21 22 23 24 25 26
27 28
```

此时获取了 2017 年 2 月的日历信息，而在输出 calendar 对象时会自动调整格式。另外，需要提醒读者的是，如果此时使用了 calendar(2017)方法，则会列出指定年份全部 12 个月的日历信息。

 提示：关于中文显示

如果开发者需要将日历的星期数显示为中文，则可以利用 locale 模块设置文字编码。

实例：设置文字编码

```
import locale                                       # 导入 locale 模块
locale.setlocale(locale.LC_ALL, "zh_CN.UTF-8")      # 获取 calendar 前设置中文
calendar.prmonth(2017, 2)                           # 获取 2017 年 2 月的日历
```

此时就可以将日历显示为中文，但是中文显示时会由于文字长度问题导致数据显示错位。

11.3.3 datetime 模块

 datetime 模块是对 time 模块的重新封装，包括五个类：date（日期类）、time（时间类）、datetime（日期时间类）、timedelta（时间间隔类）、tzinfo（时区类）。

（1）datetime.date 是进行日期信息描述的类。利用此类可以获取或构造一个日期对象，也可以通过一个时间戳抽取日期信息。datetime.date 类的常用属性与方法如表 11-9 所示。

表 11-9　datetime.date 类的常用属性与方法

序　号	属性与方法	类　型	描　述
1	max	属性	获取 date 可以描述的最大日期
2	min	属性	获取 date 可以描述的最小日期
3	resolution	属性	获取 date 表示日期的最小单位（天）
4	date(year, month, day)	构造	传入年、月、日构造日期类实例
5	today()	方法	返回当前系统日期
6	fromtimestamp(timestamp)	方法	通过给定时间戳抽取日期数据
7	replace(year, month, day)	方法	替换日期数据并生成新的日期
8	weekday()	方法	返回星期数据，返回数据范围：0（星期一）～6（星期日）
9	isoweekday()	方法	返回星期数据，返回数据范围：1（星期一）～7（星期日）
10	isocalendar()	方法	返回日期数据元组
11	isoformat()	方法	返回格式化日期数据，格式为：YYYY-MM-DD

实例： 使用 date 类操作日期

```
# coding : UTF-8
from datetime import date                    # 导入 date 类
import time                                   # 导入 time 模块
def main():                                   # 主函数
    print("最小描述日期：%s、最大描述日期：%s、日期单位：%s" %
            (date.min, date.max, date.resolution))
                                              # 信息输出
    print("今天的日期：%s" % date.today())      # 获取当前日期
    time_tuple = (2017, 2, 17, 21, 15, 32, 4, 48, 0)# 定义时间元组
    print("抽取时间元组中的日期：%s" %
            date.fromtimestamp(time.mktime(time_tuple)))
                                              # 信息输出
if __name__ == "__main__":                    # 判断程序执行名称
    main()                                    # 调用主函数
```
程序执行结果：
最小描述日期：0001-01-01、最大描述日期：9999-12-31、日期单位：1 day, 0:00:00
今天的日期：2019-06-18
抽取时间元组中的日期：2017-02-17

本程序通过 date 类获取了当前系统日期，由于 date 类无法通过时间元组直接获取日期数据，所以先利用 time 模块中的 mktime()方法将时间元组转换为时间戳，再通过 fromtimestamp()方法获取日期数据。

实例：实例化 date 类对象

```
# coding : UTF-8
from datetime import date                        # 导入 date 类
import time                                       # 导入 time 模块
def main():                                       # 主函数
    default_date = date(2017, 2, 17)              # 构造 date 类实例
    print("返回星期数：%s、返回 ISO 星期数：%s" %
        (default_date.weekday(), default_date.isoweekday()))# 信息输出
    print("格式化日期显示：%s" % default_date.isoformat())    # 信息输出
    print("日期元组：%s" % str(default_date.isocalendar()))# 信息输出
    print("日期替换：%s" % default_date.replace(1987, 9, 15)) # 信息输出
if __name__ == "__main__":                        # 判断程序执行名称
    main()                                        # 调用主函数
```

程序执行结果：

返回星期数：4、返回 ISO 星期数：5

格式化日期显示：2017-02-17

日期元组：(2017, 7, 5)

日期替换：1987-09-15

本程序直接通过 date 类的构造方法构造了一个自定义的日期对象，随后可以利用 date 类中的方法直接获取该日期的元组、格式化、星期数等内容。

（2）datetime.time 是进行时间信息描述的类，在该类中时间单元的基本组成为时、分、秒、微秒。datetime.time 类的常用属性与方法如表 11-10 所示。

表 11-10　datetime.time 类的常用属性与方法

序　号	属性与方法	类　型	描　　述
1	max	属性	获取 time 可以描述的最大时间
2	min	属性	获取 time 可以描述的最小时间
3	resolution	属性	获取 time 表示时间的最小单位（微秒）
4	time([hour, [minute, [second, [microsecond, [tzinfo]]]]])	构造	传入时、分、秒、毫秒构造时间对象
5	replace([hour, [minute, [second, [microsecond, [tzinfo]]]]])	方法	替换对象中的时、分、秒、毫秒信息
6	isoformat()	方法	获取格式化时间字符串，格式为 HH:MM:SS.ssssss
7	strftime(fmt)	方法	通过格式化字符串获取时间

实例：使用 time 类

```
# coding : UTF-8
from datetime import time                    # 导入 time 类
def main():                                   # 主函数
    print("最小时间：%s、最大时间：%s、时间单位：%s（微秒）" %
        (time.min, time.max, time.resolution)) # 信息输出
    time_data = time(21, 15, 32, 123678)      # 实例化时间对象
    print("时：%s、分：%s、秒：%s、微秒：%s" %
        (time_data.hour, time_data.minute, time_data.second,
time_data.microsecond))
    print("格式化时间：%s" % time_data.isoformat()) # 获取格式化时间
if __name__ == "__main__":                    # 判断程序执行名称
    main()                                    # 调用主函数
```
程序执行结果：

最小时间：00:00:00、最大时间：23:59:59.999999、时间单位：0:00:00.000001（微秒）

时：21、分：15、秒：32、微秒：123678

格式化时间：21:15:32.123678

本程序实例化了 time 类对象，这样就可以直接利用 time 类中提供的 isoformat()方法格式化显示时间数据。

（3）datetime.datetime 是日期与时间操作类，相当于 date 类与 time 类的信息总和，利用此类可以方便地获取日期时间。datetime.datetime 类的常用方法如表 11-11 所示。

表 11-11　datetime.datetime 类的常用方法

序号	方法	类型	描述
1	datetime (year, month, day[, hour[, minute[, second[, microsecond[, tzinfo]]]]])	构造	实例化日期时间类 datetime 对象
2	today()	方法	获取本地当前日期时间类 datetime 对象
3	now([tzinfo])	方法	获取本地当前日期时间或指定时区日期时间对象
4	utcnow()	方法	获取当前 utc 日期时间对象（格林尼治时间）
5	fromtimestamp(timestamp[, tz])	方法	根据时间戳创建日期时间类 datetime 对象
6	utcfromtimestamp(timestamp)	方法	根据时间戳创建一个 datetime 对象
7	combine(date, time)	方法	根据 date 和 time 类实例创建 datetime 对象
8	strptime(date_string, format)	方法	将格式化字符串转换为 datetime 对象

实例：使用 datetime 类

```
# coding : UTF-8
from datetime import datetime                    # 导入 datetime 类
def main():                                       # 主函数
    date_obj_a = datetime.today()                 # 获取当前系统日期时间
    print("当前日期时间：%s" % date_obj_a)          # 输出当前日期时间
    date_obj_b = datetime(2017, 2, 17, 21, 15, 32) # 指定日期时间数据
    print("指定日期时间：%s" % date_obj_b)           # 信息输出
if __name__ == "__main__":                        # 判断程序执行名称
    main()                                        # 调用主函数
```

程序执行结果：
```
当前日期时间：2019-06-19 06:28:07.437489
指定日期时间：2017-02-17 21:15:32
```

本程序利用 datetime 类获取了当前的系统时间，在进行 datetime 类输出时可以直接按照内置格式进行字符串转换。

（4）datetime.timedelta 是可以对指定日期时间单元数据进行加法和减法计算的类。例如，可以通过 datetime.timedelta 类计算出距离指定日期时间几天前或几个小时后的日期时间数据。

实例：使用 timedelta 类进行日期计算

```
# coding : UTF-8
from datetime import datetime, timedelta          # 导入 datetime 类和
                                                   # timedelta 类
def main():                                        # 主函数
    datetime_obj = datetime(2017, 2, 17, 21, 15, 32) # 指定日期时间数据
    dt_obj_a = datetime_obj + timedelta(hours=30)  # 计算 30 小时之后的日期
                                                   # 时间
    dt_obj_b = datetime_obj + timedelta(days=-20)  # 计算 20 天前的日期时间
    print("30 个小时之后的日期时间为：%s" % dt_obj_a) # 信息输出
    print("20 天前的日期时间为：%s" % dt_obj_b)       # 信息输出
if __name__ == "__main__":                         # 判断程序执行名称
    main()                                         # 调用主函数
```

程序执行结果：
```
30 个小时之后的日期时间为：2017-02-19 03:15:32
20 天前的日期时间为：2017-01-28 21:15:32
```

本程序通过一个 datetime 对象实例结合 timedelta 对象实例实现了 30 个小时后以及 20 天前的日期时间计算。

（5）datetime.tzinfo 是设置时区信息的类。例如：德国是东一区，中国是东八区，德国比中国的时间慢 7 个小时（夏令时比中国慢 6 个小时）。可以通过

datetime.tzinfo 类进行时区的设置，但是此类是一个在使用时需要定义的子类，并且在该子类中需要覆写 tzname()、utcoffset()、dst()三个方法。

实例： 中德时区的转换操作

```python
# coding : UTF-8
from datetime import datetime, tzinfo, timedelta  # 导入模块相关类
class UTC(tzinfo):                      # 定义时区子类
    def __init__(self,offset = 0):      # 设置时区偏移量
        self.__offset = offset          # 保存属性
    def tzname(self, dt):               # 时区名称
        return "UTC +%s" % self._offset # 获取时区名称
    def utcoffset(self, dt):            # 时区偏移量
        return timedelta(hours=self.__offset)  # 返回偏移量
    def dst(self, dt):                  # 获取夏令时
        return timedelta(hours=self.__offset)  # 返回偏移量
def main():                             # 主函数
    china_datetime = datetime(2017, 2, 17, 21, 15, 32, tzinfo=UTC(8))
                                        # 中国时区
    germany_datetime = datetime(2017, 2, 17, 21, 15, 32, tzinfo=UTC(1))
                                        # 德国时区
    print("北京日期时间：%s" % china_datetime)     # 信息输出
    print("德国日期时间：%s" % germany_datetime)   # 信息输出
    print("北京时间转换为德国时间:%s" %(china_datetime.astimezone(UTC(1))))
                                        # 时区转换
if __name__ == "__main__":             # 判断程序执行名称
    main()                              # 调用主函数
```

程序执行结果：
北京日期时间：2017-02-17 21:15:32+08:00
德国日期时间：2017-02-17 21:15:32+01:00
北京时间转换为德国时间：2017-02-17 14:15:32+01:00

本程序定义了一个表示时区的 UTC 子类，可以在该子类中设置时区偏移量，同时在 datetime 类中也提供有时区的转换操作。

11.4 正则表达式

正则表达式（Regular Expression）是一种由特殊符号组成的序列，可以帮助用户检查某一个字符串是否与某种结构匹配，实现按照规则从某个字符串中截取或替换子字符串的操作。

11.4.1 正则匹配函数

正则表达式并不属于 Python 的原生语法，但可以利用正则表达式进行字符串的处理操作。在 Python 中如果要使用正则表达式，则必须依靠 re 模块。该模块的常用函数如表 11-12 所示。

表 11-12 re 模块的常用函数

序 号	函 数	描 述
1	compile(pattern, flags=0)	编译正则表达式
2	escape(pattern)	正则符号转义处理
3	findall(pattern, string, flags=0)	匹配正则符号，并且将匹配的内容以列表的形式返回
4	finditer(pattern, string, flags=0)	匹配正则符号，并且将匹配的内容以迭代对象的形式返回
5	match(pattern, string, flags=0)	从头开始进行匹配
6	purge()	清除缓存中的正则表达式
7	search(pattern, string, flags=0)	在任意位置上进行匹配
8	split(pattern, string, maxsplit=0, flags=0)	按照给定匹配符号拆分字符串
9	sub(pattern, repl, string, count=0, flags=0)	正则匹配替换，count 表示替换次数
10	subn(pattern, repl, string, count=0, flags=0)	正则匹配替换，并返回替换结果

表 11-12 中定义的函数为正则操作的主要函数，这些函数的主要作用就是进行正则的匹配（查找）、拆分和替换等操作，同时这些函数也可以进行子字符串的匹配处理。具体如以下几个实例所示。

实例：使用 match()函数进行子字符串匹配

```
# coding : UTF-8
import re                                          # 模块导入
def main():                                        # 主函数
    print("从头匹配：%s" % re.match("yootk", "yootk.com"))  # 正则匹配
    print("从头匹配：%s" % str(re.match("yootk", "yootk.com").span()))
                                                   # 正则匹配
    print("不匹配：%s" % re.match("小李老师", "yootk.com"))  # 正则匹配
    print("忽略大小写匹配：%s" % re.match("YOOTK", "yootk.com", re.I))
                                                   # re.I 表示忽略大小写
if __name__ == "__main__":                         # 判断程序执行名称
    main()                                         # 调用主函数
程序执行结果：
从头匹配：<re.Match object; span=(0, 5), match='yootk'>
```

从头匹配: (0, 5)
不匹配: None
忽略大小写匹配: <re.Match object; span=(0, 5), match='yootk'>

使用 match()函数会从头进行匹配，如果匹配成功，则会返回一个 Match 类的对象，在该对象中可以使用 span()函数获取匹配的索引元组对象；如果匹配不成功，则会返回 None。

实例：使用 search()函数进行子字符串匹配

```python
# coding : UTF-8
import re                                    # 模块导入
def main():                                  # 主函数
    print("字符串匹配: %s" % re.search("yootk", "www.yootk.com"))
                                             # 匹配任意位置
    print("字符串匹配: %s" % re.search("YOOTK", "www.yootk.com", re.I))
                                             # 忽略大小写匹配
if __name__ == "__main__":                   # 判断程序执行名称
    main()                                   # 调用主函数
```

程序执行结果：
字符串匹配: <re.Match object; span=(4, 9), match='yootk'>
字符串匹配: <re.Match object; span=(4, 9), match='yootk'>

search()函数与 match()函数最大的区别在于可以匹配一个字符串中的任意位置，同时也会返回匹配结果的索引位置。

11.4.2 常用正则匹配符

正则表达式在字符串处理方面提供了强大支持，处理的核心就是字符串的内容匹配，因此在正则表达式中定义了大量的匹配符号。下面讲解一些常见正则匹配符。

字符匹配的主要功能是匹配指定的字符内容，这些内容可能是一个具体的字母、数字或者一些转义符。字符匹配符号如表 11-13 所示。

表 11-13 字符匹配符号

序 号	字符匹配符号	描 述
1	x	表示匹配任意的一位字符
2	\\	匹配转义字符 "\\"
3	\t	匹配转义字符 "\t"
4	\n	匹配转义字符 "\n"
5	\r	匹配转义字符 "\r"

实例：匹配任意字符

```
# coding : UTF-8
import re                                    # 模块导入
def main():                                  # 主函数
    str = "y\n"                              # 定义字符串
    pattern = "Y\n"                          # 匹配两个字符"Y"和"\n"
    print(re.match(pattern, str, re.I))      # 忽略大小写匹配
    print(re.match(pattern, "yootk", re.I))  # 匹配更多内容失败
if __name__ == "__main__":                   # 判断程序执行名称
    main()                                   # 调用主函数
```

程序执行结果：
```
<re.Match object; span=(0, 2), match='y\n'>（匹配成功）
None（匹配失败）
```

在进行单个字符匹配时，要匹配的字符串组成必须与单个字符的内容以及顺序保持一致，否则将无法进行匹配。

除了单个字符之外，也可以设置要匹配的字符范围。范围匹配符号如表 11-14 所示。

表 11-14　范围匹配符号

序　号	范围匹配符号	描　　述
1	[abc]	可能是字母 a、b、c 中的任意一位
2	[^abc]	范围取反，字母不是 a、b、c 中的任意一位
3	[a-zA-Z]	表示全部由字母组成，包括小写字母与大写字母
4	[0-9]	表示由数字组成

实例：匹配字符范围

```
# coding : UTF-8
import re                                    # 模块导入
def main():                                  # 主函数
    str = "food"                             # 定义匹配字符串
    pattern = "fo[ol][dlk]"                  # 可以匹配 food、fool、folk
    print(re.match(pattern, str, re.I))      # 正则匹配
if __name__ == "__main__":                   # 判断程序执行名称
    main()                                   # 调用主函数
```

程序执行结果：
```
<re.Match object; span=(0, 4), match='food'>
```

本程序在定义正则匹配符号时使用了两个范围定义 "[ol]" 和 "[dlk]"，这样就可以实现 food 字符串的匹配。

默认情况下，正则表达式进行字符串匹配时都是由头开始匹配，但如果此时字符串的内容超过了匹配表达式定义的长度，那么超过长度之后的字符串将无法进行匹配，此时就需要设置匹配边界。边界匹配符号如表 11-15 所示。

表 11-15　边界匹配符号

序　号	边界匹配符号	描　述
1	^	设置正则匹配开始，忽略多行模式
2	$	设置正则匹配结束，忽略多行模式

实例：观察正则边界匹配

```
# coding : UTF-8
import re                                    # 模块导入
def main():                                  # 主函数
    str_a = "hello food"                     # 匹配单词写在最后
    pattern_a = "fo[ol][dlk]$"# 可以匹配以 food、fool、folk 结尾的内容
    print(re.findall(pattern_a, str_a, re.I))  # 正则匹配
    str_b = "Food is very important."        # 匹配单词写在最前面
    pattern_b = "^fo[ol][dlk]"# 可以匹配以 food、fool、folk 开始的内容
    print(re.findall(pattern_b, str_b, re.I))  # 正则匹配
if __name__ == "__main__":                   # 判断程序执行名称
    main()                                   # 调用主函数
程序执行结果：
['food'] （food 单词结尾）
['Food'] （food 单词开头）
```

为了方便观察边界的效果，本程序使用 findall()函数将符合要求的内容进行了匹配抽取，当设置边界后表达式将只会在指定的范围内进行内容匹配。

以上所讲解的正则标记都只能表示一位的字符，如果要想描述多位字符，就可以通过如表 11-16 所示的标记进行匹配数量的定义。

表 11-16　正则数量匹配

序　号	正则数量匹配符号	描　述
1	正则表达式?	匹配字符出现 0 次或 1 次
2	正则表达式*	匹配字符出现 0 次、1 次或多次
3	正则表达式+	匹配字符出现 1 次或多次
4	正则表达式{n}	匹配字符出现正好 n 次
5	正则表达式{n,}	匹配字符出现 n 次以上
6	正则表达式{n,m}	匹配字符出现 n~m 次

实例： 匹配一个人的生日数据（格式为 yyyy-mm-dd）

```
# coding : UTF-8
import re                                          # 模块导入
def main():                                        # 主函数
    input_data = input("请输入您的生日：")         # 定义字符串
    pattern = "[0-9]{4}-[0-9]{2}-[0-9]{2}"         # 可以匹配日期结构
    if re.match(pattern, input_data, re.I):        # 正则匹配
        print("日期格式输入正确！")                 # 提示信息
    else:                                          # 匹配失败
        print("日期格式输入错误！")                 # 提示信息
if __name__ == "__main__":                         # 判断程序执行名称
    main()                                         # 调用主函数
```

程序执行结果：

请输入您的生日：**2017-02-17**

日期格式输入正确！

　　本程序通过键盘输入了一个生日的字符串数据，由于用户输入的数据内容多样，所以在接收输入字符串后就需要利用正则表达式进行数据结构的判断。

　　为了简化正则匹配符号的定义，在正则中又提供一些简化表达式，利用这些简化表达式可以方便地进行数字、字母、空格等内容的匹配。简化正则表达式如表 11-17 所示。

表 11-17　简化正则表达式

序　　号	简化正则表达式	描　　述
1	\A	匹配开始边界，等价于 "^"，忽略多行模式
2	\Z	匹配结束边界，等价于 "$"，忽略多行模式
3	\b	匹配开始或结束位置的空字符串
4	\B	匹配不再开始或结束位置的空字符串
5	\d	匹配一位数字，等价于 "[0-9]"
6	\D	匹配一位非数字，等价于 "[^0-9]"
7	\s	匹配任意的一位空格，等价于 "[\t\n\r\f\v]"
8	\S	匹配任意的一位非空格，等价于 "[^\t\n\r\f\v]"
9	\w	匹配任意的一位字母（大小写）和非数字、_，等价于 "[a-zA-Z0-9_]"
10	\W	匹配任意的一位非字母（大小写）和非数字、_，等价于 "[^a-zA-Z0-9_]"
11	.	表示任意一位字符

实例： 实现数据拆分

```
# coding : UTF-8
import re                                    # 模块导入
def main():                                  # 主函数
    str = "y1o22o333t4444k55555.666666com"   # 定义要拆分的字符串
    pattern = r"\d+"            # 若不写 r，则正则定义为"\\d+"，需要转义
    result = re.split(pattern, str)          # 利用正则拆分，结果为列表
    print("正则匹配拆分结果：%s" % result)     # 信息输出
if __name__ == "__main__":                   # 判断程序执行名称
    main()                                   # 调用主函数
```
程序执行结果：
正则匹配拆分结果：['y', 'o', 'o', 't', 'k', '.', 'com']

本程序利用简化的数字正则表达式并结合量词表达式"+"对字符串中的一位或多位数字进行匹配与拆分。

在进行正则表达式定义中，为了描述更加复杂的匹配结构，也可以通过括号"()"将若干个匹配符号定义在一起，这样就可以为这个整体的表达式定义量词。

实例： 判断输入内容是否为数字

```
# coding : UTF-8
import re                                    # 模块导入
def main():                                  # 主函数
    input_data = input("输入考试成绩：")       # 定义字符串
    # 如果此时在字符串前定义 r，那么正则表达式编写为""^[+-]?\\d+(\\.\\d+)?$""，
    # 符号都需要转义处理
    pattern = r"^[+-]?\d+(\.\d+)?$"           # 正则匹配符号
    if re.match(pattern, input_data, re.I):  # 正则匹配
        print("成绩数据输入正确，内容为：%s" % input_data)  # 信息输出
    else:                                    # 匹配失败
        print("成绩数据输入错误！")            # 信息输出
if __name__ == "__main__":                   # 判断程序执行名称
    main()                                   # 调用主函数
```
程序执行结果：
输入考试成绩：20.17
成绩数据输入正确，内容为：20.17

正则表达式中允许存在"与"和"或"的逻辑关系，"与"关系表示要同时满足多个正则匹配要求，而"或"关系表示只要求匹配其中的一个正则匹配即可。正则逻辑表达式如表 11-18 所示。

表 11-18　正则逻辑表达式

序　号	正则逻辑表达式	描　　述
1	正则表达式 A 正则表达式 B …	表达式 A 之后紧跟着表达式 B
2	正则表达式 A| 正则表达式 B| …	表示表达式 A 或者表达式 B，二者任选一个出现

实例：判断电话号码格式是否正确

在本程序中电话号码的内容有以下三种类型。

☑ 电话号码类型一（7～8 位数字）。例如，51283346，正则判断："\d{7,8}"。

☑ 电话号码类型二（在电话号码前追加区号）。例如，01051283346，正则判断："(\d{3,4})?\d{7,8}"。

☑ 电话号码类型三（区号单独包裹）。例如，(010)-51283346，正则判断："((\d{3,4})|(\(\d{3,4}\)-))?\d{7,8}"。

```
# coding : UTF-8
import re                                      # 模块导入
def main():                                    # 主函数
    tel = input("请输入电话号码：")               # 要验证的电话号码
    pattern = r"((\d{3,4})|(\(\d{3,4}\)-))?\d{7,8}"  # 正则匹配符号
    if re.match(pattern, tel):                  # 正则匹配判断
        print("电话号码输入正确，内容为：%s" % tel)  # 信息输出
    else:                                       # 匹配失败
        print("电话号码输入错误！")               # 信息输出
if __name__ == "__main__":                      # 判断程序执行名称
    main()                                      # 调用主函数
```

程序执行结果：

请输入电话号码：(010)-51283346
电话号码输入正确，内容为：(010)-51283346

　　本程序实现了对键盘输入电话号码数据的格式验证，当符合正则表达式要求时，则提示正确信息；否则提示错误信息。

11.4.3　正则匹配模式

　　在进行正则表达式匹配时也可以通过正则匹配模式进行匹配控制。例如，在之前使用过的 re.I（忽略大小写）就属于一种匹配模式。re 模块中定义的正则匹配模式如表 11-19 所示。

表 11-19 正则匹配模式

序 号	常 量	类 型	描 述
1	I，IGNORECASE	常量	忽略大小写
2	L，LOCALE	常量	字符集本地化表示，可以匹配不同语言环境下的符号
3	M，MULTILINE	常量	多行匹配模式
4	S，DOTALL	常量	修改 "." 匹配任意模式，可匹配任何字符，包括换行符
5	X，VERBOSE	常量	此模式忽略正则表达式中的空白和注释（#）
6	U，UNICODE	常量	\w、\W、\b、\B、\d、\D、\s、\S 这些匹配符号将按照 Unicode 定义

这些正则匹配模式在开发中可以单独使用，也可以使用 "|" 进行若干个匹配模式的共同设置。

实例：多行匹配

```
# coding : UTF-8
import re                                        # 模块导入
def main():                                      # 主函数
    data = """
        Food is very important
        Food is very delicious
        Food needs cooking
    """                                          # 多行字符串
    pattern = "fo{2}d"                           # 正则匹配符号
    result = re.findall(pattern, data, re.I | re.M)# 忽略大小写并且支持多
                                                 # 行匹配
    print("匹配多行字符串首部：%s" % result)       # 信息输出
if __name__ == "__main__":                       # 判断程序执行名称
    main()                                       # 调用主函数
```
程序执行结果：
匹配多行字符串首部：['Food', 'Food', 'Food']

本程序使用了两个正则匹配模式 re.I | re.M（忽略大小写以及多行匹配），这样会自动以换行作为分隔符，匹配多行字符串中每一行的内容。

实例：修改 "." 匹配模式

```
# coding : UTF-8
import re                                        # 模块导入
def main():                                      # 主函数
    data = """
```

```
            Food is very important
            Food is very delicious
            Food needs cooking
    """                                            # 多行字符串
    pattern = ".+"                                 # 正则匹配符号
    print("不修改".".匹配：%s" % re.findall(pattern, data))
            # ".".匹配任意字符串，包括换行符
    print("修改".".匹配：%s" % re.findall(pattern, data, re.S))
                                                   # 取消".".匹配
if __name__ == "__main__":                         # 判断程序执行名称
    main()                                         # 调用主函数
```

程序执行结果：
不修改".".匹配：['Food is very important', 'Food is very delicious', 'Food
needs cooking', '   ']
修改".".匹配：['\n Food is very important\n Food is very delicious\n Food
needs cooking\n']

在正则操作中，"."表示任意的字符，所以在不设置 re.S 匹配模式时，会自动按照换行（"\n"也可以通过"."）进行匹配，但是如果取消了"."匹配任意字符的限制后，可以发现此时返回的列表中只有一个元素。

在一些较长的正则符号中，为了方便开发者阅读，往往需要添加一些注释信息，此时可以使用 re.X 模式忽略正则表达式中出现的空格以及注释信息，这样既可保证良好的可阅读性又可保证程序的正确执行。

实例：验证 Email 地址的格式

现在要求一个合格的 Email 地址的组成规则如下。

- ➥ Email 地址的用户名可以由字母、数字、"_"组成（开头不能使用"_"）。
- ➥ Email 地址的域名可以由字母、数字、"_"和"-"组成。
- ➥ 域名的后缀必须是.cn、.com、.net、.com.cn 和.gov。

```
# coding : UTF-8
import re                        # 模块导入
def main():                      # 主函数
    email = input("请输入您的 Email 地址：")          # 键盘输入 Email 地址
    pattern = r"""
        [a-zA-Z0-9]              # 匹配第一个字母，由非数字组成
        \w+@\w+                  # 用户名中间部分由字母、数字、"_"组成
        \.                       # 匹配 Email 地址中出现的"."
        (cn|com|com.cn|net|gov)  # 匹配 Email 地址域名，只允许设置指定的几个内容
    """                          # 正则匹配符号
    if re.match(pattern, email, re.I | re.X):   # 正则匹配判断
```

218

```
        print("Email 地址输入正确，内容为: %s" % email)        # 信息输出
    else:                                                  # 匹配失败
        print("Email 地址输入错误！")                        # 信息输出
if __name__ == "__main__":                                 # 判断程序执行名称
    main()                                                 # 调用主函数
```

程序执行结果：

请输入您的 Email 地址：Yootk_lixinghua888@yootk.com
Email 地址输入正确，内容为：Yootk_lixinghua888@yootk.com

本程序由用户通过键盘输入 Email 地址，随后按照定义的规则进行正则验证。本实例正则匹配结构如图 11-4 所示。

Y	ootk_lixinghua888	@	yootk	.	com
[a-zA-Z0-9]	\\w+	@	\\w+	.	(cn|com|com.cn|gov)

图 11-4　Email 地址正则匹配结构

11.4.4　分组

一个正则表达式可以匹配任意多个数据内容，为了清晰地从这些数据中获取指定子数据，可以通过分组的形式对数据进行归类。在正则表达式中通过圆括号 "()" 就可以定义分组。需要注意的是，在没有使用分组时，整个正则表达式默认为一个隐含的全局分组（索引 0）。分组正则表达式如表 11-20 所示。

表 11-20　分组正则表达式

序　号	分组正则表达式	描　　述
1	(...)	默认分组捕获模式，可以单独取出分组内容，索引值从 1 开始
2	(?iLmsux)	设置分组模式 i、L、m、s、u、x
3	(?:...)	分组不捕获模式，计算索引时会跳过该分组
4	(?P<name>...)	分组命名模式，可以通过索引编号或 name 名称获取内容
5	(?P=name)	分组引用模式，可以在一个正则表达式中引用前面命名过的正则表达式

实例： 定义分组表达式

```
# coding : UTF-8
import re                                              # 模块导入
def main():                                            # 主函数
    info = "id:yootk,phone:110120119,birthday:1978-09-19"  # 字符串
    pattern = r"(\d{4})-(\d{2})-(\d{2})"               # 匹配生日数据，进行数据分组
    match = re.search(pattern,info)                    # 获取匹配对象
```

219

```
    print("获取所有分组数据：%s" % match.group())      # 与 group(0)相同
    print("获取第 1 组数据：%s" % match.group(1))      # 获取分组内容
    print("获取第 2 组数据：%s" % match.group(2))      # 获取分组内容
    print("获取第 3 组数据：%s" % match.group(3))      # 获取分组内容
if __name__ == "__main__":                          # 判断程序执行名称
    main()                                          # 调用主函数
```

程序执行结果：

```
获取所有分组数据：1978-09-19
获取第 1 组数据：1978
获取第 2 组数据：09
获取第 3 组数据：19
```

　　本程序在正则表达式中定义了 3 个 "()"，此时就表示将数据分为 3 组，匹配后就可以利用 group()函数按照分组索引获取数据。

 提示：关于 "()" 作用的说明

　　如果在定义正则表达式时没有使用 "()"，则会将整体正则表达式作为一个分组。

实例：不加 "()" 的正则分组匹配

```
# coding : UTF-8
import re                                           # 模块导入
def main():                                         # 主函数
    info = "id:yootk,phone:110120119,birthday:1978-09-19"  # 匹配字符串
    pattern = r"\d{4}-\d{2}-\d{2}"                  # 匹配生日数据
    print(re.search(pattern,info).group())         # 整个表达式为一组
if __name__ == "__main__":                          # 判断程序执行名称
    main()                                          # 调用主函数
```

程序执行结果：

```
1978-09-19
```

　　通过本程序的执行结果可以发现，在定义正则表达式时并没有使用 "()"，这样会将整个正则表达式作为一个分组使用。

　　使用 group()函数需要通过索引来获取数据，但是在分组过多时就有可能造成索引混乱的问题。为了解决这一问题，用户可以在进行分组时对分组进行命名，然后就可以直接通过分组名称来获取数据。

实例：分组命名

```
# coding : UTF-8
import re                                           # 模块导入
def main():                                         # 主函数
    info = "id:yootk,phone:110120119,birthday:1978-09-19"  # 匹配字符串
```

```
    pattern = r"(?P<year>\d{4})-(?P<month>\d{2})-(?P<day>\d{2})"
            # 匹配生日数据，进行数据分组
    match = re.search(pattern,info)                        # 正则处理
    print("获取"year"数据：%s" % match.group("year"))      # 根据名称获取内容
    print("获取"month"数据：%s" % match.group("month"))# 根据名称获取内容
    print("获取"day"数据：%s" % match.group("day"))        # 根据名称获取内容
if __name__ == "__main__":                                 # 判断程序执行名称
    main()                                                 # 调用主函数
```

程序执行结果：

```
获取"year"数据：1978
获取"month"数据：09
获取"day"数据：19
```

本程序在进行分组时使用"?P<名称>"（大写字母 P）为每一个分组定义了名称，这样 group()函数就可以通过名称获取数据。

11.4.5　环视

环视是一种特殊的正则表达式，它所匹配的并不是内容，而是字符串所在的位置，根据左边或右边的内容进行匹配。环视正则的匹配符号如表 11-21 所示。

表 11-21　环视正则的匹配符号

序　号	环视正则的匹配符号	描　　　述
1	(?=...)	顺序肯定环视，表示所在位置右侧能够匹配括号内正则表达式
2	(?!...)	顺序否定环视，表示所在位置右侧不能够匹配括号内正则表达式
3	(?<=...)	逆序肯定环视，表示所在位置左侧能够匹配括号内正则表达式
4	(?<!...)	逆序否定环视，表示所在位置左侧不能够匹配括号内正则表达式

实例：左边匹配

```
# coding : UTF-8
import re                                                  # 模块导入
def main():                                                # 主函数
    info = "id:yootk,tel:110;id:lixinghua,tel:120"# 正则数据
    pattern = r'(?<=id:)(?P<name>\w+)'                     # 匹配左边为"id:"的数据
    print(re.findall(pattern, info))                       # 正则处理
if __name__ == "__main__":                                 # 判断程序执行名称
    main()                                                 # 调用主函数
```

程序执行结果：

```
['yootk', 'lixinghua']
```

本程序中的数据组成为"id:名称,tel:电话;"，所以现在只需要匹配左边内容为"id:"结构就可以从里面获取相应数据。

实例：右边匹配

```
# coding : UTF-8
import re                                      # 模块导入
def main():                                    # 主函数
    info = "id:yootk,tel:110;id:lixinghua,tel:120"  # 正则数据
    pattern = r'(?=y)(?P<name>\w+)'            # 匹配右边为 y 的内容
    print(re.findall(pattern, info))          # 正则处理
if __name__ == "__main__":                     # 判断程序执行名称
    main()                                     # 调用主函数
```

程序执行结果：

```
['yootk']
```

本程序匹配了数据的右边内容，如果右边是以字母 y 开头的，则内容将会被取出。

11.5 本 章 小 结

1．set 集合提供了一种无序无重复的存储结构。

2．deque 模块可以实现双端队列，队列前端和后端都可以进行数据的保存与弹出操作。

3．heapq 模块可以将给定的列表对象进行排序，并且弹出最小值。

4．当一个类只允许有若干个指定对象时，就可以将其定义为枚举类型，枚举定义需要有 enum 模块的支持。

5．生成器可以解决因数据产生过多而造成内存占用过大的问题，yield 实现的生成器可以返回和接收数据。

6．contextlib 模块提供了一个方便的上下文管理工具，进一步实现代码结构的优化。

7．time 模块中有三类日期时间数据：时间元组、时间戳、时间字符串。

8．calendar 模块提供了一个日历组件，可以实现年历与月历的展示。

9．datetime 模块对 time 模块进行了重新包装，可以方便地获取和操作日期时间数据。

10．正则表达式提供了对字符串的强大处理功能，利用正则规则可以方便地实现数据匹配、数据拆分与替换等操作。

P

第 3 篇
实 践 篇

第12章 并发编程

学习目标

↳ 理解操作系统中多进程、多线程、多协程的概念，以及彼此之间的关联；

↳ 掌握进程的概念，同时可以使用 multiprocessing 模块实现多进程与同步处理；

↳ 掌握多进程的各个控制方法，并可以定义守护进程；

↳ 理解 psutil 模块的作用，可以使用此模块获取系统进程、磁盘等数据统计信息。

并发编程是一种充分发挥硬件性能的多任务程序设计模式，Python 的并发编程有三种形式：多进程编程、多线程编程与多协程编程。本章将讲解这三类并发编程的实现以及并发访问下的资源同步处理。

12.1 多进程编程

在操作系统中每当运行一个程序时，系统都会为其分配一个进程（Process），进程是指具有一定独立功能的、关于某个数据集合的一次运行活动，是系统进行资源分配和调度运行的基本单位，操作系统中每一个进程都是独立的，一个进程实体中包含有三个组成部分：程序、数据、进程控制块（PCB）。

 提示：关于 PCB 的作用

为了管理和控制进程，操作系统会在创建每个进程时都为其开辟一个专用的存储区，用以记录它在系统中的动态特性，这一存储区就是 PCB。系统根据存储区的信息对进程实施控制管理，进程任务完成后，系统收回该存储区，进程也随之消亡。

所有的 PCB 随着进程的创建而自动建立，随着进程的销毁而自动撤销，操作系统会根据 PCB 来获取相应的进程信息，PCB 是进程存在的唯一物理标识。不同的操作系统中 PCB 的格式、大小及内容也有所不同，一般都包含以下四个信息。

↳ 标识信息：进程名。

↳ 说明信息：进程状态、程序存放位置。

↳ 现场信息：通用寄存器内存、控制寄存器内存、断点地址。

↳ 管理信息：进程优先数、队列指针。

操作系统的发展经历了单进程与多进程时代，单进程操作系统最大的特点是同一个时间段内只允许有一个程序执行；而多进程操作系统的最大特点在于同一个时间段内可以有多个程序并行执行，由于 CPU 执行速度非常快，使得所有程序好像是在"同时"运行一样。单进程与多进程系统运行示意图如图 12-1 所示。

 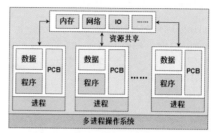

（a）单进程运行　　　　　　　　　（b）多进程运行

图 12-1　单进程与多进程系统运行示意图

提示：单进程系统的弊病

早期的磁盘操作系统（Disk Operating System，DOS）采用的是单进程的处理模式，即同一个时间段上系统的所有资源（如 CPU、IO、内存等）均为一个程序进程服务。在单进程模式下，一旦系统中出现了病毒（病毒自动运行并霸占所有资源），则操作系统将无法使用。Windows 系统采用了多进程的设计，计算机可并行执行多个程序。

进程是操作系统实现并发执行的重要技术手段，任何进程的执行都需要 CPU 的支持，而 CPU 属于无法共享的资源。在传统单核 CPU 的硬件环境下，多个执行进程会按照"先进先出"的原则保存在一个执行队列中，每当 CPU 对进程执行调度时，就会获取队首的执行进程，该进程在一个时间片单元（例如，10～100ms 运行时间）内可以获得 CPU 以及程序上下文（内存、显卡、磁盘等资源的统称）的操作，随后系统会自动保存此进程的上下文环境，同时中断此进程的执行，最后将此进程保存到进程队列的尾部等待下次调用。多进程调度操作如图 12-2 所示。

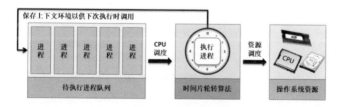

图 12-2　多进程调度操作

在单核 CPU 环境下一个时间段上会有多个程序并行执行，但是在同一个时间点上只允许执行一个进程，这样的进程运行模式称为并发进程；而在多核 CPU 硬件环境下，由于处理器的可用数量得到提升，所以多个进程可以并行执行。

提示：获取本机的 CPU 内核数量

不同的计算机硬件配置有所不同，Python 提供了 multiprocessing（多进程模块）可以动态获取本机的 CPU 内核数量。

实例：获取 CPU 内核数量

```
# coding:UTF-8
from multiprocessing import cpu_count          # 导入模块
print("CPU 内核数量: %s" % cpu_count())          # 获取 CPU 个数
程序执行结果：
CPU 内核数量: 6
```

由于笔者当前使用的是 6 核 CPU，所以此时返回的 CPU 数量为 6。另外，需要提醒读者的是，关于 CPU 的核心处理数量有如下计算方式。

➥ CPU 总核数 = 物理 CPU 个数 × 每颗物理 CPU 的核数。

➥ 总逻辑 CPU 数量 = 物理 CPU 个数 × 每颗物理 CPU 的核数 × 超线程数。

进程是一个动态的实体，从创建到消亡要经历若干种状态的变化（如图 12-3 所示），这些状态会随着进程的执行和外界条件的变化而转换。

（1）**创建状态**：系统已为其分配了 PCB，但进程所需的程序上下文资源尚未分配，该进程还不能被调度运行。

（2）**就绪状态**：进程已分配到除 CPU 以外的所有程序上下文资源，等待CPU 调度。

（3）**执行状态**：进程已获得 CPU，程序正在执行。

（4）**阻塞状态**：正在执行的进程由于某些事件而暂时无法继续执行时，放弃处理机而自行进入到阻塞状态。

（5）**终止状态**：进程到达自然结束点或者因意外被终结，将进入终止状态。进入终止状态的进程不会再被执行，但在操作系统中仍然保留着一个记录，其中保存状态码和一些计时统计数据，供其他进程收集。

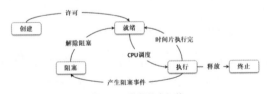

图 12-3　进程状态切换

12.1.1　Process 类

Python 多进程编程可以通过 multiprocessing 模块实现，在该模块中提供有专门的进程处理类 Process。该类中定义的常用属性与方法如表 12-1 所示。

表 12-1　Process 类的常用属性与方法

序　号	属性与方法	描　述
1	pid	获取进程 ID
2	name	获取进程名称
3	def __init__([group [, target [, name [, args [, kwargs, [,daemon]]]]]])	创建一个执行进程，参数作用如下。 ➘ group：分组定义 ➘ target：进程处理对象（代替 run()方法） ➘ name：进程名称，若不设置，则自动分配一个名称 ➘ args：进程处理对象所需要的执行参数 ➘ kwargs：调用对象字典 ➘ daemon：是否设置为后台进程
4	start(self)	进程启动，进入进程调度队列
5	run(self)	进程处理（不指定 target 时起效）

在创建多进程时可以单独设置进程的处理函数（target 参数），也可以定义多进程执行类，在进行进程处理时可以通过 multiprocessing.current_process()函数动态获取当前正在执行的进程对象。由于多进程的执行状态是不确定的，所以每一个进程的名称就成了唯一的区分标记，在进行多进程名称定义时一定要在进程启动前设置名称，并且不能重名，同时已经启动的进程不能修改名称。

实例：创建多进程

```
# coding:UTF-8
import multiprocessing, time                              # 模块导入
def worker(delay, count):                                 # 设置进程处理函数
   for num in range(count):                               # 迭代输出
       print("【%s】进程 ID：%s、进程名称：%s" %
            (num, multiprocessing.current_process().pid,
           multiprocessing.current_process().name)) # 输出进程信息
       time.sleep(delay)                                  # 延迟，减缓程序执行
def main():                                               # 主函数
    for item in range(3):                                 # 创建 3 个进程
        # 创建进程对象，将 worker 函数设置为进程处理函数，args 表示 worker
        # 函数需要接收的参数
        process = multiprocessing.Process(target=worker, args=(1,10,),
name="Yootk 进程-%s" % item)
        process.start()                                   # 进程启动
if __name__ == "__main__":                                # 判断程序执行名称
    main()                                                # 调用主函数
程序执行结果（随机抽取）：
【0】进程 ID：4632、进程名称：Yootk 进程-0
```

【0】进程 ID：4628、进程名称：Yootk 进程-2
【0】进程 ID：4224、进程名称：Yootk 进程-1
【1】进程 ID：4632、进程名称：Yootk 进程-0
【1】进程 ID：4224、进程名称：Yootk 进程-1
【1】进程 ID：4628、进程名称：Yootk 进程-2
后续重复内容略

本程序创建了 3 个进程，在创建的同时设置了进程处理函数（target=worker）、worker()函数参数（args=(1,10,)）、进程名称（name="Yootk 进程-%s" % item）3 个参数内容，随后通过 start()方法启动进程，这样所有的进程会在 worker()函数中交替执行，如图 12-4 所示。

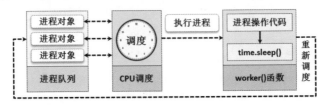

图 12-4　多进程处理

提示：关于主进程

在 Python 程序启动时，会自动启动一个主进程以执行相关程序，这一点可以通过以下代码验证。

实例：观察主进程

```
# coding:UTF-8
import multiprocessing                              # 模块导入
def main():                                         # 主函数
    print("进程 ID：%s、进程名称：%s" % (
            multiprocessing.current_process().pid,
            multiprocessing.current_process().name)) # 输出进程信息
if __name__ == "__main__":                          # 判断程序执行名称
    main()                                          # 调用主函数
```
程序执行结果：
进程 ID：3452、进程名称：MainProcess

通过本程序的执行可以发现，每一个执行的 Python 程序都属于一个进程。

在多进程编程中，为了方便进程操作的统一管理，也可以将进程的执行操作封装在一个类中，此进程操作类要求继承 Process 父类，同时需要将该进程类的执行操作定义在 run()方法中。

实例：定义进程处理类

```
# coding:UTF-8
import multiprocessing, time                    # 模块导入
class MyProcess(multiprocessing.Process):        # 进程处理类
    def __init__(self, name, delay, count):      # 构造方法
        super().__init__(name=name)              # 调用父类构造，设置进程名称
        self.__delay = delay                     # 进程操作延迟
        self.__count = count                     # 循环次数
    def run(self):                               # 进程运行方法
        for num in range(self.__count):          # 迭代输出
            print("【%s】进程ID：%s、进程名称：%s" % (
                    num, multiprocessing.current_process().pid,
                    multiprocessing.current_process().name))
            time.sleep(self.__delay)             # 延迟，减缓程序执行
def main():                                      # 主函数
    for item in range(3):                        # 迭代运行
        process = MyProcess(name="Yootk进程-%s" % item, delay=1,
count=10)                                        # 创建进程对象
        process.start()                          # 进程启动，调用run()方法
if __name__ == "__main__":                       # 判断程序执行名称
    main()                                       # 调用主函数
```

程序执行结果（随机抽取）：

【0】进程ID：3568、进程名称：Yootk进程-0
【0】进程ID：3908、进程名称：Yootk进程-1
【0】进程ID：128、进程名称：Yootk进程-2
【1】进程ID：3908、进程名称：Yootk进程-1
【1】进程ID：3568、进程名称：Yootk进程-0
【1】进程ID：128、进程名称：Yootk进程-2
后续重复内容略

本程序将进程的执行操作封装在 MyProcess 类中，并且在 run() 方法内定义了进程的相关操作代码。但是，需要注意的是，run() 方法不能直接启动进程，进程的启动必须依靠 start() 方法，而 start() 方法会自动调用 run() 方法。

提示：直接调用 run() 方法

如果现在通过 "进程对象.run()" 的形式调用 run() 方法，实质上就表示执行当前进程。

实例：观察直接调用 run() 方法的进程信息

```
# coding:UTF-8
import multiprocessing                           # 模块导入
class MyProcess(multiprocessing.Process):        # 自定义进程类
    def __init__(self, name):                    # 构造方法
```

```
        super().__init__(name=name)                          # 设置进程名称
    def run(self):                                           # 进程执行
        print("进程 ID：%s、进程名称：%s" % (
            multiprocessing.current_process().pid,
            multiprocessing.current_process().name))         # 输出进程信息
def main():                                                  # 主函数
    process = MyProcess(name="Yootk 进程")                   # 进程类对象
    process.start()                                          # 启动新进程
    process.run()                                            # 主进程调用
if __name__ == "__main__":                                   # 判断程序执行名称
    main()                                                   # 调用主函数
```

程序执行结果：

进程 ID：2288、进程名称：MainProcess（"process.run()"调用）

进程 ID：128、进程名称：Yootk 进程（"process.start()"调用）

通过本程序的执行结果可以发现，由于在主进程中创建了 process 对象，所以此时如果执行了 process.run() 方法，就表示由主进程执行了该方法。

12.1.2 进程控制

在多进程编程中，所有的进程都会按照既定的代码顺序执行，但是某些进程有可能需要强制执行，或者由于某些问题需要被中断，那么就可以利用 Process 类中提供的方法进行控制，这些方法如表 12-2 所示。

表 12-2　Process 类的进程控制方法

序　号	方　法	描　述
1	terminate(self)	关闭进程
2	is_alive(self)	判断进程是否存活
3	join(self, timeout)	进程强制执行

所有的进程对象通过 start() 方法启动之后都将进入进程等待队列，如果此时某个进程需要优先执行，则可以通过 join() 方法进行控制。

实例：进程强制运行

```
# coding:UTF-8
import multiprocessing, time                                # 模块导入
                                                             # 函数定义
def send(msg):
    time.sleep(5)                                            # 进程操作延迟
    print("【进程 ID：%s、进程名称：%s】消息发送：%s" % (
        multiprocessing.current_process().pid,
        multiprocessing.current_process().name, msg))        # 进程信息
```

```
def main():                                        # 主函数
    process = multiprocessing.Process(target=send,name="发送进程",
args=("www.yootk.com",))
    process.start()                                # 启动进程
    process.join()                    # 进程强制运行（执行完毕后向下执行）
    print("【进程 ID：%s、进程名称：%s】信息发送完毕..." % (
          multiprocessing.current_process().pid,
          multiprocessing.current_process().name)) # 输出进程信息
if __name__ == "__main__":                         # 判断程序执行名称
    main()                                         # 调用主函数
```

程序执行结果：

【进程 ID：2656、进程名称：发送进程】消息发送：www.yootk.com

【进程 ID：3364、进程名称：MainProcess】信息发送完毕...

本程序创建了两个进程：主进程和 process 进程，process 进程启动后使用 join()方法定义了进程的强制执行，这样在 process 进程未执行完毕时，主进程将暂时退出 CPU 资源竞争，并将资源交由 process 进程控制。进程强制运行流程如图 12-5 所示。

在多进程的执行中，一个进程可以被另外的一个进程中断执行，此时只需要获取相应的进程对象并调用 terminate()方法即可。进程中断如图 12-6 所示。

图 12-5　进程强制运行流程

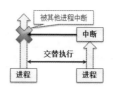

图 12-6　进程中断

实例：进程中断

```
# coding:UTF-8
import multiprocessing, time                       # 模块导入
def send(msg):                                     # 定义函数
    time.sleep(10)                                 # 进程操作延迟
    print("【进程 ID：%s、进程名称：%s】消息发送：%s" %
          (multiprocessing.current_process().pid,
          multiprocessing.current_process().name, msg)) # 输出进程信息
def main():
    process = multiprocessing.Process(target=send, name="发送进程",
args=("www.yootk.com",))
    process.start()                                # 启动进程
    time.sleep(2)                                  # 保证进程先运行一会儿
    if process.is_alive():                         # 进程还存活
```

```
        process.terminate()                         # 进程中断执行
        print(""%s"进程执行被中断..." % process.name)  # 输出提示信息
if __name__ == "__main__":                          # 判断程序执行名称
    main()                                          # 调用主函数
```

程序执行结果：

"发送进程"进程执行被中断...（执行 2 秒后中断）

本程序定义了一个 process 进程，但是在该进程执行过程中，使用主进程实现了进程的中断，由于不确定进程的执行状态，所以在中断前先使用 is_alive() 方法判断进程是否处于存活状态。

12.1.3　守护进程

守护进程（Daemon）是一种运行在后台的特殊进程，守护进程为专属的进程服务，并且当该专属进程中断后，守护进程也同时中断，在开发中可以利用守护进程做一些特殊的系统任务。例如：如果现在要搭建一个 HTTP 服务器，则一定要有一个专属的 HTTP 请求处理的工作进程，同时为了监控该工作进程的状态，可以为其配置一个守护进程，所有的监控服务器通过守护进程就可以确定服务器的状态，如图 12-7 所示。

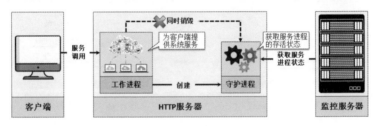

图 12-7　守护进程

实例： 创建守护进程

```
# coding:UTF-8
import time, multiprocessing                        # 模块导入
def status():                                       # 守护进程处理函数
    item = 1                                         # 定义变量进行累加统计
    while True:                                      # 持续运行
        print("【守护进程 ID：%s、守护进程名称：%s】item = %s" %
            (multiprocessing.current_process().pid,
            multiprocessing.current_process().name, item)) # 输出进程信息
        item += 1                                    # 数据累加
        time.sleep(1)                                # 延迟
def worker():                                        # 工作进程处理函数
```

```
    # 为工作进程创建一个守护进程，只要工作进程不结束，守护进程将一直在后台运行
    daemon_process = multiprocessing.Process(target=status, name="守
护进程", daemon=True)
    daemon_process.start()                          # 启动守护进程
    for item in range(10):  # 工作进程运行期间，守护进程始终存在
        print("【工作进程ID：%s、工作进程名称：%s】item = %s" %
            (multiprocessing.current_process().pid,
            multiprocessing.current_process().name, item)) # 输出进程信息
        time.sleep(2)                               # 延迟
def main():                                         # 主函数
    worker_process = multiprocessing.Process(target=worker, name="工作进程")
    worker_process.start()                          # 启动工作进程
if __name__ == "__main__":                          # 判断程序执行名称
    main()                                          # 调用主函数
```

程序执行结果（随机抽取）：

```
【工作进程ID：5100、工作进程名称：工作进程】item = 0
【守护进程ID：4436、守护进程名称：守护进程】item = 1
【守护进程ID：4436、守护进程名称：守护进程】item = 2
【工作进程ID：5100、工作进程名称：工作进程】item = 1
【守护进程ID：4436、守护进程名称：守护进程】item = 3
后续重复内容略
```

本程序为 worker_process 创建了一个守护进程，这样在该进程存活过程中守护进程将一直在后台工作，当工作进程结束后，守护进程也同时销毁。

12.1.4 使用 fork()函数创建子进程

multiprocessing 提供的是一个跨平台的多进程解决方案，而在 Linux/UNIX 操作系统中提供了一个 fork()函数，利用此函数可以创建子进程。fork()函数的本质就是克隆已有的父线程，这样就会实现父子两个进程异步执行的操作。Python 通过 os.fork()函数实现了 fork()系统函数的调用，该函数有三种返回结果：子进程创建失败（返回"<0"）；在子进程中获取数据（返回"=0"）；在父进程中获取数据（返回">0"）。

注意：Windows 系统不支持 fork()函数

fork()函数属于 Linux/UNIX 系统提供的函数，在 Windows 系统下使用，则会出现以下错误信息。

```
AttributeError: module 'os' has no attribute 'fork'
```

在 Windows 版本的 Python 虚拟机中无法使用 fork()函数，而在 Linux/UNIX 环境下可以正常执行，如果想在 CentOS 中安装 Python，只需要执行 yum -y install python 3 命令即可，执行时需要使用 python 3 作为命令开头；而如果在 Ubuntu 系统中，则直接执

行 apt-get -y install python 3 命令即可。这是由于 CentOS 内置了 Python 2，而 Ubuntu 系统没有，所以 CentOS 系统可以直接使用 Python 命令操作。对这两个系统不熟悉的用户可以参考本书附赠的 CentOS、Ubuntu 系统的教学视频自行学习。

实例：创建子进程

```
import multiprocessing, os                          # 模块导入
def child():                                        # 子进程函数
    print("【child()】父进程ID：%s，子进程ID：%s" % (os.getppid(),
os.getpid()))
def main():                                         # 主函数
    print("【main()】进程ID：%s、进程名称：%s" %
        (multiprocessing.current_process().pid,
        multiprocessing.current_process().name))    # 输出进程信息
    newpid = os.fork()                              # 创建新进程
    print("【fork()】新的子进程ID = %s" % newpid)    # 提示信息
    if newpid == 0:                                 # 执行子进程
        child()                                     # 子进程执行函数
    else:                                           # 执行父进程
        print("父进程执行，父进程ID：%s" % os.getpid())  # 提示信息
if __name__ == "__main__":                          # 判断程序执行名称
    main()                                          # 调用主函数
```
程序执行结果：
【main()】进程 ID：6621、进程名称：MainProcess
【fork()】新的子进程 ID = 6622（第一次执行，新的子进程 ID）
父进程执行，父进程 ID：6621（父进程执行）
【fork()】新的子进程 ID = 0（第二次执行子进程）
【child()】父进程 ID：6621，子进程 ID：6622（子进程执行）

　　本程序利用 os.fork() 函数创建了一个新的子进程，此时父子两个进程将同时执行，并且可以根据 fork() 函数的返回数值来判断要执行的进程。

12.1.5　psutil 模块

　　Python 提供了一个 psutil（Process and System Utilities，进程和系统工具）第三方模块，该模块可以跨平台使用（支持 Linux、UNIX、OSX、Windows 等常见系统），可以极大地简化进程信息的获取操作。

实例：获取全部的进程信息

```
# coding:UTF-8
import psutil                      # psutil 需要单独安装（pip install psutil）
def main():                        # 主函数
```

```
    for process in psutil.process_iter(): # 生成器操作
        print("进程编号：%d、进程名称：%s、创建时间：%s" %
          (process.pid, process.name(), process.create_time()))
                                            # 输出进程信息
if __name__ == "__main__":                  # 判断程序执行名称
    main()                                  # 调用主函数
```

程序执行结果：

```
进程编号：772、进程名称：csrss.exe、创建时间：1568765028.0
进程编号：10068、进程名称：pycharm64.exe、创建时间：1568765132.0
…（其他进程信息自行观察，不同的用户得到的进程信息也有所不同）
```

在 psutil 模块中提供有 process_iter()方法，该方法会返回一个生成器对象，用户可以直接进行迭代以获取每一个进程的详细信息。

提示：进程列表

当用户使用 psutil 模块时，可以直接利用模块中提供的 test()方法实现一个与 Linux 中 ps 命令类似的处理效果。如图 12-8 所示为使用 test()方法输出了在交互式环境下的进程信息列表（部分显示）。

```
>>> import psutil
>>> psutil.test()
USER         PID  %MEM     VSZ     RSS  NICE STATUS  START   TIME  CMDLINE
SYSTEM         0   0.0   56.0K    8.0K       runni   08:03  00:33  System Idle Process
SYSTEM         4   0.0  212.0K    9.7M       runni   08:03  01:22  System
              84   0.0    2.0M    4.7M       runni   08:03  00:00  fontdrvhost.exe
```

图 12-8　进程信息列表（部分显示）

使用 psutil 模块除了可以获取进程的相关信息之外，实际上也可以用它来获取 CPU、内存、磁盘、网络等硬件的相关信息，这样的支持极大地方便了系统管理人员实现服务监控操作，同时也可以利用 psutil 模块关闭指定的功能进程。

实例：杀死系统进程

```
# coding:UTF-8
import psutil                                         # 第三方模块
def main():                                           # 主函数
    for proc in psutil.process_iter():                # 获取全部系统进程
        try:                                          # 捕获可能产生的异常
            if proc.name() == "notepad.exe":          # 判断进程名称
                proc.terminate()                      # 进程强制结束
                print("发现“notepad.exe”程序进程，已经强制关闭…")
                                                      # 提示信息
        except psutil.NoSuchProcess:                  # 异常处理
            pass                                      # 未定义具体操作
if __name__ == "__main__":                            # 判断程序执行名称
```

```
    main()                                      # 调用主函数
```

程序执行结果：

发现"notepad.exe"程序进程，已经强制关闭…

　　本程序通过 psutil.process_iter()操作函数将当前全部的进程信息以 iterable 可迭代对象的形式返回，随后在循环中依次判断每一个进程的名称，当进程名称为 notepad.exe（记事本）时，则使用 terminate()方法进行中断。

实例：获取 CPU 信息

```
# coding:UTF-8
import psutil                                   # pip install psutil
def main():                                     # 主函数
    print("物理 CPU 数量：%d" % psutil.cpu_count(logical=False))  # 提示信息
    print("逻辑 CPU 数量：%d" % psutil.cpu_count(logical=True))   # 提示信息
    print("用户 CPU 使用时间：%f、系统 CPU 使用时间：%f、CPU 空闲时间：%f" % (
        psutil.cpu_times().user, psutil.cpu_times().system,
        psutil.cpu_times().idle))               # 提示信息
    for x in range(10):  # 循环监控 CPU 使用率，每 1 秒获取一次 CPU 信息，一
                         # 共获取 10 次信息
        print("CPU 使用率监控：%s" % psutil.cpu_percent(interval=1,
percpu=True))
if __name__ == "__main__":                      # 判断程序执行名称
    main()                                      # 调用主函数
```

程序执行结果：

物理 CPU 数量：6（根据实际情况内容会有所不同）

逻辑 CPU 数量：6（根据实际情况内容会有所不同）

用户 CPU 使用时间：1742.921875、系统 CPU 使用时间：1046.671875、CPU 空闲时间：52340.828125

CPU 使用率监控：[14.9, 1.6, 6.2, 3.1, 0.0, 7.8]

…（其他监控信息不再列出，可自行观察各自计算机的内容）

　　本程序通过 psutil 模块分别获取了 CPU 的物理数量与逻辑数量，由于笔者所使用的计算机硬件为 6 核 CPU，所以此时返回的内容为 6。同时利用该模块也可以准确地获取 CPU 的使用率信息，在进行系统管理过程中，经常需要对 CPU 的状态进行监控，所以本程序利用 for 循环并结合 psutil.cpu_percent()方法每隔 1 秒获取当前系统中的 CPU 使用率信息。

实例：获取内存信息

```
# coding:UTF-8
import psutil                                   # pip install psutil
def main():                                     # 主函数
    print("【物理内存】内存总量：%d、可用内存：%d、已使用内存：%d、空闲内存：%d" %(
```

```
        psutil.virtual_memory().total, psutil.virtual_memory().available,
        psutil.virtual_memory().used, psutil.virtual_memory().free))
                                            # 信息输出
    print("【swap 内存】内存总量：%d、已使用内存：%d、空闲内存：%d" % (
        psutil.swap_memory().total, psutil.swap_memory().used,
        psutil.swap_memory().free))         # 信息输出
if __name__ == "__main__":                  # 判断程序执行名称
    main()                                  # 调用主函数
```
程序执行结果：
【物理内存】内存总量：34276925440、可用内存：27087724544、已使用内存：
7189200896、空闲内存：27087724544
【swap 内存】内存总量：39377199104、已使用内存：9425248256、空闲内存：
29951950848

此时获取的内存数据信息都以字节的形式返回。例如：当前的总内存为
34276925440 字节，那么通过计算可以得出 32GB（34276925440 ÷ 1024 ÷
1024 ÷ 1024）物理内存。通过同样的方式可以输出交换空间（可以简单地理
解为 Windows 虚拟内存）的内存总量为 36GB。

实例：获取磁盘信息

```
# coding:UTF-8
import psutil                               # pip install psutil
def main():
    print("【磁盘分区】获取全部磁盘信息：%s" % psutil.disk_partitions())
                                            # 信息输出
    print("【磁盘使用率】获取磁盘 D 使用率：%s" %
str(psutil.disk_usage("d:")))               # 默认为 C 盘
    print("【磁盘 IO】获取磁盘 IO 使用率：%s" %
str(psutil.disk_io_counters()))             # 信息输出
if __name__ == "__main__":                  # 判断程序执行名称
    main()                                  # 调用主函数
```
程序执行结果：
【磁盘分区】获取全部磁盘信息：[sdiskpart(device='C:\\', mountpoint='C:\\',
fstype='NTFS',
opts='rw,fixed') …
【磁盘使用率】获取磁盘 D 使用率：sdiskusage(total=240038965248,
used=99919405056, free=140119560192,
percent=41.6)
【磁盘 IO】获取磁盘 IO 使用率：sdiskio(read_count=210294,
write_count=105757, read_bytes=5797242368,
 write_bytes=4601181696, read_time=137, write_time=58)

本程序直接利用 psutil 模块提供的处理方法获取了当前系统磁盘的分区类
型、使用率、读写 IO 率等相关信息。

12

实例： 获取网络信息

```
# coding:UTF-8
import psutil                                    # pip install psutil
def main():
    print("【数据统计】网络数据交互信息：%s" % str(psutil.net_io_counters()))
                                                 # 信息输出
    print("【接口统计】网络接口信息：%s" % str(psutil.net_if_addrs()))
                                                 # 信息输出
    print("【接口状态】网络接口状态：%s" % str(psutil.net_if_stats()))
                                                 # 信息输出
if __name__ == "__main__":                       # 判断程序执行名称
    main()                                       # 调用主函数
```

程序执行结果：

【数据统计】网络数据交互信息：snetio(bytes_sent=278365, bytes_recv=530196, packets_sent=6810,
 packets_recv=3547, errin=0, errout=0, dropin=0, dropout=0)

【接口统计】网络接口信息：{'以太网 2':
[snicaddr(family=<AddressFamily.AF_LINK: -1>,
 address='0C-9D-92-BC-1F-63', netmask=None, broadcast=None, ptp=None)…

【接口状态】网络接口状态：{'以太网 2': snicstats(isup=False,
duplex=<NicDuplex.NIC_DUPLEX_FULL: 2>,
 speed=0, mtu=1500), …

　　本程序通过 psutil 模块提供的方法实现了对相关的网络数据信息的统计，同时又准确地获得了不同的网络设备信息。

12.1.6　进程池

　　使用多进程技术可以提高程序的运行性能，但传统的多进程开发模型只适合于并发进程数量不多的情况，如果说此时需要产生成百上千个进程进行并发处理，那么就有可能造成资源不足的问题，同时也有可能造成因进程过多而导致执行性能下降的问题。为了便于系统进程的管理，开发中可以利用进程池以提高进程对象的可复用性。

　　进程池的主要设计思想是将系统可用的进程对象放在一个进程池中进行管理，当需要创建子进程时，就通过该进程池获取一个进程对象，然而进程池中的对象并不是无限的，当进程池无可用对象时，新的进程将进入到阻塞队列进行等待，一直等到其他进程执行完毕将进程归还到进程池后才可以继续执行。进程池操作原理如图 12-9 所示。

　　在 Python 中，进程池的创建可以通过 multiprocessing.Pool 类来完成。该类中的常用方法如表 12-3 所示。

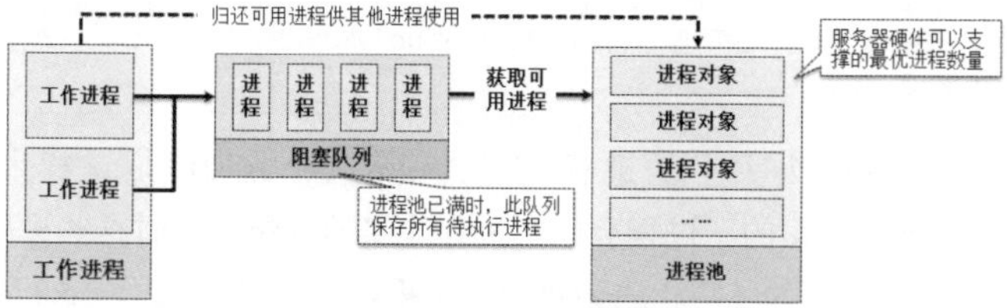

图 12-9　进程池操作原理

表 12-3　Pool 类的常用操作方法

序　号	方　　法	描　　述
1	apply(self, func, args=(), kwds={})	采用阻塞模式创建进程并接收返回结果
2	apply_async(func[, args[, kwds[, callback]]])	采用非阻塞模式创建进程，并且可以接收工作函数返回结果
3	apply_async(self, func, args=(), kwds={})	采用非阻塞模式进行数据处理
4	map_async(self, func, iterable)	采用非阻塞模式进行数据处理
5	close(self)	关闭进程池，不再接收新的进程
6	terminate(self)	中断进程
7	join(self)	进程强制执行

实例：创建两个大小的进程池

```python
# coding:UTF-8
import multiprocessing, time                          # 模块导入
def work (item):                                       # 进程处理函数
    time.sleep(1)                                      # 延迟
    return "【工作进程 ID：%s、工作进程名称：%s】item = %s" % (
        multiprocessing.current_process().pid,
        multiprocessing.current_process().name, item)  # 返回进程信息
def main():                                            # 主函数
    pool = multiprocessing.Pool(processes=2)           # 定义两个大小的进程池
    for item in range(10):                             # 创建 10 个进程
        result = pool.apply_async(func=work, args=(item,))
                                                       # 非阻塞形式执行进程
        print(result.get())                            # 获取进程返回结果
    pool.close()                                       # 执行完毕后关闭进程池
    pool.join()                                        # 等待进程池执行完毕
if __name__ == "__main__":                             # 判断程序执行名称
    main()                                             # 调用主函数
```
程序执行结果（随机抽取）：
【工作进程 ID：8564、工作进程名称：SpawnPoolWorker-1】item = 0
【工作进程 ID：10044、工作进程名称：SpawnPoolWorker-2】item = 1

本程序创建两个大小的进程池（Pool(processes=2)），这样所有通过 apply_async()方法创建的子进程会共享进程池中的资源，同时这些进程会采用非阻塞的方式执行，为了防止主函数提前结束，在程序中使用 pool.join()方法等待进程池任务全部执行完并关闭后才会继续执行后续代码。

12.2　多线程编程

操作系统中会存在一个或多个进程，而每一个进程都拥有各自独占的 CPU 资源，所以不同的进程之间无法进行资源共享（可以通过管道、套接字等其他手段来实现）。但是如果现在需要实现 CPU 资源共享，就可以通过线程技术来完成。

线程（Thread）是操作系统能够进行运算调度的最小的单位，一个线程实体有三个组成部分：当前指令指针、寄存器集合、堆栈组合。线程是比进程更轻量级的控制单元，创建和销毁线程的代价更小，利用线程可以提高进程的处理性能，在很多操作系统中，创建一个线程要比一个进程快 10～100 倍。

提示：内核线程与用户线程

线程在一些操作系统（如 UNIX 或 SunOS）中也称为轻量进程（Light Weight Process，LWP），而轻量进程更多是指系统内核线程（Kernel Thread），而用户线程（User Thread）才称为线程。

从资源分配的角度看，进程是所有资源分配的基本单位，而线程则是 CPU 调度的基本单位，即使在单线程进程中也是如此。

所有的线程都是程序中一个单一的顺序控制单元，一个进程可以创建多个线程实例，不同线程之间可以共享进程的相关资源，同时一个线程也可以创建并销毁其他线程，如图 12-20 所示。

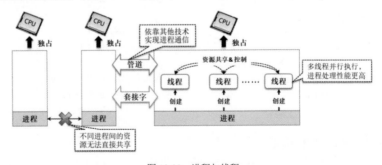

图 12-20　进程与线程

提示：关于系统可以处理的线程数

一台计算机可以并行执行的线程数是一种逻辑的概念，简单地说，就是对 CPU 核心数的模拟。例如，可以通过一个 CPU 核心数模拟出对应两个线程的 CPU，即这个单核 CPU 就被模拟成了一个类似双核 CPU 的功能，从任务管理器的性能标签页中可以看到相应的信息，如图 12-21 所示。一个 CPU 核心可以模拟出来的线程数量也是由硬件厂商定义的。

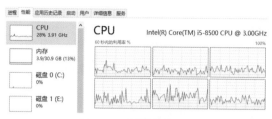

图 12-21　系统性能管理器

对于一个 CPU 而言，可以处理的线程数总是大于或等于核心数。一个核心至少对应一个线程，但通过超线程技术，一个核心可以对应两个线程，也就是说，它可以同时运行两个线程。如果要想查询当前系统 CPU 的可用数量，可以采用以下命令。

（1）Windows 系统。输入 wmic 命令，进入到 Windows 管理工具，随后使用以下子命令。

查看物理 CPU 个数	cpu get Name
查看 CPU 核心数量	cpu get NumberOfCores
查看核心数量	cpu get NumberOfLogicalProcessors

（2）Linux 系统。通过以下 grep 命令查看信息。

查看物理 CPU 个数	grep 'physical id' /proc/cpuinfo | sort -u
查看 CPU 核心数量	grep 'core id' /proc/cpuinfo | sort -u | wc -l
查看线程数	grep 'processor' /proc/cpuinfo | sort -u | wc -l

通过以上命令就可以分别获取当前系统所在硬件环境下的线程数量。

线程依赖进程创建，没有进程就不存在线程，线程一般具有 5 种基本状态，即创建、就绪、运行、阻塞、终止。线程状态的转移与方法之间的关系如图 12-22 所示。

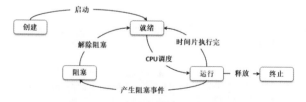

图 12-22　线程状态的转移与方法之间的关系

（1）**创建状态**：在程序中使用构造方法创建一个线程对象后，新的线程对象便处于创建状态，此时，它已经有了相应的内存空间和其他资源，但还处于不可运行状态。

（2）**就绪状态**：新建线程对象后就可以启动线程，这样线程将进入就绪状态，即进入线程等待排队，等待 CPU 调度服务，这表明它已经具备了运行条件。

（3）**运行状态**：当就绪状态的线程被调用并获得处理器资源时，线程就进入了运行状态。

（4）**阻塞状态**：一个正在执行的线程在某些特殊情况下，如被挂起或去执行耗时的输入输出操作时，将释放 CPU 资源并暂时中止自己的执行，进入阻塞状态，此时的线程不能进入等待队列，只有当引起阻塞的原因被消除后，线程才可以转入就绪状态。

（5）**终止状态**：当线程体中的操作方法执行结束后，线程即处于终止状态，处于终止状态的线程不具有继续运行的能力。

> **提示：关于 Python 多线程编程的弊端**
>
> Python 的代码执行均由 Python 虚拟机（又称为"解释器主循环"）进行控制，不管多进程还是多线程，一个 CPU 只能够运行一个进程或一个线程。为了保证同一时刻只能有一个线程在运行，Python 虚拟机的访问由全局解释器锁（Global Interpreter Lock，GIL）来控制，在 Python 虚拟机中对于多线程的操作采用以下方式。
>
> ↘ 设置 GIL。
>
> ↘ 切换到一个运行线程。
>
> ↘ 运行线程指令，运行一段时间后需要让出资源。
>
> ↘ 把线程设置为暂停状态。
>
> ↘ 解锁 GIL。
>
> 综合来讲，GIL 本质上属于一把全局解释器锁，这类全局锁的存在会对多个线程的执行造成影响，所以 Python 的多线程更像是单线程，正因为如此，Python 更加提倡使用多进程编程模型。

12.2.1 使用"_thread"模块实现多线程

Python 的多线程编程最早是依靠"_thread"模块实现的，利用该模块中提供的函数可以方便地进行线程的创建、线程同步锁的操作。该模块的常用函数如表 12-8 所示。

表 12-8   "_thread"模块的常用函数

序　号	函　　　数	描　　　述
1	def start_new_thread(function, args, kwargs=None)	启动一个新的线程，参数作用如下。 ↘ function：线程处理函数 ↘ args：传递给线程函数的参数（tuple 类型） ↘ kwargs：可选参数

序 号	函 数	描 述
2	def allocate_lock()	分配锁对象
3	def exit()	线程退出
4	def get_ident()	获取线程标识符
5	def interrupt_main()	终止主线程，会产生 KeyboardInterrupt 异常

实例：利用"_thread"模块创建多线程

```
# coding:UTF-8
import _thread, time                           # 导入线程实现模块
def thread_handle(thread_name, delay):         # 线程处理函数
    for num in range(5):                       # 迭代处理
        time.sleep(delay)                      # 操作延迟
        print("【%s】num = %s" % (thread_name, num)) # 输出线程提示信息
def main():                                    # 主函数
    for item in range(10):                     # 迭代处理
        _thread.start_new_thread(thread_handle, ("Thread - %s" % item,
1))                                            # 启动新线程
    time.sleep(500)            # 主进程添加延迟，保证子线程执行完成
if __name__ == "__main__":                     # 判断程序执行名称
    main()                                     # 调用主函数
```
程序执行结果（随机抽取）：
【Thread - 4】num = 0
【Thread - 5】num = 0
【Thread - 3】num = 0
后续重复内容略

本程序利用_thread.start_new_thread()函数实现了子线程的启动，在子线程创建中将 print_thread()函数作为每个子线程的处理函数，并且多个子线程采用交替形式并发执行。

提示："_thread"属于早期的线程模块

在 Python 3.x 中，在"_thread"模块前追加了一个"_"（而在 Python 2.x 中并没有），这样做的目的在于不建议读者继续使用此模块实现多线程，而建议使用新的 threading 模块实现多线程，原因如下：

❯ threading 模块设计更为先进，对线程的支持更加完善。

❯ "_thread"模块支持的同步处理较少，而 threading 模块同步处理支持较多（Event、Lock、Semaphore 等）。

❯ "_thread"模块在主线程结束后会强制结束所有的子线程，没有警告也不会有正常的清除处理，而 threading 模块能确保子线程结束后主线程才结束。

12.2.2 使用 threading 模块实现多线程

threading 是一个最新的多线程实现模块，拥有更加方便的线程控制以及线程同步支持，在此模块中提供了一个 Thread 类来实现线程的相关处理操作。threading.Thread 类的常用方法如表 12-9 所示。

表 12-9 threading.Thread 类的常用方法

序 号	方 法	描 述
1	def __init__(self, group=None, target=None, name=None, args=(), kwargs=None, *, daemon=None)	构建一个线程对象，参数作用如下。 ◥ group：分组定义 ◥ target：线程处理对象（代替 run()方法） ◥ name：线程名称，若不设置，则自动分配一个名称 ◥ args：线程处理对象所需要的执行参数 ◥ kwargs：调用对象字典 ◥ daemon：是否设置为后台线程
2	def start(self)	线程启动
3	def run(self)	线程操作主体，若没设置 target 处理函数，则执行此方法
4	def join(self, timeout=None)	线程强制执行
5	def name(self)	获取线程名称
6	def ident(self)	获取线程标识
7	def is_alive(self)	判断线程存活状态

使用 threading.Thread 类实现的多线程可以设置线程的执行函数，也可以定义单独的线程处理类。由于多线程的运行状态不确定，所以可以利用 threading.current_thread()函数动态获取当前正在执行方法的线程对象。

实例： 使用 threading 模块创建多线程

```python
# coding:UTF-8
import threading, time                          # 导入线程实现模块
def thread_handle(delay):                        # 线程处理函数
    for num in range(5):                         # 迭代操作
        time.sleep(delay)                        # 操作延迟
        print("【%s】 num = %s" % (
            threading.current_thread().getName(), num))  # 输出线程提示信息
def main():                                       # 主函数
    for item in range(10):                        # 迭代操作
        thread = threading.Thread(target=thread_handle, args=(1,),
name="执行线程 - %s" % item)
        thread.start()                            # 启动子线程
```

```
if __name__ == "__main__":          # 判断程序执行名称
    main()                          # 调用主函数
```
程序执行结果（随机抽取）：
【执行线程 - 3】num = 0
【执行线程 - 0】num = 0
【执行线程 - 2】num = 0
后续重复内容略

本程序实例化了 10 个 threading.Thread 类对象，并且为每一个 Thread 类对象设置了线程处理函数（target=thread_handle），当获取 Thread 类实例后可以通过 start()方法启动多线程，这样若干个线程将并发执行。

提示：获取活跃线程信息

在 Python 中可以创建多个线程，开发者可以利用 threading 模块中的两个函数获取活跃线程信息。

- 获取当前活跃线程个数：threading.active_count()。
- 获取活跃线程信息：threading.enumerate()，返回一个列表序列。

实例：获取线程信息

```
# 重复代码结构略
def main():                                    # 主函数
    for item in range(10):                     # 迭代产生线程
        thread = threading.Thread(target=thread_handle, args=(1,),
                name="执行线程 - %s" % item)      # 创建线程
        thread.start()                         # 启动子线程
    print("主线程 ID：%s、主线程名称：%s" %
(threading.current_thread().ident,
                threading.current_thread().name)) # 信息输出
    print("当前活跃线程个数：%s" % threading.active_count())
                                               # 信息输出
    print("当前活跃线程信息：%s" % threading.enumerate())    # 信息输出
if __name__ == "__main__":                     # 判断程序执行名称
    main()                                     # 调用主函数
```
程序执行结果：
主线程 ID：3304、主线程名称：MainThread
当前活跃线程个数：11
当前活跃线程信息：[<_MainThread(MainThread, started 11304)>, <Thread(执行线程 - 0, started
1096)>, …]

本程序一共创建了 10 个子线程，再加上默认启动的主线程，在子线程未执行完后，该程序一共会有 11 个活跃线程。

为了方便进行多线程的操作管理，可以将多线程的执行操作封装在一个线程处理类中，此线程类要求继承 Thread 父类，同时要将线程的执行操作定义在 run() 方法中。

实例：线程执行类

```
# coding:UTF-8
import threading, time                          # 导入线程实现模块
class MyThread(threading.Thread):               # 线程执行类
    def __init__(self, thread_name, delay):     # 构造方法
        super().__init__(name=thread_name)      # 调用父类构造
        self.__delay = delay                    # 保存延迟属性
    def run(self):                              # 线程执行函数
        for num in range(5):                    # 线程迭代执行
            time.sleep(self.__delay)            # 操作延迟
            print("【%s】 num = %s" % (
                threading.current_thread().getName(), num))
                                                # 输出线程提示信息
def main():                                     # 主函数
    for item in range(10):                      # 迭代创建线程
        thread = MyThread("执行线程 - %s" % item, 1)  # 实例化线程类对象
        thread.start()                          # 启动子线程
if __name__ == "__main__":                      # 判断程序执行名称
    main()                                      # 调用主函数
```

程序执行结果（随机抽取）：
【执行线程 - 1】num = 0
【执行线程 - 2】num = 0
【执行线程 - 6】num = 0
后续重复内容略

本程序创建了一个 MyThread 线程类，该类必须继承 threading.Thread 父类，同时需要覆写 run() 方法（定义线程执行主体）。当在主函数中创建 MyThread 子类实例时就可以通过继承的 start() 方法启动多线程。

程序创建的线程分为用户线程与守护线程，之前所创建的全部都属于用户线程，所有的用户线程都是进行核心操作的处理，而守护线程是一种运行在后台的线程服务线程，当用户线程存在时，守护线程也可以同时存在，如果用户线程全部消失（程序执行完毕，JVM 进程结束），则守护线程也会消失。

实例：创建守护线程

```
# coding:UTF-8
import threading, time                          # 导入线程实现模块
class MyThread(threading.Thread):               # 线程类
```

12

```
    def __init__(self, thread_name, delay, count):    # 构造方法
        super().__init__(name=thread_name)            # 调用父类构造
        self.__delay = delay                          # 保存延迟属性
        self.__count = count                          # 循环次数
    def run(self):                                    # 线程运行方法
        for num in range(self.__count):               # 依据循环次数执行循环
            time.sleep(self.__delay)                  # 操作延迟
            print("【%s】num = %s" % (
                threading.current_thread().getName(), num)) # 输出线程提示信息
def main():                                           # 主函数
    user_thread = MyThread("用户线程", 2, 5)          # 实例化线程对象
    daemon_thread = MyThread("守护线程", 1, 999)      # 实例化线程对象
    daemon_thread.setDaemon(True)                     # 设置守护线程
    user_thread.start()                               # 启动用户线程
    daemon_thread.start()                             # 启动守护线程
if __name__ == "__main__":                            # 判断程序执行名称
    main()                                            # 调用主函数
```

程序执行结果（随机抽取）：
【守护线程】num = 0
【用户线程】num = 0
【守护线程】num = 1
【守护线程】num = 2
后续重复内容略

本程序创建了两个线程，其中一个线程为守护线程，在用户线程未执行完毕前守护线程将持续执行，而当用户线程结束后守护线程也将停止运行。

12.2.3 定时调度

定时调度是指可以根据设定的时间安排自动执行程序任务，Python 提供了 sched 模块以实现定时调度，sched 模块采用单进程模式实现定时调度处理。

实例： 实现定时调度

```
# coding:UTF-8
import sched, threading                              # 模块导入
def event_handle(schedule):                          # 线程处理函数
    print("【%s】优拓软件学院：www.yootk.com" %
threading.current_thread().name)                      # 获取线程信息
    schedule.enter(delay=1, priority=0, action=event_handle,
argument=(schedule,))                                 # 延迟 1 秒后执行
def main():                                           # 主函数
```

```
    schedule = sched.scheduler()                    # 实例化调度对象
    # 线程调度操作，参数作用如下
    # "delay=0"：调度任务启动的延迟时间，如果设置为 0，表示立即启动
    # "priority=0"：多个调度任务的执行优先级，优先级越高，越有可能（不是一
    # 定）先被执行
    # "action=event_handle"：设置任务调度处理函数
    # "argument=[schedule,]"：调度处理函数相关参数（必须为可迭代对象）
    schedule.enter(delay=0, priority=0, action=event_handle,
argument=[schedule,])
    schedule.run()                                  # 启动调度线程
if __name__ == "__main__":                          # 判断程序执行名称
    main()                                          # 调用主函数
```

程序执行结果：

【MainThread】优拓软件学院：www.yootk.com
【MainThread】优拓软件学院：www.yootk.com
【MainThread】优拓软件学院：www.yootk.com
后续重复内容略

本程序利用 sched.scheduler 类实现了调度线程的创建，当使用 enter() 方法设置调度任务时，该任务会执行一次，所以需要在调度处理函数中重复使用 enter() 方法才可以实现定时任务的操作。

12.3　本 章 小 结

1．并发编程是完全发挥硬件资源性能的一种程序模型，可以实现多进程、多线程、多协程操作。

2．Python 中由于存在 GIL 问题，会导致线程并发执行性能降低，所以提倡多进程编程模型。

3．multiprocessing.Process 类可以实现进程操作对象的定义，在多进程实现中可以单独设置进程函数，也可以直接定义一个进程类，此类需要继承 Process 父类，同时覆写 run() 方法。

4．守护进程是运行在后台的一种进程，随着主进程的启动而启动、主进程的消亡而结束。

5．os.fork() 函数提供了 Linux 下的 fork() 函数实现，可以直接进行子进程的创建，但是无法在 Windows 系统中使用。

6．进程池可以提高系统进程资源的复用性，避免因过多进程所造成的性能下降问题。

7．每一个进程都是独立的实体，无法直接进行数据共享，可以利用管道流、进程队列、Manager 实现不同进程间的数据交互处理。

第 13 章　IO 编 程

在操作系统中，IO 属于最为重要的操作资源，利用 IO 可以实现数据的输入与输出标准操作，为了方便用户实现 IO 处理，Python 提供了一系列的内部以及扩展支持。本章将讲解磁盘目录与文件操作、随机读取、跨平台路径访问以及各种文件的 IO 操作支持。

13.1　文 件 操 作

文件是进行数据记录的基本操作单元，在程序中可以利用文件记录一些重要数据信息，在 Python 内部直接提供有文件的读写操作。下面通过具体的代码来为读者进行讲解。

13.1.1　打开文件

Python 中的文件操作需要一个文件对象（类型为 TextIOWrapper）才可以进行，如果要想获得此文件对象，则必须利用内建模块（builtins）中提供的 open()函数来完成，此函数定义如下：

```
def open(file, mode='r', buffering=None, encoding=None, errors=None, newline=None, closefd=True)
```

open()函数中参数的作用如下。
➥ **file**：定义要操作文件的相对或绝对路径，该参数必须传递。
➥ **mode**：文件操作模式，默认为读取模式（其值为 r）。文件操作模式标记如表 13-1 所示。
➥ **buffering**：设置缓冲区大小。

➥ **encoding**：文件操作编码，一般使用 UTF-8 编码。

➥ **errors**：设置报错级别是需要强制处理（其值为 strict），还是忽略错误（其值为 ignore），当值为 None 时，则表示不进行任何处理。

➥ **newline**：设置换行符。

➥ **closefd**：设置文件关闭模式，如果传进来的路径是文件，则表示结束时要关闭文件（设置为 True）。

表 13-1　文件操作模式标记

序　号	模　　式	描　　述
1	r	使用只读模式打开文件，此为默认模式
2	w	写模式，如果文件存在，则覆盖；如果文件不存在，则创建
3	x	写模式，新建一个文件，如果该文件已存在，则会报错
4	a	内容追加模式
5	b	二进制模式
6	t	文本模式（默认）
7	+	打开一个文件进行更新（可读可写）

当获取到文件对象之后，就可以通过表 13-2 所示的文件属性获取相关的文件信息。

表 13-2　文件属性

序　号	属　　性	描　　述
1	file.closed	如果文件已经关闭，则返回 True；否则返回 False
2	file.mode	返回被打开文件的访问模式
3	file.name	返回文件的名称

文件操作属于资源的访问，文件操作完成后一定要使用 close()方法关闭文件。下面代码演示了文件的基本操作形式。

实例：获取文件相关信息

```
# coding:UTF-8
def main():                                        # 主函数
    try:                                           # 捕获可能产生的异常
        file = open("d:\\info.txt", "r")           # 采用只读模式打开文件
        print("文件名称：%s" % file.name)            # 获取文件名称
        print("文件是否已关闭：%s" % file.closed)     # 判断文件状态
        print("文件访问模式：%s" % file.mode)         # 获取访问模式
    finally:                                       # 资源操作必须释放
```

```
        file.close()                              # 关闭文件
        print("调用 close()方法后的关闭状态：%s" % file.closed)
                                                  # 文件关闭后的状态
if __name__ == "__main__":                        # 判断程序执行名称
    main()                                        # 调用主函数
```

程序执行结果：
文件名称：d:\info.txt
文件是否已关闭：False
文件访问模式：r
调用 close()方法后的关闭状态：True

本程序利用 try…finally 的语法形式实现了文件的打开与关闭控制，在通过 open()函数打开文件时将获得一个 file 的文件操作对象，利用此对象的属性就可以获取当前文件的相关信息。

13.1.2 文件读写

文件对象除了可以获取文件的基本信息之外，也可以实现文件内容的读写操作。文件操作方法如表 13-3 所示。

表 13-3　文件操作方法

序　号	方　　　法	描　　　述
1	def close(self)	关闭文件资源
2	def fileno(self)	获取文件描述符，返回内容为：0（标准输入，stdin）、1（标准输出，stdout）、2（标准错误，stderr）、其他数字（映射打开文件的地址）
3	def flush(self)	强制刷新缓冲区
4	def read(self, n: int = -1)	数据读取，默认读取全部内容，也可以设置读取个数
5	def readlines(self, hint: int = -1)	读取所有数据行，并以列表的形式返回
6	def readline(self, limit: int = -1)	读取每行数据（"\n" 为结尾），也可以设置读取个数
7	def truncate(self, size: int = None)	文件截取
8	def writable(self)	判断文件是否可以写入
9	def write(self, s: AnyStr)	文件写入
10	def writelines(self, lines: List[AnyStr])	写入一组数据

实例：写入单行文件

```
# coding:UTF-8
```

```
def main():                                        # 主函数
    try:                                           # 捕获可能产生的异常
        file = open(file="d:\\info.txt", mode="w")  # 采用写入模式打开文件
        file.write("沐言优拓：www.yootk.com")        # 写入文件
    finally:                                       # 资源操作必须释放
        file.close()                               # 关闭文件
if __name__ == "__main__":                         # 判断程序执行名称
    main()                                         # 调用主函数
```

程序执行结果（记事本观察）：

info.txt - 记事本 — □ ×

文件(F) 编辑(E) 格式(O) 查看(V) 帮助(H)

沐言优拓：www.yootk.com

本程序创建了一个写入模式的文件对象，随后通过文件操作对象 file 调用 write() 方法实现了文件内容的写入操作，如果此时重复执行此代码，则新的内容会覆盖已有的文件数据。

提示：通过 with 关键字简化操作流程

在资源访问结束后一定要通过 close() 方法进行资源释放，如果开发者认为每一次都需要手工调用 close() 方法进行资源关闭过于复杂，则可以通过 with 关键字进行文件对象的管理，这样将会在文件资源访问结束后自动调用 close() 方法关闭资源。

实例：使用 with 关键字管理文件对象

```
# coding:UTF-8
def main():                                             # 主函数
    with open(file="d:\\info.txt", mode="w") as file:   # with 管理
        file.write("沐言优拓：www.yootk.com")             # 写入文件
if __name__ == "__main__":                              # 判断程序执行名称
    main()                                              # 调用主函数
```

此时程序利用 with 关键字实现了文件操作的上下文管理，这样在文件访问结束后会自动调用 close() 方法关闭文件资源。

在对文件对象进行操作过程中，如果现在不希望文件原有内容被覆盖，可以使用内容追加模式（其值为 a），则新的内容会在已有内容后追加。

实例：追加文件信息

```
# coding:UTF-8
def main():                                              # 主函数
    with open(file="d:\\info.txt", mode="a") as file:    # 采用内容追加模式
                                                         # 方式打开文件
        file.write("沐言优拓：www.yootk.com\n")            # 写入文件
```

```
if __name__ == "__main__":                    # 判断程序执行名称
    main()                                     # 调用主函数
```

程序执行结果（记事本观察）：

info.txt - 记事本
文件(F) 编辑(E) 格式(O) 查看(V) 帮助(H)
沐言优拓：www.yootk.com
沐言优拓：www.yootk.com
沐言优拓：www.yootk.com

本程序使用内容追加模式（a）实现了文件写入，这样新写入的内容将自动追加在已有内容之后。

实例：读取文件内容

```
# coding:UTF-8
def main():                                           # 主函数
    with open(file="d:\\info.txt", mode="r") as file: # 采用只读模式打开文件
        val = file.readline()                         # 读取一行数据
        while val:                                     # 数据不为空则继续读取
            print(val, end="")                         # 输出每行数据
            val = file.readline()                      # 继续读取下一行
if __name__ == "__main__":                             # 判断程序执行名称
    main()                                             # 调用主函数
```
程序执行结果：
沐言优拓：www.yootk.com
多行数据都可以读取出来，显示略

本程序使用只读模式（r）打开了文件，随后使用 while 循环和 readline() 方法获取并输出该文件中的每一行内容。

提示：文件操作对象支持迭代操作

当获取了一个文件对象并且需要得到里面全部内容时，可以直接对文件对象进行迭代，这样每次迭代都会获取一行数据（以"\n"作为读取分隔符）。实现代码如下所示。

实例：通过迭代文件对象读取全部数据

```
# coding:UTF-8
def main():                                           # 主函数
    with open(file="d:\\info.txt", mode="r") as file: # 采用只读模式打开文件
        for line in file:                              # 迭代文件对象
            print(line, end="")                        # 输出读取数据
if __name__ == "__main__":                             # 判断程序执行名称
    main()                                             # 调用主函数
```
程序执行结果：
沐言优拓：www.yootk.com
多行数据都可以读取出来，显示略

本程序直接进行文件对象迭代，利用循环读取文件中的每行数据内容。

13.1.3 随机读取

在使用文件对象读取数据时，Python 也提供了对数据随机读取的操作支持，即可以利用 seek()函数进行数据读取索引的定位，而后再利用 read()方法读取指定长度的文件内容，在每一次读取时也可以通过 tell()方法获取当前的位置。随机读取操作方法如表 13-4 所示。

表 13-4　随机读取操作方法

序　号	方　　法	描　　述
1	def seek(self, offset: int, whence: int = 0)	设置文件读取位置标记，该方法可以接收两个参数。 ➥ offset：读取偏移量（字节数） ➥ whence：可选参数，默认值为 0。offset 参数表示要从哪个位置开始偏移：0 代表从文件开头开始；1 代表从当前位置开始；2 代表从文件末尾开始
2	def seekable(self)	判断是否可以偏移
3	def tell(self)	获取当前文件标记

在进行文件随机读取操作中，如果要想准确实现数据的随机读取，则一定要对数据保存的长度进行限制。例如，本次将保存多组数据，每组数据包含有姓名（长度为 10 位）和年龄（长度为 4 位）。数据存储结构如图 13-1 所示。

字符串为10位　　　　　　　数字为4位　　　➡ 每行数据长度：15位

z	h	a	n	g	s	a	n					3	0	\n	➡ 第一组数据：0～14位保存
l	i	s	i									1	6	\n	➡ 第二组数据：15～29位保存
w	a	n	g	w	u							2	0	\n	➡ 第三组数据：30～44位保存

图 13-1　数据存储结构

为了保证每组数据长度一致，可以使用字符串函数对缺少的位数补充空格；同时为了方便数据存储，字符串采用左对齐（右面补充空格），数字采用右对齐（左边补充空格）；为了便于浏览，在每行数据之后都追加有一个换行符"\n"。下面首先实现文件数据的存储。

实例：按照数据长度写入数据文件

```
# coding:UTF-8
NAMES = ("zhangsan", "lisi", "wangwu")              # 定义一个姓名常量元组
AGES = (30, 16, 20)                                  # 定义一个年龄常量元组
def main():                                          # 主函数
    with open(file="d:\\info.txt", mode="a") as file:  # 打开操作文件
        for foot in range(len(NAMES)):               # 循环元组获取数据
            content = "{name:<10}{age:>4}\n".format(# 姓名 10 位，年龄 4 位，
```

```
                                                    # 不够补充空格
                name=NAMES[foot], age=AGES[foot])# 为数据设置长度
            file.write(content)                     # 写入数据内容
if __name__ == "__main__":                          # 判断程序执行名称
    main()                                          # 调用主函数
```

程序执行结果：

info.txt - 记事本
文件(F) 编辑(E) 格式(O) 查看(V) 帮助(H)
zhangsan   30
lisi   16
wangwu   20

　　本程序利用元组的形式定义了本次操作中要向文件内部保存的姓名和年龄数据，由于需要进行随机读写的操作，那么在进行内容设置的同时就必须为数据设置保存长度，本次设置的姓名长度为 10（姓名数据采用左对齐的模式），年龄长度为 4（年龄数据采用右对齐的模式）。当有了准确的数据长度之后，就可以方便地进行数据内容的随机读取操作。

实例：随机读取数据

```
# coding:UTF-8
def main():                                     # 主函数
    with open(file="d:\\info.txt", mode="r") as file:  # 打开操作文件
        file.seek(15)                           # 调整位置，读取第二行数据
        # tell()可以获取当前的操作位置（本次为每行的最后一个换行符）
        print("【第二行数据】当前位置：%s，姓名：%s，年龄：%d" % (
                file.tell(), file.read(10).strip(), int(file.read(5))))
                                                # 信息输出
        file.seek(0)                            # 调整位置，读取第一行数据
        print("【第一行数据】当前位置：%s，姓名：%s，年龄：%d" % (
                file.tell(), file.read(10).strip(), int(file.read(5))))
                                                # 信息输出
        file.seek(30)                           # 调整位置，读取第三行数据
        print("【第三行数据】当前位置：%s，姓名：%s，年龄：%d" % (
                file.tell(), file.read(10).strip(), int(file.read(5))))
                                                # 信息输出
if __name__ == "__main__":                      # 判断程序执行名称
    main()                                      # 调用主函数
```
程序执行结果：
【第二行数据】当前位置：15，姓名：lisi，年龄：16
【第一行数据】当前位置：0，姓名：zhangsan，年龄：30
【第三行数据】当前位置：30，姓名：wangwu，年龄：20

　　本程序利用 seek()函数实现了对数据读取位置的更改，通过这种方式每一

次进行数据读取时，用户都可以随机修改读取位置以读取不同数据行的内容。
本次数据的随机读取流程如图 13-2 所示。

图 13-2　随机读取流程

　　使用随机读取最大的好处在于可以方便地对指定范围内数据进行读取。如
果此时要处理的文件数据量较大，则可以利用 seek()函数随机读取的特点并结
合 yield 关键字，将每次读取到的部分数据返回后再处理，这样就可以避免因文
件过大而造成内存资源被过多占用的问题。具体操作如图 13-3 所示。

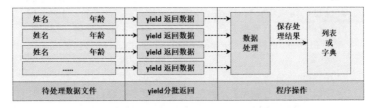

图 13-3　使用 yield 关键字并结合 seek()函数读取处理数据

　　实例：使用 yield 关键字结合 seek()函数分批读取数据并统计用户的平均
年龄

```
# coding:UTF-8
NAME_LENGTH = 10                              # 设置姓名数据的保存长度
READ_LENGTH = 5                               # 设置每次读取数据的个数
line_count = 0                                # 设置保存数据读取的行数
def get_age():                                # 数据获取函数
    seek_offset = 0                           # 当前的偏移量
    with open(file="d:\\info.txt", mode="r") as file:    # with 管理
        while True:                           # 持续进行数据读取
```

```
            file.seek(seek_offset + NAME_LENGTH) # 设置读取位置
            data = file.read(READ_LENGTH)        # 读取年龄数据
            if data:                             # 如果数据存在
                global line_count                # 引用全局变量
                line_count = line_count + 1      # 数据行统计数量加 1
                seek_offset = file.tell()        # 修改当前文件偏移量
                yield int(data)                  # 返回读取到的数据等待处理
            else:                                # 数据全部读取完毕
                return                           # 结束函数调用
def main():                                      # 主函数
    sum = 0;                                     # 保存总年龄数据
    for age in get_age():                        # 通过生成器获取数据
        sum = sum + age                          # 保存每一次读取到的年龄数据
    print("一共读取了%d 条数据信息，用户平均年龄为：%3.2f" %
        (line_count, sum / line_count))          # 信息输出
if __name__ == "__main__":                       # 判断程序执行名称
    main()                                       # 调用主函数
```

程序执行结果：

一共读取了 3 条数据信息，用户平均年龄为：22.00

本程序的主要功能是针对给出的数据实现了一个平均年龄的统计操作，在本程序处理过程中，考虑到读取的文件数量有可能较大，并没有一次性地将全部数据读取进来，而是利用了 seek()函数定位的形式读取年龄范围的数据内容，同时将每一次读取到的数据利用 int()函数转换为整型后返回给外部程序进行累加处理，全部读取完成后利用除法计算的形式获取了用户的平均年龄。

13.1.4　文件编码

在计算机的世界中，所有的显示文字都是按照一定的数字编码进行保存的，在以后进行程序的开发中，会经常见到一些常见的编码，具体如下。

- **ISO 8859-1：**一种国际通用单字节编码，最多只能表示 0～255 的字符范围，主要在英文传输中使用。

- **GBK / GB2312：**中文的国标编码，专门用来表示汉字，是双字节编码，其中 GBK 可以表示简体中文和繁体中文，而 GB2312 只能表示简体中文，GBK 兼容 GB2312。

- **UNICODE：**十六进制编码，可以准确地表示出世界上任何的文字信息，但是需要较大的存储空间。

- **UTF 编码：**由于 UNICODE 容易占用过多的存储空间，即使英文字母也需要使用两个字节编码，不便于传输和存储，因此产生了 UTF 编码。UTF 编码兼容了 ISO 8859-1 编码，同时也可以用来表示所有的语言字

符，不过 UTF 编码是不定长编码，每一个字符的长度为 1～6 个字节，一般在中文网页中较为常用的是 UTF-8 编码，因为这种编码既节省空间又可以准确地描述文字信息。

提示：关于 ANSI 编码

如果开发者使用的是 Windows 操作系统，则默认采用的编码形式为 ANSI，这一点可以直接通过 Windows 命令行工具提供的 chcp 命令查看。

实例：查看 Windows 操作系统的默认编码

```
chcp
```
程序执行结果：
活动代码页：936（即为 GBK 编码）

此时返回的是 GBK 编码，但是这种编码处理比较麻烦，一般不适合于代码编写，所以在 Windows 上编写代码时，如果采用了 UTF-8 编码，则通过命令行方式执行时就有可能出现无法正确执行的问题。

在 Python 中，由于所有的文字信息都可以使用字符串进行定义，那么使用者也可以直接利用字符串中提供的 encode() 函数在程序中执行编码的转换。

实例：观察编码转换（本次采用 GBK 编码处理）

```
# coding:UTF-8
def main():                                          # 主函数
    message = "沐言优拓 - 李兴华".encode("GBK")        # 使用 GBK 编码
    print("编码后的数据类型：%s" % type(message))       # 获取变量类型
    print(message)                                   # 输出编码后的信息
if __name__ == "__main__":                           # 判断程序执行名称
    main()                                           # 调用主函数
```
程序执行结果：
编码后的数据类型：<class 'bytes'>
b'\xe3\xe5\xd1\xd4\xd3\xc5\xcd\xd8 - \xc0\xee\xd0\xcb\xbb\xaa'

此时的程序将一个默认的字符串利用 encode() 函数转换成 GBK 的编码内容（编码转换之后的数据类型为字节数组）。同理，如果现在需要对已编码的文本进行解码操作，可以直接使用 decode() 函数完成。

```
# coding:UTF-8
def main():                                          # 主函数
    message = "沐言优拓 - 李兴华".encode("GBK")        # 使用 GBK 编码
    print(message.decode("GBK"))                     # 解码操作
if __name__ == "__main__":                           # 判断程序执行名称
    main()                                           # 调用主函数
```
程序执行结果：

本程序利用 decode()函数对 GBK 编码的字节数组进行了解码操作，只要编码和解码的类型相同就可以得到正确的数据内容。

 提问：如何获取当前系统的默认编码？

以上的程序是通过指定的编码类型进行的数据处理，但是在实际开发中，我们该如何知道当前系统的默认编码？

 回答：使用 chardet 第三方组件。

在使用 encode()函数编码的过程中，如果没有设置任何的编码信息，则会使用当前的默认编码对数据内容进行处理；而对于获取到的二进制数据，就可以直接通过 chardet 第三方组件获取编码信息。

实例：获取当前系统的默认编码信息

```
# coding:UTF-8
import chardet                              # 第三方组件
def main():                                 # 主函数
    message = "沐言优拓 - 李兴华".encode()      # 使用默认编码
    print(chardet.detect(message))          # 检测当前编码
if __name__ == "__main__":                  # 判断执行名称
    main()                                  # 调用主函数
```
程序执行结果：
```
{'encoding': 'utf-8', 'confidence': 0.505, 'language': ''}
```

为了获取默认编码的信息，本程序导入了一个第三方组件，并且利用 chardet.detect()函数获取了指定字节数据的编码信息，由于本程序在使用 encode()函数时并没有设置具体的编码类型，所以会采用默认的 UTF-8 编码。

在程序中如果没有正确处理字符的编码，则有可能出现乱码问题。假设本机的默认编码是 GBK，但在程序中使用了 UTF-8 编码，则会出现字符的乱码问题，如图 13-4 所示。就好比两个人交谈，一个人说的是中文，另外一个人说的是其他语言，如果语言不同，则肯定无法正常沟通。

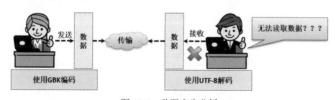

图 13-4　乱码产生分析

在开发中如果要避免乱码的产生，则让程序的编码与本地的默认编码保持一致就可以了，而开发中使用最广泛的编码为 UTF-8。

在项目实际开发过程中，为了方便文件数据的正确解读，一般建议统一使用 UTF-8 编码，这样只需要在打开操作文件时利用 encoding 参数配置即可。

实例： 设置文件保存编码

```
# coding:UTF-8
def main():                                              # 主函数
    with open(file="d:\\info.txt", mode="w", encoding="UTF-8") as file:
        # 定义文件编码
        file.write("沐言优拓：www.yootk.com")            # 写入文件
if __name__ == "__main__":                               # 判断执行名称
    main()                                               # 调用主函数
```

本程序在文件打开时直接使用 encoding 参数设置了操作的编码为 UTF-8，这样在进行写入时就会使用 UTF-8 编码对数据内容进行编码处理。

13.1.5 文件缓冲

在使用 open()函数创建文件的时候可以直接使用 write()方法进行写入，而在写入的过程中，是 Python 程序调用了 CPU 中的数据写入指令，而后 CPU 会将内容直接写入存储终端，但是如果每一次写入的数据量很小，那么就会造成 IO（Input 与 Output 的简写）性能的严重浪费。此时可以考虑将要写入的内容通过一定的算法先保存在内存缓冲区中，随后将缓冲区中的数据一次性写入磁盘，这样就可以提高 IO 性能，如图 13-5 所示。

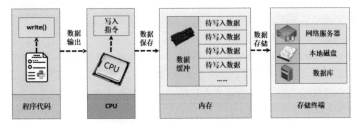

图 13-5　将数据写入缓冲

缓冲是在内存中开辟的一块特殊区域，是针对某一个进程提供的内存存储空间，通过合理的缓冲操作可以提升数据写入与数据读取操作的性能，是在开发中常用的技术手段。在 Python 中，当使用 open()函数创建操作文件对象时都可以通过 buffering 参数实现缓冲的配置。根据 buffering 参数设置内容的不同，缓冲区又分为以下 3 种。

➥ **全缓冲（buffering 参数大于 1）：** 当标准 IO 缓存被填满后才会进行真正的 IO 操作，全缓冲的典型代表就是对磁盘文件的读写操作。

➤ **行缓冲（buffering 参数为 1）**：在 IO 操作中遇见换行符时才进行真正的 IO 操作。例如：在使用网络聊天工具时所编辑的文字在没有发送前是不会进行 IO 操作的。

➤ **不缓冲（buffering 参数为 0）**：直接进行终端设备的 IO 操作，数据不经过缓冲保存。例如：当程序发生错误时希望可以立即将错误信息显示给用户，那么此时就不需要进行缓存的设置。需要注意的是，只有二进制文件可以设置为不缓冲，而普通的文本文件不支持不缓冲。

实例：设置行缓冲

具体实现如表 13-5 所示。

表 13-5　设置行缓冲

No.	操 作	代 码
步骤 1	打开操作文件，由于采用写入模式，所以此时已有的文件内容会被删除	`file = open(file="d:\\info.txt", mode="w", encoding="UTF-8", buffering=1)`
步骤 2	写入数据，但是不换行，由于缓冲区的存在，所以该数据不会被保存在文件中	`file.write("沐言优拓：www.yootk.com")`
步骤 3	写入换行数据实现真正 IO 操作	`file.write("\n")`

为了方便读者观察缓冲区的操作效果，本程序只能够利用交互界面的形式完成，由用户写入换行符，实际上内容不会真正地保存到文件中。

> 📖 **注意：缓冲清空**
>
> 在进行文件缓冲处理的过程中，如果现在使用者没有输出换行符 file.write("\n")，则当使用 file.close() 方法关闭文件时也会自动进行缓冲区的刷新；而对于不能关闭的文件同时又使用了缓冲区的操作，可以通过 file.flush() 方法进行缓冲区的强制清空处理，这一点读者可以自行实验。

13.2　本 章 小 结

1. Python 中提供的 open() 函数可以直接打开文件，在文件打开时可以使用不同的 mode 参数设置文件的操作格式，使用 r 表示只读模式，使用 w 表示只写模式，也可以使用"+"定义多种模式。例如："w+"表示读写模式。

2. 通过 open() 函数可以获取一个文件操作对象，利用文件对象中提供的 read() 方法实现文件数据的输入，利用 write() 方法实现文件数据的输出。

3．在文件对象中可以通过 seek()函数实现读取索引的定位，利用这种定位机制以及保存数据定长的操作，可以方便地读取一个文件中的部分数据，实现随机读取功能。

4．为了提高磁盘数据的写入效率，可以在数据输出时提供一个写缓冲操作，这样可以将多行数据一次性写入磁盘，在 Python 中针对缓冲提供了 3 类模式：不缓冲、行缓冲、全缓冲，在文件关闭时会自动清空缓冲，开发者也可以使用 flush()函数强制性清空缓冲区。

13

第14章 图形界面

学习目标

- ➥ 理解 GUI 图形界面编程的意义以及基本实现；
- ➥ 理解窗体、组件与布局管理器之间的关联；
- ➥ 理解 GUI 中的常用事件以及事件的处理；
- ➥ 理解 pyinstaller 组件的使用，并可以使用该组件创建可执行程序；
- ➥ 理解列表框、单选按钮、复选框、滑动条、菜单以及下拉列表框组件的使用；
- ➥ 了解图形绘制基本操作，并可以使用 Canvas、graphics、Turtle 实现简单的图形绘制。

Python 是一门经过长期发展的编程语言，在 Python 内部提供有传统的单机版程序的 GUI 界面开发。本章将通过程序代码讲解通过 tkinter 模块实现图形界面的开发。

14.1 GUI 编程起步

图形用户接口（Graphical User Interface，GUI）是人机交互的重要技术手段，在 Python 中利用 tkinter 模块就可以方便地实现图形界面。在 tkinter 模块中提供了多种不同的窗体组件。这些组件如表 14-1 所示。

表 14-1 tkinter 模块中的窗体组件

序　号	组　件	描　述
1	Button	按钮组件，在界面中显示一个按钮
2	Canvas	画布组件，在界面中显示一个画布，而后在此画布上进行绘图
3	Checkbutton	复选框组件，可以实现多个选项的选定
4	Entry	输入组件，用于显示简单的文本内容
5	Frame	框架组件，在进行排版时实现子排版模型
6	Label	标签组件，可以显示文字或图片信息
7	Listbox	列表框组件，可以显示多个列表项
8	Menu	菜单组件，在界面上端显示菜单栏、下拉菜单或弹出菜单
9	Menubutton	菜单按钮组件，为菜单定义菜单项
10	Message	消息组件，用来显示提示信息
11	Radiobutton	单选按钮组件，可以实现单个菜单项的选定

续表

序 号	组 件	描 述
12	Scale	滑动条组件，设置数值的可用范围，通过滑动切换数值
13	Scrollbar	滚动条组件，为外部包装组件，当有多个内容显示不下时，可以出现滚动条
14	Text	文本组件，可以实现文本或图片信息的显示
15	Toplevel	顶级窗口组件，可以实现对话框
16	Spinbox	输入组件，与 Entry 对应，可以设置数据输入访问
17	PanedWindow	窗口布局组件，可以在内部提供一个容器实现子窗口定义
18	LabelFrame	容器组件，实现复杂组件布局
19	MessageBox	消息组件，可以进行提示框的显示

tkinter 模块为 Python 内置模块，不需要额外进行安装，而在使用 tkinter 模块开发图形界面时都需要设置一个基本的容器（例如：一个窗体本身就属于一个容器），在一个容器内还可以包含多个组件，为了便于组件管理，就需要有进行组件显示的布局管理。在一个容器内还可以设置许多的子容器，每个子容器也拥有独立的布局管理和组件，基于这样的嵌套关系就可以形成一个完整的图形界面开发过程。

提示：关于 Python 的图形编程

在 Python 中，除了本次要讲解的 tkinter 模块之外，实际上还提供了 wxPython、PyQt5 模块，以及与 Java 图形界面组件衔接的 Jython 模块。由于图形编程一般都属于单机版程序，而 Python 技术的发展重点并不在此，所以考虑到读者知识体系的学习需求，本书只讲解了 tkinter 模块，而对其他模块有学习需求的读者也可以参考相关资料自行学习。

14.1.1 窗体显示

任何一个图形界面都会包含有一个主窗体，在主窗体内可以设置不同的组件，在 tkinter 模块中提供了 Tk 类，该类可以负责窗体的创建以及相关的属性定义。tkinter.Tk 类的常用方法如表 14-2 所示。

表 14-2　tkinter.Tk 类的常用方法

序 号	方 法	描 述
1	def title(self, string=None)	设置窗体显示标题
2	def iconbitmap(self, bitmap=None, default=None)	设置窗体图标
3	def geometry(self, newGeometry=None)	设置窗体大小
4	def minsize(self, width=None, height=None)	设置窗体最小化尺寸
5	def maxsize(self, width=None, height=None)	设置窗体最大化尺寸
6	def mainloop(self, n=0)	界面循环时显示窗体变化

实例：显示窗体

```
# coding:UTF-8
import tkinter, os                                    # 模块导入
LOGO_PATH = "resources" + os.sep + "yootk-logo.ico"   # 图标路径
class MainForm:                                        # 定义主窗体类
    def __init__(self):                               # 构造方法
        root = tkinter.Tk()                           # 创建窗体
        root.title("沐言优拓：www.yootk.com")          # 设置窗体标题
        root.iconbitmap(LOGO_PATH)                    # 设置窗体图标
        root.geometry("500x100")                      # 设置主窗体尺寸
        root.maxsize(1000, 400)                       # 设置窗体最大尺寸
        root["background"] = "LightSlateGray"         # 设置背景颜色
        root.mainloop()                               # 循环监听
def main():                                            # 主函数
    MainForm()                                         # 显示主窗体
if __name__ == "__main__":                            # 判断执行名称
    main()                                             # 调用主函数
```

程序执行结果：

本程序实现了一个基础窗体的显示，在程序中设置了窗体的尺寸、图标路径以及图标（图标保存在项目的 resources 目录中）信息，同时又将主窗体的背景色设置为浅灰色。

14.1.2 标签组件

标签组件的主要功能是定义文字和显示图片信息，在图形界面编程中，通过标签组件可以实现一些提示文字的定义，在 tkinter 模块中，标签组件可以通过 tkinter.Label 类进行定义，而该组件的显示则需要通过 pack()方法来实现。

实例：定义文字与图片标签组件

```
# coding:UTF-8
import tkinter, os                                    # 模块导入
LOGO_PATH = "resources" + os.sep + "yootk-logo.ico"   # 图标
IMAGES_PATH = "resources" + os.sep + "yootk.png"      # 图片
class MainForm:                                        # 主窗体
```

```
    def __init__(self):                              # 构造方法
        root = tkinter.Tk()                          # 创建窗体
        root.title("沐言优拓：www.yootk.com")         # 设置窗体标题
        root.iconbitmap(LOGO_PATH)                   # 设置窗体图标
        root.geometry("500x300")                     # 设置主窗体大小
        root.maxsize(1000, 400)                      # 设置窗体最大尺寸
        root["background"] = "LightSlateGray"        # 设置背景颜色
        label_text = tkinter.Label(root, text="沐言优拓：www.yootk.com",
            width=200, height=200, bg="#223011",
            font=("微软雅黑", 20), fg="#ffffff", justify="right")
                                                     # 文字标签
        photo = tkinter.PhotoImage(file=IMAGES_PATH) # 图片
        label_photo = tkinter.Label(root, image=photo) # 图片标签
        label_photo.pack()                           # 显示图片
        label_text.pack()                            # 显示文字
        root.mainloop()                              # 循环监听
def main():                                          # 主函数
    MainForm()                                       # 显示主窗体
if __name__ == "__main__":                           # 判断执行名称
    main()                                           # 调用主函数
```

程序执行结果：

本程序在创建的主窗体内部设置了两个标签组件，一个标签组件为文字（设置了字体、颜色），另外一个标签组件为图片，而所有的组件要在主窗体中显示则必须执行 pack() 方法。

14.1.3　文本组件

图形界面最重要的作用是实现人机交互的处理，这样就必须在图形界面中提供有文本组件让用户可以实现数据的输入处理，tkinter 模块的 tkinter.Text 类可以实现文本组件的定义，该组件可以

输入并显示单行文本、多行文本及图片，所以是一个支持类型丰富的文本编辑器。

文本组件在进行文字编辑时一般都会提供一个输入数据的光标，这样开发者就可以依据光标实现数据的输入。tkinter 模块通过 Marks 实现光标位置的确定，常见的光标形式为 current（当前位置）、end（结尾处）。

实例： 定义文本组件

```python
# coding:UTF-8
import tkinter, os                                      # 模块导入
LOGO_PATH = "resources" + os.sep + "yootk-logo.ico"     # 图标
IMAGES_PATH = "resources" + os.sep + "yootk.png"        # 图片
class MainForm:                                          # 主窗体
    def __init__(self):                                 # 构造方法
        root = tkinter.Tk()                             # 创建窗体
        root.title("沐言优拓：www.yootk.com")            # 设置窗体标题
        root.iconbitmap(LOGO_PATH)                       # 设置窗体图标
        root.geometry("500x300")                         # 设置主窗体大小
        root.maxsize(1000, 400)                          # 设置窗体最大尺寸
        root["background"] = "LightSlateGray"            # 设置背景颜色
        text = tkinter.Text(root, width=50, height=15, font=("微软雅黑", 10))
        text.insert("current", "沐言优拓：")             # 在光标处插入数据
        text.insert("end", "www.yootk.com")              # 在最后插入数据
        photo = tkinter.PhotoImage(file=IMAGES_PATH, )   # 定义图片
        text.image_create("end", image=photo)            # 设置图片
        text.pack()                                      # 显示文字
        root.mainloop()                                  # 循环监听
def main():                                              # 主函数
    MainForm()                                           # 显示主窗体
if __name__ == "__main__":                               # 判断执行名称
    main()                                               # 调用主函数
```

程序执行结果：

本程序在一个文本组件内实现了文本与图片信息内容的显示，在添加内容时利用 insert()方法并结合光标实现了对插入内容位置的定义。

14.1.4　按钮组件

按钮是一种常见的图形控制组件，通过按钮组件并结合特定的事件处理，可以方便地实现特定功能的定义，tkinter 模块中提供了 tkinter.Button 类以实现按钮组件的定义，同时也可以在按钮组件的上设置提示文字或图片。如果需要同时在按钮组件的中进行文字和图片内容设置，则可以利用 compound 属性实现两者的位置关系定义，该属性可以设置的内容为 top（上）、bottom（下）、left（左）、right（右）、center（中）和 none（不设置），如图 14-1 所示。

（a）图片位于文字下方

（b）图片位于文字上方

图 14-1　设置按钮组件的 compound 属性

实例： 在窗体上定义按钮组件

```python
# coding:UTF-8
import tkinter, os                                      # 模块导入
LOGO_PATH = "resources" + os.sep + "yootk-logo.ico"     # 图标
IMAGES_PATH = "resources" + os.sep + "yootk.png"        # 图片
class MainForm:                                          # 主窗体
    def __init__(self):                                 # 构造方法
        root = tkinter.Tk()                             # 创建窗体
        root.title("沐言优拓：www.yootk.com")            # 设置窗体标题
        root.iconbitmap(LOGO_PATH)                      # 设置窗体图标
        root.geometry("500x300")                        # 设置主窗体大小
        root.maxsize(1000, 400)                         # 设置窗体最大尺寸
        root["background"] = "LightSlateGray"           # 设置背景颜色
        photo = tkinter.PhotoImage(file=IMAGES_PATH)    # 定义图片
        button = tkinter.Button(root, text="沐言优拓", image=photo,
                compound="bottom", fg="black", font=("微软雅黑", 20))
                                                        # 定义按钮
        button.pack()                                   # 按钮显示
        root.mainloop()                                 # 循环监听
def main():                                              # 主函数
    MainForm()                                          # 显示主窗体
if __name__ == "__main__":                              # 判断执行名称
    main()                                              # 调用主函数
```

程序执行结果：

本程序定义了一个文字与图片的混合按钮组件，此时必须使用 compound 属性实现两者关系的定义，此时的按钮组件仅有显示功能，还不具备相应的事件处理支持。

14.1.5 pyinstaller 程序打包

pyinstaller 是 Python 官方提供的一个项目打包程序，可以直接将用户所开发的代码打包为可执行文件（Windows 的可执行文件为*.exe 文件），这样只要在有 Python 虚拟机的系统上就都可以方便地执行 Python 程序。

如果此时一个 Python 程序没有引用任何外部资源，则可以直接使用pyinstaller 组件进行打包处理。但是如果程序需要引用 resources 目录中的若干资源，这时就必须多增加一步生成打包配置文件的操作步骤，在此文件中设置项目资源与程序运行时解压缩资源的路径，这样才可以正确执行该文件。Python项目打包流程如图 14-2 所示，基本内容如下：

➥ 假设要打包的 Python 源代码程序文件为 yootk.py，该文件引用了 resources 目录中的 yootk-logo.ico 及 yootk.png 文件，这样就必须先通过 pyi-makespec 生成一个 yootk.spec 文件。

➥ 使用记事本打开 yootk.spec 文件，为其设置相应的资源目录配置，此时需要定义项目和解压缩后的资源目录名称（一般名称相同），这里统一称其为 resources。

➥ 使用修改后的 yootk.spec 配置文件并利用 pyinstaller 组件即可实现项目打包，生成 yootk.exe 可执行文件，直接双击此文件即可执行（执行需要用户计算机中提供有 Python 虚拟机）。

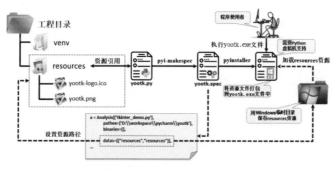

图 14-2　Python 项目打包流程

　　如果要想使用 pyinstaller 组件进行打包，则首先要通过 pip 命令安装 pyinstaller 组件，而后就可以获取相关系统依赖的环境支持。为了便于读者理解，下面将通过详细的步骤对本次打包操作进行说明。

　　（1）安装组件。通过 pip 命令安装 pyinstaller 组件。

```
pip install pyinstaller
```

　　（2）定义 Python 源代码。由于本程序在进行打包处理时会有资源定位的问题，所以本程序的资源需要依据环境进行判断后才可以生成最终的加载路径。具体代码如下：

```
# coding:UTF-8
import tkinter, sys, os                             # 模块导入
def get_resource_path(relative_path):               # 动态处理路径
    if getattr(sys, "frozen", False):               # 是否绑定资源
        base_path = sys._MEIPASS                     # 获取应用临时路径
    else:                                            # 未绑定
        base_path = os.path.abspath(".")             # 手工拼接路径
    return os.path.join(base_path, relative_path)    # 返回处理后路径
LOGO_PATH = get_resource_path(os.path.join("resources", "yootk-logo.ico"))
                                                     # 图标
IMAGES_PATH = get_resource_path(os.path.join("resources", "yootk.png"))
                                                     # 图片
class MainForm:                                      # 主窗体
    def __init__(self):                             # 构造方法
        root = tkinter.Tk()                          # 创建窗体
        root.title("沐言优拓：www.yootk.com")        # 设置窗体标题
        root.iconbitmap(LOGO_PATH)                   # 设置窗体图标
        root.geometry("500x300")                     # 设置主窗体大小
        root.maxsize(1000, 400)                      # 设置窗体最大尺寸
        root["background"] = "LightSlateGray"        # 设置背景颜色
        photo = tkinter.PhotoImage(file=IMAGES_PATH) # 定义图片
        button = tkinter.Button(root, text="沐言优拓：www.yootk.com",
image=photo, compound="bottom", fg="black", font=("微软雅黑", 10))
                                                     # 定义按钮
        button.pack()                                # 按钮显示
        root.mainloop()                              # 循环监听
def main():                                          # 主函数
    MainForm()                                       # 显示主窗体
if __name__ == "__main__":                          # 程序启动
    main()
```

　　本程序在进行图标和图片文件加载时所定义的路径使用了 get_resource_path()函数进行处理，该函数会根据当前运行的环境生成最终资源的加载路径。

（3）创建 spec 文件。由于本次打包的程序存在有 resources 资源引用，所以需要手工定义打包配置文件，而打包配置文件需要依据 yootk.py 源代码生成。

```
pyi-makespec -F yootk.py
程序执行结果：
wrote D:\workspace\pycharm\yootk\yootk.spec（文件保存路径）
now run pyinstaller.py to build the executable（后续执行提示）
```

（4）修改 spec 文件。生成的 yootk.spec 是一个打包标准配置文件，需要手工对其进行修改，追加资源路径。

```
a = Analysis(['tkinter_demo.py'],
            pathex=['D:\\workspace\\pycharm\\yootk'],
            binaries=[],
            datas=[("resources","resources")],  # 追加一个元组，配置两
                                                 # 个相同的resources名称
```

（5）创建 exe 文件。yootk.spec 文件修改完成之后就可以基于此文件创建 yootk.exe 文件。

```
pyinstaller -F yootk.spec
程序执行结果：
Appending archive to EXE D:\workspace\pycharm\yootk\dist\yootk.exe
```

（6）执行 exe 文件。执行成功之后会在当前目录中的 dist 子目录下生成一个 yootk.exe 文件，而后用户就可以在任意一个安装 Python 虚拟机的系统中执行此程序文件。

提示：关于资源保存路径

本程序是将所需要的全部资源打包到 yootk.exe 文件中，这样在文件启动时会自动将资源释放到临时目录，在 Windows 10 中资源释放的路径为 C:\Users\yootk\AppData\Local\Temp_MEIXxx，有兴趣的读者可以自行打开系统中的相应路径进行观察。

14.2 事件处理

图形界面中除了展示组件之外，最重要的事情就是要定义与组件有关的事件处理操作，以丰富窗体的功能。在 tkinter 模块中可以方便地为每一个组件进行事件绑定，并且设置了事件的相关处理函数，每当触发相应的事件就可以通过特定的函数实现事件处理。事件处理操作结构如图 14-3 所示。

图 14-3　事件处理操作结构

实例：窗体事件监听

```python
# coding:UTF-8
import tkinter, tkinter.messagebox, os                    # 模块导入
LOGO_PATH = "resources" + os.sep + "yootk-logo.ico"       # 图标
class MainForm:                                            # 主窗体
    def __init__(self):                                   # 构造方法
        self.root = tkinter.Tk()                          # 创建窗体
        self.root.title("沐言优拓：www.yootk.com")          # 设置窗体标题
        self.root.iconbitmap(LOGO_PATH)                   # 设置窗体图标
        self.root.geometry("500x150")                     # 设置主窗体大小
        self.root.maxsize(1000, 400)                      # 设置窗体最大尺寸
        self.root["background"] = "LightSlateGray"        # 设置背景颜色
        self.root.bind("<Button-1>", lambda event: self.event_handle(event,
                "沐言优拓：www.yootk.com"))                  # 事件处理
        self.root.mainloop()                              # 循环监听
    def event_handle(self, event, info):
        label_text = tkinter.Label(self.root, text="沐言优拓：
www.yootk.com", width=200,
                        height=200, bg="#223011", font=("微软雅黑", 20),
                        fg="#ffffff", justify="right")     # 创建文本
        label_text.pack()                                 # 组件显示
        tkinter.messagebox.showinfo(title="YOOTK 信息提示", message=info)
                                                          # 对话框
def main():                                               # 主函数
    MainForm()                                            # 显示主窗体
if __name__ == "__main__":                                # 判断执行名称
    main()                                                # 调用主函数
```

程序执行结果：

本程序为了方便，直接在窗体中进行了鼠标左键单击事件的绑定；在进行

14

事件绑定时需要明确地设置事件的处理函数；同时该函数需要接收一个明确的事件对象，该事件对象详细地记录了事件的相关信息；在事件处理中使用了文本标签对主窗体信息进行填充，同时设置了一个信息提示框。

通过本程序可以发现，如果要对组件进行事件处理，则一定要配置一个与之匹配的事件类型。在 tkinter 模块中使用<Button-1>表示鼠标左键事件，tkinter 模块事件列表如表 14-3 所示。

表 14-3　tkinter 模块事件列表

序　号	事 件 类 型	描　　述
1	Active	当组件由"未激活"状态变为"激活状态"时触发
2	Button	当用户按下鼠标按键时触发，结构为<Button-details>，针对不同按键，details 有不同的取值，具体如下。 ↘ <Button-1>：鼠标左键按下时触发 ↘ <Button-2>：鼠标中键按下时触发 ↘ <Button-3>：鼠标右键按下时触发 ↘ <Button-4>：鼠标滚轮上滚时触发 ↘ <Button-5>：鼠标滚轮下滚时触发
3	ButtonRelease	松开鼠标按键时触发
4	Configure	当组件尺寸改变时触发（界面移动或修改大小时会产生界面重绘事件）
5	Deactivate	当组件由"激活状态"变为"未激活状态"时触发
6	Enter	当鼠标指针进入组件时触发
7	Expose	当组件不再被覆盖时触发
8	FocusIn	当组件获得焦点时触发
9	FocusOut	当组件失去焦点时触发
10	KeyPress	当键盘有按键按下时触发，结构为<KeyPress-details>，针对不同按键，details 有不同的取值。例如，事件需要在按键 y 被按下时触发，则使用<KeyPress-y>或<Key-y>定义，事件在按下 Enter 键时触发，则使用<Key-Return>
11	KeyRelease	当按键松开时触发
12	Leave	当鼠标指针离开组件时触发
13	Map	当组件被映射时触发
14	Motion	当鼠标在组件内部移动时触发
15	MouseWheel	当鼠标在组件内部滚轮滚动时触发
16	Unmap	当组件被取消映射时触发
17	Visibility	当应用组件可见时触发

14

14.2.1 单击事件

单击事件是在事件处理中较为常见的一种处理形式，在图形界面的操作系统中鼠标是比较常见的交互形式，所以可以直接使用鼠标按键进行界面操作，而通过鼠标按键就可以实现相应的监听操作。

实例：在按钮组件上绑定单击事件

```python
# coding:UTF-8
import tkinter, tkinter.simpledialog, os          # 模块导入
LOGO_PATH = "resources" + os.sep + "yootk-logo.ico" # 图标
class MainForm:                                      # 主窗体
    def __init__(self):                             # 构造方法
        self.root = tkinter.Tk()                    # 创建窗体
        self.root.title("沐言优拓：www.yootk.com")   # 设置窗体标题
        self.root.iconbitmap(LOGO_PATH)             # 设置窗体图标
        self.root.geometry("500x150")               # 设置主窗体大小
        self.root.maxsize(1000, 400)                # 设置窗体最大尺寸
        self.root["background"] = "LightSlateGray"  # 设置背景颜色
        button = tkinter.Button(self.root, text="按我输入信息", fg="black",
                font=("微软雅黑", 20))                # 定义按钮
        button.bind("<Button-1>", lambda event: self.event_handle(event))
                                                     # 事件处理
        button.pack()                               # 组件显示
        self.root.mainloop()                        # 循环监听
    def event_handle(self, event):                  # 事件处理函数
        input_message = tkinter.simpledialog.askstring("YOOTK 提示信息", "
请输入要显示的信息：")
        label_text = tkinter.Label(self.root, text=input_message, width=200,
                    height=200, bg="#223011", font=("微软雅黑", 20),
                    fg="#ffffff", justify="right")   # 创建标签
        label_text.pack()                           # 组件显示
def main():                                          # 主函数
    MainForm()                                       # 显示主窗体
if __name__ == "__main__":                           # 判断执行名称
    main()                                           # 调用主函数
```

程序执行结果：

本程序基于按钮组件实现了单击事件的监听与处理操作，在用户单击按钮组件时会自动弹出一个对话框，用户在此对话框中输入的数据信息会通过标签组件的形式在主窗体中进行显示。

14.2.2 键盘事件

键盘事件可以对用户的每一次输入内容进行监听，而后可以利用产生的事件来获取用户执行的按键。下面通过键盘事件处理实现对输入的 Email 地址的动态验证。

实例： 动态判断输入的 Email 地址

```python
# coding:UTF-8
import tkinter, os, re                              # 模块导入
LOGO_PATH = "resources" + os.sep + "yootk-logo.ico" # 图标
EMAIL_PATTERN = r"[a-zA-Z0-9]\w+@\w+\.(cn|com|com.cn|net|gov)" # 正则匹配符号
class MainForm:                                      # 主窗体
    def __init__(self):                             # 构造方法
        self.root = tkinter.Tk()                    # 创建窗体
        self.root.title("沐言优拓：www.yootk.com")   # 设置窗体标题
        self.root.iconbitmap(LOGO_PATH)             # 设置窗体图标
        self.root.geometry("500x150")               # 设置主窗体大小
        self.root.maxsize(1000, 400)                # 设置窗体最大尺寸
        self.root["background"] = "LightSlateGray"  # 设置背景颜色
        self.text = tkinter.Text(self.root, width=500, height=2,
font=("微软雅黑", 20))
        self.text.insert("current", "请输入正确的 Email 地址…")  # 默认文字
        self.text.bind("<Button-1>", lambda event:
                self.text.delete("0.0","end"))      # 单击时清空数据
        # 绑定键盘事件，考虑到数据处理的及时性，设置在键盘按下和键盘松开时
        # 都进行事件处理
        self.text.bind("<KeyPress>", lambda event:
                self.keyboard_event_handle(event))
            # 键盘按下事件处理
        self.text.bind("<KeyRelease>", lambda event:
                self.keyboard_event_handle(event))
            # 键盘松开事件处理
        self.content = tkinter.StringVar()          # 修改标签文字对象
        self.label = tkinter.Label(self.root, textvariable=self.content,
            width=500, height=50, bg="#223011",
            font=("微软雅黑", 15), fg="#ffffff", justify="right")# 创建标签
        self.text.pack()                            # 显示文字
        self.label.pack()                           # 显示标签
```

```
        self.root.mainloop()                                 # 循环监听
    def keyboard_event_handle(self, event):                  # 键盘事件处理
        email = self.text.get("0.0", "end")                  # 获取文本框输入内容
        if re.match(EMAIL_PATTERN, email, re.I | re.X):      # 正则匹配成功
            self.content.set("Email 地址输入正确，内容为：%s" % email)
                                                             # 设置正确信息
        else:                                                # 正则匹配失败
            self.content.set("Email 地址输入错误！")          # 设置错误信息
def main():                                                  # 主函数
    MainForm()                                               # 显示主窗体
if __name__ == "__main__":                                   # 判断执行名称
    main()                                                   # 调用主函数
```

程序执行结果：

本程序在主窗体中定义了文本组件与标签组件，并且在文本组件中进行键盘事件绑定，即每当有键盘按下或松开时都会执行 keyboard_event_handle() 事件处理函数，该函数可以实现对输入数据的正则判断，并输出判断结果。

14.2.3　protocol

在 tkinter 模块中支持一种 protocol（协议处理）的程序机制，通过该机制可以方便地实现应用程序和程序窗体之间的交互管理。在该机制中最为常用的是 **WM_DELETE_WINDOW** 窗体关闭协议，开发者可以利用此操作机制实现程序窗体关闭的事件处理。

实例： 窗体关闭监听

```
# coding:UTF-8
import tkinter, os, tkinter.messagebox                       # 模块导入
LOGO_PATH = "resources" + os.sep + "yootk-logo.ico"          # 图标路径
class MainForm:                                               # 定义主窗体类
    def __init__(self):                                      # 构造方法
        self.root = tkinter.Tk()                             # 创建窗体
        self.root.title("沐言优拓：www.yootk.com")            # 设置窗体标题
        self.root.iconbitmap(LOGO_PATH)                      # 设置窗体图标
        self.root.geometry("500x200")                        # 设置主窗体尺寸
        self.root["background"] = "LightSlateGray"           # 设置背景颜色
```

```
        self.root.protocol("WM_DELETE_WINDOW", self.close_handle)
                                               # 设置protocol监听
        self.root.mainloop()                   # 循环监听
    def close_handle(self):                    # 事件处理函数
        if tkinter.messagebox.askyesnocancel("程序关闭确认", "这么好的程序
真舍得关闭吗？"):
            self.root.destroy()                # 关闭程序
def main():                                    # 主函数
    MainForm()                                 # 显示主窗体
if __name__ == "__main__":                     # 判断执行名称
    main()                                     # 调用主函数
```

程序执行结果：

本程序在主窗体中使用 protocol("**WM_DELETE_WINDOW**", self.close_handle)
方法设置了窗体关闭监听处理操作方法，当用户执行窗体关闭操作时就会自动
弹出一个对话框，如果此时单击"是"按钮，就会返回布尔值 True，即调用 destroy()
方法关闭当前窗体。

14.3 GUI 布局管理

一个图形界面中往往会包含有多个组件，为了方便多个组件之间的位置排
列，在 tkinter 模块中提供有 pack、grid、place 三种布局管理器。
本节将对这三种布局管理器的使用进行讲解。

14.3.1 pack 布局

如果要显示窗体中的所有组件，则一定要使用 pack()方法进行处理，实际
上这种操作就是 pack 布局。在默认情况下，如果用户未设置任何的 pack 参数，
则所有追加的组件会由上至下进行顺序排列，如果需要改变布局，也可以通过
pack()方法中的参数进行配置。pack()方法中常用的参数如表 14-4 所示。

表 14-4   pack()方法中常用的参数

序　号	参　数	取值范围	描　述
1	fill	none、x、y、both	设置组件是否向水平或垂直方向填充，水平填充"fill="x""
2	expand	yes（1）、no（0）	设置组件是否可以展开，默认为不展开
3	side	left、right、top、bottom	设置组件的摆放位置
4	anchor	n、s、w、e、nw、ne、sw、se、center（默认）	可以在窗体中多个方位设置组件

实例： 将标签文字向两边全部展开

```
# coding:UTF-8
import tkinter, os, tkinter.messagebox          # 模块导入
LOGO_PATH = "resources" + os.sep + "yootk-logo.ico"   # 图标路径
class MainForm:                                   # 定义主窗体类
    def __init__(self):                           # 构造方法
        self.root = tkinter.Tk()                  # 创建窗体
        self.root.title("沐言优拓：www.yootk.com")  # 设置窗体标题
        self.root.iconbitmap(LOGO_PATH)           # 设置窗体图标
        self.root.geometry("500x200")             # 设置主窗体尺寸
        self.root["background"] = "LightSlateGray"  # 设置背景颜色
        label = tkinter.Label(self.root, text="沐言优拓：www.yootk.com",
bg="#223011",
                font=("微软雅黑", 20), fg="#ffffff", justify="right")
                                                  # 文字标签
        label.pack(fill="both", expand=1)         # 显示标签
        self.root.mainloop()                      # 循环监听
def main():                                       # 主函数
    MainForm()                                    # 显示主窗体
if __name__ == "__main__":                        # 判断执行名称
    main()                                        # 调用主函数
```

程序执行结果：

本程序在主窗体中使用一个 pack(fill="both", expand=1)布局形式，这样对于设置的标签将会向 x 轴与 y 轴进行展开，所以实现了对整个窗体的显示填充。

实例： 使用 side 参数设置组件位置

```
# coding:UTF-8
```

```
import tkinter, os, tkinter.messagebox                      # 模块导入
LOGO_PATH = "resources" + os.sep + "yootk-logo.ico"        # 图标路径
IMAGES_PATH = "resources" + os.sep + "yootk-simple.png"    # 图片
class MainForm:                                             # 定义主窗体类
    def __init__(self):                                    # 构造方法
        self.root = tkinter.Tk()                           # 创建窗体
        self.root.title("沐言优拓：www.yootk.com")           # 设置窗体标题
        self.root.iconbitmap(LOGO_PATH)                    # 设置窗体图标
        self.root.geometry("500x200")                      # 设置主窗体尺寸
        self.root["background"] = "LightSlateGray"         # 设置背景颜色
        photo = tkinter.PhotoImage(file=IMAGES_PATH)       # 设置图片
        label = tkinter.Label(self.root, image=photo)      # 文字标签
        text = tkinter.Text(self.root, font=("微软雅黑", 20))# 文本
        text.insert("current", "沐言优拓：www.yootk.com")    # 添加文本信息
        label.pack(side="left")                            # 显示标签
        text.pack(side="right")                            # 显示文本
        self.root.mainloop()                               # 循环监听
def main():                                                # 主函数
    MainForm()                                             # 显示主窗体
if __name__ == "__main__":                                 # 判断执行名称
    main()                                                 # 调用主函数
```

程序执行结果：

本程序在代码中定义了标签和文本两个组件，在进行显示的时候分别使用 pack()方法中的 side 参数对各自位置进行了定义。

实例： 使用 anchor 参数设置组件位置

```
# coding:UTF-8
import tkinter, os, tkinter.messagebox                      # 模块导入
LOGO_PATH = "resources" + os.sep + "yootk-logo.ico"        # 图标路径
IMAGES_PATH = "resources" + os.sep + "yootk-simple.png"    # 图片
class MainForm:                                             # 定义主窗体类
    def __init__(self):                                    # 构造方法
        self.root = tkinter.Tk()                           # 创建窗体
        self.root.title("沐言优拓：www.yootk.com")           # 设置窗体标题
        self.root.iconbitmap(LOGO_PATH)                    # 设置窗体图标
        self.root.geometry("500x200")                      # 设置主窗体尺寸
        self.root["background"] = "LightSlateGray"         # 设置背景颜色
        photo_west = tkinter.PhotoImage(file=IMAGES_PATH)# 设置图片
```

```
        photo_east = tkinter.PhotoImage(file=IMAGES_PATH)# 设置图片
        label_west = tkinter.Label(self.root, image=photo_west)# 文字标签
        label_east = tkinter.Label(self.root, image=photo_east)# 文字标签
        label_west.pack(anchor="w")                      # 显示标签
        label_east.pack(anchor="e")                      # 显示标签
        self.root.mainloop()                             # 循环监听
def main():                                              # 主函数
    MainForm()                                           # 显示主窗体
if __name__ == "__main__":                               # 判断执行名称
    main()                                               # 调用主函数
```

程序执行结果：

本程序定义了两个标签组件，而后使用 anchor 参数，即根据方位进行了组件的定位，将一个标签组件放在界面的西边 label_west.pack(anchor="w")，另外一个标签组件放在了界面的东边 label_east.pack(anchor="e")。

14.3.2 grid 布局

grid 布局是一种表格式的布局管理形式，即将整个界面中的组件以行、列的形式进行管理，利用行、列的索引号（row 与 column 两个参数）实现了组件的布局管理，该布局适合于一组有序相关组件的布局管理。

实例： 根据行、列定义组件显示位置

```
# coding:UTF-8
import tkinter, os, tkinter.messagebox                  # 模块导入
LOGO_PATH = "resources" + os.sep + "yootk-logo.ico"     # 图标路径
IMAGES_PATH = "resources" + os.sep + "yootk-simple.png" # 图片
class MainForm:                                          # 定义主窗体类
    def __init__(self):                                  # 构造方法
        self.root = tkinter.Tk()                         # 创建窗体
        self.root.title("沐言优拓：www.yootk.com")        # 设置窗体标题
        self.root.iconbitmap(LOGO_PATH)                  # 设置窗体图标
        self.root.geometry("500x200")                    # 设置主窗体尺寸
```

```
        self.root["background"] = "LightSlateGray"      # 设置背景颜色
        photo_a = tkinter.PhotoImage(file=IMAGES_PATH)  # 设置图片
        photo_b = tkinter.PhotoImage(file=IMAGES_PATH)  # 设置图片
        label_a = tkinter.Label(self.root, image=photo_a)# 文字标签
        label_b = tkinter.Label(self.root, image=photo_b) # 文字标签
        label_a.grid(row=0, column=0)                   # 显示标签
        label_b.grid(row=0, column=1)                   # 显示标签
        self.root.mainloop()                            # 循环监听
def main():                                             # 主函数
    MainForm()                                          # 显示主窗体
if __name__ == "__main__":                              # 判断执行名称
    main()                                              # 调用主函数
```

程序执行结果：

本程序定义了两个带有图片的标签组件，而后使用了 grid 布局设置这两个组件的摆放位置，如果有多个组件，就可以根据行、列的索引进行位置的设置。

14.3.3 place 布局

每一个窗体有自己独立的显示空间，如果要想精确地设置组件位置，则可以利用坐标点的形式进行标注，如图 14-4 所示。坐标布局一般不适合于需要经常改变界面大小的窗体组件，因为窗体的放大或缩小操作会造成坐标定位问题，从而导致组件布局混乱。

图 14-4　组件与窗体坐标

窗体中的组件可以依据坐标的不同而改变位置。下面可以尝试通过鼠标的拖动事件实现组件在窗体内的移动操作。

实例：实现鼠标拖动

```
# coding:UTF-8
```

```
import tkinter, os, tkinter.messagebox              # 模块导入
LOGO_PATH = "resources" + os.sep + "yootk-logo.ico"  # 图标路径
IMAGES_PATH = "resources" + os.sep + "yootk-simple.png" # 图片
class MainForm:                                     # 定义主窗体类
    def __init__(self):                            # 构造方法
        self.root = tkinter.Tk()                   # 创建窗体
        self.root.title("沐言优拓：www.yootk.com")     # 设置窗体标题
        self.root.iconbitmap(LOGO_PATH)            # 设置窗体图标
        self.root.geometry("500x400")              # 设置主窗体尺寸
        self.root["background"] = "LightSlateGray" # 设置背景颜色
        self.photo = tkinter.PhotoImage(file=IMAGES_PATH) # 图片
        self.label = tkinter.Label(self.root, image=self.photo) # 标签
        self.label.bind("<B1-Motion>", self.motion_handle)
                                                   # 鼠标左键拖动
        self.label.place(x=200, y=100)             # 显示标签
        self.root.mainloop()                       # 循环监听
    def motion_handle(self, event):                # 事件处理函数
        self.label.place(x=event.x, y=event.y)     # 组件重新定位
def main():                                        # 主函数
    MainForm()                                     # 显示主窗体
if __name__ == "__main__":                         # 判断执行名称
    main()                                         # 调用主函数
```

程序执行结果：

本程序在窗体中定义了一个图片标签组件，并且为该标签组件绑定了一个鼠标拖动的事件，当鼠标移动后就可以通过事件对象获取当前的鼠标位置，实现组件摆放坐标的变更。

14.3.4 Frame

在一个界面中不同组件采用同一种布局管理的方式并不适用于一些复杂的界面环境，因为同一种 UI 组件有可能会同时使用 pack 或 grid 布局，或者不同的组件也有可能使用同一种布局方式。为了解决这样的问题，在 GUI 图形界面中引入了 Frame 的概念，利用 Frame 可以将一个完整的窗体拆分为不同的子区域，而后每一个子区域可以使用不同的布局

管理器，如图 14-5 所示，而整个主窗体中所有的组件和 Frame 就可以使用统一的布局管理器进行定义。

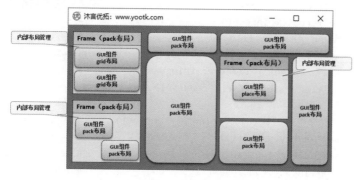

图 14-5　Frame 管理

下面利用 Frame 的形式开发一个迷你计算器程序（只实现两个数字的四则运算），在本程序中计算器的按键采用按钮实现，多个按键在 Frame 的内部形成一个表格布局，而计算器的输入回显将使用 tkinter.Entry 组件实现一个单行文本的定义。计算器布局如图 14-6 所示。

图 14-6　计算器布局

实例：迷你计算器

```
# coding:UTF-8
import tkinter, os, re                          # 模块导入
LOGO_PATH = "resources" + os.sep + "yootk-logo.ico"  # 图标路径
class MainForm:                                 # 定义主窗体类
    def __init__(self):                         # 构造方法
        self.root = tkinter.Tk()                # 创建窗体
        self.root.title("沐言优拓：www.yootk.com")  # 设置窗体标题
        self.root.iconbitmap(LOGO_PATH)         # 设置窗体图标
        self.root.geometry("231x280")           # 设置主窗体尺寸
```

```
        self.root["background"] = "LightSlateGray"  # 设置背景颜色
        self.input_frame()                          # 显示输入 Frame
        self.button_frame()                         # 显示按钮组件 Frame
        self.root.mainloop()                        # 循环监听
    def input_frame(self):                          # 输入和回显文本
        self.input_frame = tkinter.Frame(self.root, width=20)  # 定义 Frame
        self.content = tkinter.StringVar()          # 修改数据
        self.entry = tkinter.Entry(self.input_frame, width=14, font=
("微软雅黑", 20),
                    textvariable=self.content)      # 定义文本输入框
        self.entry.pack(fill="x", expand=1)         # 文本显示
        self.clean = False                          # 设置清除标记
        self.input_frame.pack(side="top")           # Frame 显示
    def button_frame(self):                         # 按钮组
        self.button_frame = tkinter.Frame(self.root, width=50)  # 创建
Frame
        self.button_list = [[], [], [], []]         # 定义按钮组
        self.button_list[0].append(tkinter.Button(self.button_frame,
text="1",
                fg="black", width=3, font=("微软雅黑", 20)))  # 计算器按键
        self.button_list[0].append(tkinter.Button(self.button_frame,
text="2",
                fg="black", width=3, font=("微软雅黑", 20)))  # 计算器按键
        self.button_list[0].append(tkinter.Button(self.button_frame,
text="3",
                fg="black", width=3, font=("微软雅黑", 20)))  # 计算器按键
        self.button_list[0].append(tkinter.Button(self.button_frame,
text="+",
                fg="black", width=3, font=("微软雅黑", 20)))  # 计算器按键
        self.button_list[1].append(tkinter.Button(self.button_frame,
text="4",
                fg="black", width=3, font=("微软雅黑", 20)))  # 计算器按键
        self.button_list[1].append(tkinter.Button(self.button_frame,
text="5",
                fg="black", width=3, font=("微软雅黑", 20)))  # 计算器按键
        self.button_list[1].append(tkinter.Button(self.button_frame,
text="6",
                fg="black", width=3, font=("微软雅黑", 20)))  # 计算器按键
        self.button_list[1].append(tkinter.Button(self.button_frame,
text="-",
                fg="black", width=3, font=("微软雅黑", 20)))  # 计算器按键
```

14

```
        self.button_list[2].append(tkinter.Button(self.button_frame,
text="7",
                fg="black", width=3, font=("微软雅黑", 20)))  # 计算器按键
        self.button_list[2].append(tkinter.Button(self.button_frame,
text="8",
                fg="black", width=3, font=("微软雅黑", 20)))  # 计算器按键
        self.button_list[2].append(tkinter.Button(self.button_frame,
text="9",
                fg="black", width=3, font=("微软雅黑", 20)))  # 计算器按键
        self.button_list[2].append(tkinter.Button(self.button_frame,
text="*",
                fg="black", width=3, font=("微软雅黑", 20)))  # 计算器按键
        self.button_list[3].append(tkinter.Button(self.button_frame,
text="0",
                fg="black", width=3, font=("微软雅黑", 20)))  # 计算器按键
        self.button_list[3].append(tkinter.Button(self.button_frame,
text=".",
                fg="black", width=3, font=("微软雅黑", 20)))  # 计算器按键
        self.button_list[3].append(tkinter.Button(self.button_frame,
text="=",
                fg="black", width=3, font=("微软雅黑", 20)))  # 计算器按键
        self.button_list[3].append(tkinter.Button(self.button_frame,
text="/",
                fg="black", width=3, font=("微软雅黑", 20)))  # 计算器按键
        self.row = 0                              # 布局行控制
        for group in self.button_list:            # 循环所有按钮组
            self.column = 0                       # 布局列控制
            for button in group:                  # 获取按钮组中的按钮
                button.bind("<Button-1>", lambda event:
self.button_handle(event))                        # 绑定事件
                button.grid(row=self.row, column=self.column)  # grid 布局
                self.column += 1                  # 修改布局列
            self.row += 1                         # 修改布局行
        self.button_frame.pack(side="bottom")     # grid 布局
    def button_handle(self, event):               # 按钮处理
        oper = event.widget["text"]               # 获得当前的操作符
        if self.clean:                            # 第二次计算开始
            self.content.set("")                  # 删除文本输入框数据
            self.clean = False                    # 修改清除标记
        if oper != "=":                           # 没有计算
            self.entry.insert("end", oper)        # 追加信息
```

```python
        elif oper == "=":                                  # 计算结果
            result = 0                                     # 使用result保存计算结果
            exp = self.entry.get()                         # 获得输入表达式数据
            nums = re.split(r"\+|\-|\*|\\", exp)            # 获得输入的两个数据
            pattern = r"\+|\-|\*|\\"                        # 操作符提取正则
            flag = re.findall(pattern, exp)[0]             # 获取操作符
            if flag == "+":                                # 加法计算
                result = float(nums[0]) + float(nums[1])   # 加法
            elif flag == "-":                              # 减法计算
                result = float(nums[0]) - float(nums[1])   # 减法
            elif flag == "*":                              # 乘法计算
                result = float(nums[0]) * float(nums[1])   # 乘法
            elif flag == "/":                              # 除法计算
                result = float(nums[0]) / float(nums[1])   # 除法
            self.entry.insert("end", "=%s" % result)       # 用文本输入框保存记录
            self.clean = True                              # 本次计算完毕
def main():                                                # 主函数
    MainForm()                                             # 显示主窗体
if __name__ == "__main__":                                 # 判断执行名称
    main()                                                 # 调用主函数
```

程序执行结果：

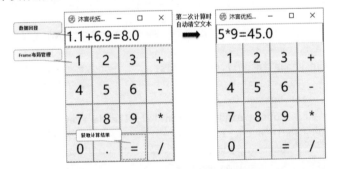

本程序实现了一个计算器布局，考虑到所有的按键使用表格布局管理最为方便，所以使用 Frame 进行了内部布局管理。当用户通过按键输入数据时会在 Entry 文本输入组件中回显数据，当按下"="键时表示开始进行计算，则会通过正则表达式匹配 Entry 文本输入框中输入的内容并根据输入的符号确定计算结果，最终会在 Entry 文本输入框中显示全部表达式的信息。

14.4 GUI 组 件

在 tkinter 模块中除了包含有基本的标签（Label）与文本（Text）组件之外，还有列表框（Listbox）、单选按钮（Radiobutton）、复选框（Checkbutton）、滑动条（Scale）、滚动条（Scrollbar）、菜单（Menu）、树状列表（Treeview）、下拉列表框（Combobox）等实用组件。下面将通过具体的实例讲解每一个组件的使用。

14.4.1 列表框组件

开发者可以通过 tkinter.Listbox 类实现列表框组件的定义，并向列表框中添加多个列表项，而后就可以通过有限的列表项选择与自身相关的信息。tkinter.Listbox 类的常量与方法如表 14-5 所示。

表 14-5   tkinter.Listbox 类的常量与方法

序　号	常量与方法	类　型	描　　述
1	BROWSE	常量	browse，列表选择模式，每次只能够选择一项，可以拖动
2	SINGLE	常量	single，列表选择模式，每次只能够选择一项，不能拖动
3	MULTIPLE	常量	multiple，列表选择模式，每次可以选择多项
4	def insert(self, index, *elements)	方法	追加列表项
5	def curselection(self)	方法	获取选中列表项索引
6	def delete(self, first, last=None)	方法	删除指定索引的列表项

下面将通过 tkinter.Listbox 类定义两个列表框组件，当用户双击第一个列表框的列表项时会删除此内容，并且将此内容同时加入第二个列表框中，考虑到程序的实用性，本次同时实现多个列表项的处理。

实例：动态变更列表项

```python
# coding:UTF-8
import tkinter, os                                    # 模块导入
LOGO_PATH = "resources" + os.sep + "yootk-logo.ico"   # 图标路径
class MainForm:                                        # 定义主窗体类
    def __init__(self):                               # 构造方法
        self.root = tkinter.Tk()                      # 创建窗体
        self.root.title("沐言优拓：www.yootk.com")      # 设置窗体标题
```

```
            self.root.iconbitmap(LOGO_PATH)                    # 设置窗体图标
            self.root.geometry("360x220")                      # 设置主窗体尺寸
            self.root["background"] = "LightSlateGray"         # 设置背景颜色
            self.src_listbox()                                 # 显示 A 列表框
            self.oper_button()                                 # 显示操作按钮
            self.dest_listbox()                                # 显示 B 列表框
            self.root.mainloop()                               # 循环监听
        def oper_button(self):                                 # 事件处理函数
            self.add_button = tkinter.Button(self.root, text="添加>>",
                        fg="black", font=("微软雅黑", 10))       # 批量操作按钮
            self.add_button.bind("<Button-1>", self.change_item_handle)  # 事件绑定
            self.add_button.grid(row=1, column=1)              # 组件显示
        def src_listbox(self):                                 # 定义列表框
            self.language_label = tkinter.Label(self.root, text="请选择你
    擅长的编程语言：", bg="#223011", font=("微软雅黑", 9), fg="#ffffff",
    justify="left")                                            # 提示信息
            self.language_label.grid(row=0, column=0)          # 组件显示
            self.language_list = ["Java", "Python", "C", "GO", "SQL", "TypeScript"]
                # 候选列表
            self.language_listbox = tkinter.Listbox(self.root,
    selectmode="multiple")                                     # 列表项
            for item in self.language_list:                    # 循环添加
                self.language_listbox.insert("end", item)      # 列表内容
            self.language_listbox.bind("<Double-Button-1>",
    self.change_item_handle)                                   # 双击修改
            self.language_listbox.grid(row=1, column=0)        # 组件显示
        def dest_listbox(self):                                # 定义列表框
            self.choose_label = tkinter.Label(self.root, text="擅长编程语言列
    表：", bg="#223011",
                    font=("微软雅黑", 9), fg="#ffffff", justify="left")  # 提示信息
            self.choose_label.grid(row=0, column=3)            # 组件显示
            self.choose_listbox = tkinter.Listbox(self.root,
                    selectmode="multiple")                     # 列表项，多选模式
            self.choose_listbox.grid(row=1, column=3)          # 组件显示
        def change_item_handle(self, event):                   # 列表项修改
            for index in self.language_listbox.curselection():
                                                               # 获取选定项索引
                self.choose_listbox.insert("end",
                        self.language_listbox.get(index))      # 保存新增项
            while True:                                         # 循环处理
                if self.language_listbox.curselection():       # 找到选中项
                    self.language_listbox.delete(
                        self.language_listbox.curselection()[0])  # 删除列表项
                else:                                          # 没有选中项
                    break                                      # 结束循环
```

14

```
def main():                                     # 主函数
    MainForm()                                  # 显示主窗体
if __name__ == "__main__":                      # 判断执行名称
    main()                                      # 调用主函数
```

程序执行结果：

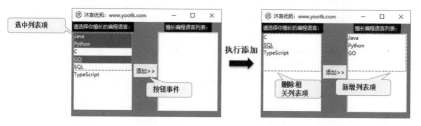

为了方便对列表框中列表项进行定义，本程序采用循环的形式将一个列表框转换为列表项，当用户双击列表项或者使用"添加"按钮操作时会自动改变列表项的存储位置。在进行列表项删除操作时，会造成因数据删除而导致选中索引发生变更的问题，所以本程序采用了循环的模式进行列表项的删除操作。

14.4.2　单选按钮组件

在界面设计中，单选按钮是一种内容互斥的组件，在单选按钮组件中可以设置有许多的单选项，但是这些单选项每一次只能够选择一个，开发者可以使用 tkinter.Radiobutton 类实现单选按钮组件的定义。以下实例利用单选按钮组件实现一个用户性别选择的界面。

实例：使用单选按钮组件实现性别选择

```
# coding:UTF-8
import tkinter, os, re                                      # 模块导入
LOGO_PATH = "resources" + os.sep + "yootk-logo.ico"         # 图标路径
class MainForm:                                              # 定义主窗体类
    def __init__(self):                                     # 构造方法
        self.root = tkinter.Tk()                           # 创建窗体
        self.root.title("沐言优拓：www.yootk.com")           # 设置窗体标题
        self.root.iconbitmap(LOGO_PATH)                    # 设置窗体图标
        self.root.geometry("360x220")                      # 设置主窗体尺寸
        self.sex = [("男", 0), ("女", 1)]                   # 选项内容
        self.status = tkinter.IntVar()                     # 设置默认选中项
        self.label = tkinter.Label(self.root, text="请选择您的性别：",
                font=("微软雅黑", 12), justify="left")      # 提示标签
        self.label.grid(row=0, column=0)                   # 显示标签
        self.status.set(0)                                 # 默认"男"
```

```
        item_column = 1                                    # 设置列索引
        for title, index in self.sex:                      # 定义单选项
            radio = tkinter.Radiobutton(self.root, text=title, value=index,
                variable=self.status, font=("微软雅黑", 9),
                command=self.sex_handle)# 定义单选按钮组件并设置处理事件
            radio.grid(row=0, column=item_column)           # 布局显示
            item_column += 1                                # 修改操作列
        self.content = tkinter.StringVar()                  # 标签内容
        self.show_label = tkinter.Label(self.root,
textvariable=self.content,
                font=("微软雅黑", 10), justify="left")       # 定义标签
        self.show_label.grid(row=1,column=0)                # 显示标签
        self.root.mainloop()                                # 循环监听
    def sex_handle(self):                                   # 操作处理
        for title, index in self.sex:                       # 确定选项
            if index == self.status.get():                  # 选项值判断满足
                self.content.set("您选择的性别是：%s" % title) # 设置标签内容
def main():                                                 # 主函数
    MainForm()                                              # 显示主窗体
if __name__ == "__main__":                                  # 判断执行名称
    main()                                                  # 调用主函数
```

程序执行结果：

本程序实现了一个单选按钮组件的定义，这样，当用户选择性别时会根据不同的选择结果得到不同的显示信息。

14.4.3 复选框组件

复选框组件提供了多个选项的同时选定操作，tkinter 模块中提供了 Checkbutton 类可以实现复选框组件的定义，在进行复选框组件定义时需要设置复选框的显示标签及具体的内容，同时复选框选中与否也需要有相应的数值进行匹配。下面的代码实现了一个复选框组件的定义及事件处理。

实例： 使用复选框组件实现多兴趣选择

```
# coding:UTF-8
import tkinter, os                                         # 模块导入
LOGO_PATH = "resources" + os.sep + "yootk-logo.ico"        # 图标路径
```

```python
class MainForm:                                          # 定义主窗体类
    def __init__(self):                                  # 构造方法
        self.root = tkinter.Tk()                         # 创建窗体
        self.root.title("沐言优拓：www.yootk.com")        # 设置窗体标题
        self.root.iconbitmap(LOGO_PATH)                  # 设置窗体图标
        self.root.geometry("360x230")                    # 设置主窗体尺寸
        self.language = [("Java", tkinter.IntVar()), ("Python",
tkinter.IntVar()),
                ("GO", tkinter.IntVar()), ("C", tkinter.IntVar()), ("C++",
tkinter.IntVar()),
                ("HTML", tkinter.IntVar())]              # 定义选项
        self.label = tkinter.Label(self.root, text="请选择你擅长的技术领域：",
                font=("微软雅黑", 12), justify="left")    # 提示标签
        self.label.pack(anchor="w")                      # 显示标签
        item_row = 1                                     # 设置列索引
        for title, status in self.language:             # 定义单选项
            check = tkinter.Checkbutton(self.root, text=title,
onvalue=1, offvalue=0,
                    variable=status, command=self.choose_handle) # 复选框
            check.pack(anchor="w")                       # 布局显示
            item_row += 1                                # 修改操作列
        self.language[1][1].set(1)                       # 设置默认选中
        self.content = tkinter.StringVar()               # 标签内容
        self.show_label = tkinter.Label(self.root,
textvariable=self.content,
                font=("微软雅黑", 10), justify="left")    # 定义标签
        self.show_label.pack(anchor="w")                 # 显示标签
        self.root.mainloop()                             # 循环监听
    def choose_handle(self):                             # 操作处理
        result = "所选择的擅长技术："                       # 保存处理结果
        for title, status in self.language:             # 选项迭代
            if status.get() == 1:                        # 内容选中
                result += title + "、"                    # 修改显示内容
        self.content.set(result)                         # 设置标签内容
def main():                                              # 主函数
    MainForm()                                           # 显示主窗体
if __name__ == "__main__":                               # 判断执行名称
    main()                                               # 调用主函数
```

程序执行结果：

本程序通过 tkinter.Checkbutton 类实现了一个复选框组件的定义。为了便于复选框的数据获取与组件生成，采用列表定义了复选框的标签和内容变量（IntVar），这样在定义复选框组件时就可以通过此内容变量获取相应的内容（onvalue、offvalue），也可以利用此变量设置复选框默认选中项。

14.4.4 滑动条组件

滑动条是一种通过拖动滑块实现数据输入的组件，该组件的操作特点是可以基于一定数值范围内进行拖动选择。例如，假设需要动态调整标签文字的大小，那么就可以将允许设置的文字大小的数值定义在滑块中，并且为滑块绑定相应的处理事件，这样就可以较为直观地实现标签文字大小的修改。

实例： 通过滑动条组件修改标签文字大小

```
# coding:UTF-8
import tkinter, os, re                              # 模块导入
LOGO_PATH = "resources" + os.sep + "yootk-logo.ico"  # 图标路径
class MainForm:                                      # 定义主窗体类
    def __init__(self):                             # 构造方法
        self.root = tkinter.Tk()                    # 创建窗体
        self.root.title("沐言优拓：www.yootk.com")    # 设置窗体标题
        self.root.iconbitmap(LOGO_PATH)             # 设置窗体图标
        self.root.geometry("500x300")               # 设置主窗体尺寸
        self.label = tkinter.Label(self.root, text="沐言优拓：
www.yootk.com",
                font=("微软雅黑", 1), fg="#ff0000")   # 文字标签
        self.label.pack(anchor="w")                 # 组件显示
        self.scale = tkinter.Scale(self.root, label="拖动滑块调整文字大小",
                            from_=1,                 # 最小值
                            to=100,                  # 最大值
                            orient=tkinter.HORIZONTAL, # 水平方向拖动
                            length=500,              # 滑块长度
                            showvalue=True,          # 显示当前值
                            tickinterval=10,         # 选项间隔
```

14

```
                                   resolution=True)        # 整数显示
        self.scale.bind("<B1-Motion>", self.change_font_handle)
          # 绑定拖动事件
        self.scale.pack(anchor="s")                        # 组件显示
        self.root.mainloop()                               # 循环监听
    def change_font_handle(self, event):                   # 操作处理
        self.label.configure(font=("微软雅黑", self.scale.get()))# 修改字体
def main():                                                 # 主函数
    MainForm()                                             # 显示主窗体
if __name__ == "__main__":                                 # 判断执行名称
    main()                                                 # 调用主函数
```

程序执行结果：

本程序实现一个通过拖动滑块修改标签文字大小的操作控制，将可以修改的文字大小范围定义在滑动条组件内部，这样当拖动滑块时就可以直观地感受到文字大小的变化。

14.4.5 滚动条组件

滚动条组件可以嵌套在任意的组件之中，当组件内容过多时，就可以通过滚动条的形式来展示，这样可以极大地节约图形界面的空间。

实例：列表滚动显示

```
# coding:UTF-8
import tkinter, os                                         # 模块导入
LOGO_PATH = "resources" + os.sep + "yootk-logo.ico"        # 图标路径
class MainForm:                                             # 定义主窗体类
    def __init__(self):                                    # 构造方法
        self.root = tkinter.Tk()                           # 创建窗体
        self.root.title("沐言优拓：www.yootk.com")           # 设置窗体标题
        self.root.iconbitmap(LOGO_PATH)                    # 设置窗体图标
        self.root.geometry("460x220")                      # 设置主窗体尺寸
        self.create_widget()                               # 创建组件
        self.root.mainloop()                               # 循环监听
    def create_widget(self):                               # 创建列表框组件
        self.label = tkinter.Label(self.root, text="请选择你需要访问的网站：",
font=("微软雅黑", 20))
```

```
        self.label.pack(anchor=tkinter.NW)                    # 标签显示
        self.frame = tkinter.Frame(self.root)                 # 创建一个 Frame
        self.listbox = tkinter.Listbox(self.frame, height=5, width=40)
                                                              # 创建列表框
        for item in range(200):                               # 添加列表项
            self.listbox.insert(tkinter.END, "【{info:0>3}】沐言优拓:
www.yootk.com"
                    .format(info=item))                       # 追加列表项
        self.listbox.bind("<Double-Button-1>", self.listbox_handle)
                                                              # 双击事件
        self.scrollbar = tkinter.Scrollbar(self.frame)        # 创建滚动条
        self.scrollbar.config(command=self.listbox.yview)     # 滚动条配置
        self.scrollbar.pack(side=tkinter.RIGHT, fill=tkinter.Y)
                                                              # 滚动条显示
        self.listbox.pack()                                   # 列表框显示
        self.frame.pack(anchor=tkinter.W)                     # Frame 显示
        self.content = tkinter.StringVar()                    # 修改标签内容
        self.show = tkinter.Label(self.root, textvariable=self.content,
                    font=("微软雅黑", 10))                     # 创建标签
        self.show.pack(anchor=tkinter.SW)                     # 标签显示
    def listbox_handle(self, event):                          # 处理列表事件
        item = self.listbox.get(self.listbox.curselection()) + "\n"
                                                              # 获取选中的内容
        self.listbox.delete(self.listbox.curselection())      # 删除列表项内容
        self.content.set(self.content.get() + item)           # 追加内容
def main():                                                   # 主函数
    MainForm()                                                # 显示主窗体
if __name__ == "__main__":                                    # 判断执行名称
    main()                                                    # 调用主函数
```

程序执行结果：

本程序通过循环的方式定义了一个拥有 200 个列表项的列表框组件，如果这些列表项全部展示在主窗体中，那么一定会造成窗体的显示问题，所以在本程序定义时将列表框组件放在了滚动条组件中，这样就可以通过滚动条的形式

实现不同列表项的展示。当双击某列表项时会自动将此列表项从列表框中删除，并将其添加到底部的标签组件中进行显示。

14.4.6 菜单组件

在一个窗体中除了前面所述各个组件之外，还可以利用菜单组件方便地实现对所有功能的管理，同时可以利用下拉菜单与弹出菜单实现更加方便的交互界面的定义。开发者可以使用 tkinter.Menu 类实现菜单定义，此类提供的常用方法如表 14-6 所示。

表 14-6　tkinter.Menu 类的常用方法

序　号	方　　法	描　　述
1	def add_command(self, cnf={}, **kw)	追加菜单项
2	def add_separator(self, cnf={}, **kw)	追加菜单分隔线
3	def add_cascade(self, cnf={}, **kw)	追加子菜单
4	def post(self, x, y)	弹出式菜单显示
5	def insert(self, index, itemType, cnf={}, **kw)	追加菜单项

菜单属于一个较为特殊的组件，因为其有固定的保存位置，所以在一个窗体中如果想进行菜单的显示配置，则必须通过主窗体类对象实例调用 config(menu=self.menu) 方法来完成。下面的程序实现了一组菜单、下拉菜单和弹出式菜单的定义。为了便于理解，本程序中的菜单项被选中后将使用统一的 menu_handle() 方法进行处理。

实例：创建菜单组件

```
# coding:UTF-8
import tkinter, os                                    # 模块导入
LOGO_PATH = "resources" + os.sep + "yootk-logo.ico"    # 图标路径
class MainForm:                                         # 定义主窗体类
    def __init__(self):                                # 构造方法
        self.root = tkinter.Tk()                       # 创建窗体
        self.root.title("沐言优拓：www.yootk.com")       # 设置窗体标题
        self.root.iconbitmap(LOGO_PATH)                # 设置窗体图标
        self.root.geometry("460x220")                  # 设置主窗体尺寸
        self.create_menu()                             # 创建菜单
        self.root.mainloop()                           # 循环监听
    def create_menu(self):                             # 创建菜单
        self.menu = tkinter.Menu(self.root)            # 创建菜单
        self.file_menu = tkinter.Menu(self.menu, tearoff=False)
                                                       # 创建子菜单
```

```
        self.file_menu.add_command(label="打开",
command=self.menu_handle)                              # 菜单项
        self.file_menu.add_command(label="保存",
command=self.menu_handle)                              # 菜单项
        self.file_menu.add_separator()                 # 分隔线
        self.file_menu.add_command(label="关闭",
command=self.root.quit)                                # 菜单项
        self.menu.add_cascade(label="文件", menu=self.file_menu)
                                                       # 追加子菜单
        self.edit_menu = tkinter.Menu(self.menu, tearoff=False)
                                                       # 创建子菜单
        self.edit_menu.add_command(label="剪切",
command=self.menu_handle)                              # 菜单项
        self.edit_menu.add_command(label="复制",
command=self.menu_handle)                              # 菜单项
        self.edit_menu.add_command(label="粘贴",
command=self.menu_handle)                              # 菜单项
        self.edit_menu.add_separator()                 # 分隔线
        self.edit_menu.add_command(label="设置",
command=self.menu_handle)                              # 菜单项
        self.menu.add_cascade(label="编辑", menu=self.edit_menu)
                                                       # 追加子菜单
        self.root.config(menu=self.menu)               # 菜单显示
        self.pop_menu = tkinter.Menu(self.root, tearoff=False)
                                                       # 弹出式菜单
        self.pop_menu.add_command(label="沐言优拓",
command=self.menu_handle)                              # 菜单项
        self.pop_menu.add_command(label="yootk.com",
command=self.menu_handle)                              # 菜单项
        self.root.bind("<Button-3>", self.popup_handle)
                                                       # 绑定事件
    def menu_handle(self):                             # 菜单处理
        pass                                           # 未定义处理函数体
    def popup_handle(self, event):                     # 事件处理
        self.pop_menu.post(event.x_root, event.y_root) # 菜单弹出
def main():                                            # 主函数
    MainForm()                                         # 显示主窗体
if __name__ == "__main__":                             # 判断执行名称
    main()                                             # 调用主函数
```

程序执行结果：

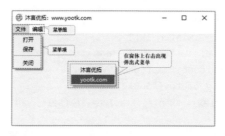

在本程序中为窗体定义了一组菜单，并且在每一个菜单组下又分别创建了各自的下拉菜单，当用户通过鼠标右键在窗体上单击时就会出现弹出式菜单。

14.4.7 树状列表组件

在进行界面管理中经常需要对一些信息进行列表管理，为此在 tkinter.ttk 子模块内部提供了树状列表组件，该组件可以建立树状列表或普通列表。tkinter.ttk.Treeview 类的常用方法如表 14-7 所示。

表 14-7　tkinter.ttk.Treeview 类的常用方法

序　号	方　　法	类　型	描　　述
1	def __init__(self, master=None, **kw)	构造	定义树状列表并设置其所属容器，常用参数 columns 定义表格列，show 配置提示文字是否显示
2	def column(self, column, option=None, **kw)	方法	定义表格列及相关属性
3	def heading(self, column, option=None, **kw)	方法	定义列标题
4	def insert(self, parent, index, iid=None, **kw)	方法	配置列表项，通过 parent 设置树状关系
5	def get_children(self, item=None)	方法	获取指定父项的全部子列表项
6	def delete(self, *items)	方法	删除列表项
7	def item(self, item, option=None, **kw)	方法	根据索引获取列表项数据
8	def selection(self, selop=_sentinel, items=None)	方法	获取选中列表项索引

实例： 定义树状列表组件显示列表信息

```
# coding:UTF-8
import tkinter, tkinter.ttk, os                    # 模块导入
LOGO_PATH = "resources" + os.sep + "yootk-logo.ico"  # 图标路径
class MainForm:                                      # 定义主窗体类
```

```
    def __init__(self):                                    # 构造方法
        self.root = tkinter.Tk()                           # 创建窗体
        self.root.title("沐言优拓：www.yootk.com")          # 设置窗体标题
        self.root.iconbitmap(LOGO_PATH)                    # 设置窗体图标
        self.root.geometry("560x220")                      # 设置主窗体尺寸
        self.treeview = tkinter.ttk.Treeview(self.root, columns=("mid",
"name"))                                                   # 创建树状列表
        self.treeview.heading(column="mid", text="编号")# 设置标题
        self.treeview.heading(column="name", text="姓名")# 设置标题
        self.treeview.column("mid", width=200, anchor=tkinter.W)
                                                           # 配置列
        self.treeview.column("name", width=200, anchor=tkinter.W)
                                                           # 配置列
        self.level_a = self.treeview.insert(parent="",
index=tkinter.END, text="董事长",
                    values=("yootk-ceo", "沐言优拓首席执行官")) # 列表组
        self.level_b = self.treeview.insert(parent="", index=tkinter.END,
                    text="中层干部")                        # 列表组
        self.treeview.insert(parent=self.level_b, index=tkinter.END,
text="cfo",
                    values=("yootk-cfo", "沐言优拓首席财务官")) # 列表项
        self.treeview.insert(parent=self.level_b, index=tkinter.END,
text="cto",
                    values=("yootk-cto", "沐言优拓首席技术官")) # 列表项
        self.level_c = self.treeview.insert(parent="", index=tkinter.END,
                    text="部门员工")                        # 列表组
        self.treeview.insert(parent=self.level_c, index=tkinter.END,
text="lee",
                    values=("yootk-lee", "小李老师"))       # 列表项
        self.treeview.insert(parent=self.level_c, index=tkinter.END,
text="java",
                    values=("yootk-java", "首席 Java 讲师"))# 列表项
        self.treeview.insert(parent=self.level_c, index=tkinter.END,
text="python",
                    values=("yootk-python", "首席 Python 讲师"))  # 列表项
        self.treeview.insert(parent=self.level_c, index=tkinter.END,
text="go",
                    values=("yootk-go", "首席 GO 讲师"))# 列表项
        self.treeview.insert(parent=self.level_c, index=tkinter.END,
text="go",
                    values=("yootk-go", "首席 GO 讲师"))# 列表项
```

14

```
        self.treeview.insert(parent=self.level_c, index=tkinter.END,
text="go",
                    values=("yootk-go", "首席 GO 讲师"))# 列表项
        self.treeview.pack()                          # 列表显示
        self.root.mainloop()                          # 循环监听
 def main():                                          # 主函数
     MainForm()                                       # 显示主窗体
 if __name__ == "__main__":                           # 判断执行名称
     main()                                           # 调用主函数
```

程序执行结果：

本程序实现了一个树状列表的定义，在定义具体内容前需要配置相应的列标记、标题名称及对齐方式，随后在使用 insert()方法添加列表项时，利用 parent属性即可配置相应的父子节点关系。

使用 tkinter.ttk.Treeview 类除了可以实现树状结构之外，也可以通过设置单层树状结构实现信息列表的展示。下面的程序演示了一个普通列表，同时为列表项绑定了双击事件，当用户双击列表项后会通过弹出窗口显示列表项内容。

实例：定义普通列表显示用户信息

```
# coding:UTF-8
import tkinter, tkinter.ttk, tkinter.messagebox, os   # 模块导入
LOGO_PATH = "resources" + os.sep + "yootk-logo.ico"    # 图标路径
class MainForm:                                         # 定义主窗体类
    def __init__(self):                                # 构造方法
        self.root = tkinter.Tk()                       # 创建窗体
        self.root.title("沐言优拓：www.yootk.com")       # 设置窗体标题
        self.root.iconbitmap(LOGO_PATH)                # 设置窗体图标
        self.root.geometry("500x280")                  # 设置主窗体尺寸
        self.treeview = tkinter.ttk.Treeview(self.root, columns=("mid",
"name"),
                    show="headings")                   # 创建普通列表
        self.treeview.column("mid", width=200,anchor=tkinter.CENTER)
                                                       # 配置列
        self.treeview.column("name", width=200,anchor=tkinter.CENTER)
```

```
                                                    # 配置列
        self.treeview.heading(column="mid", text="编号")    # 设置标题
        self.treeview.heading(column="name", text="姓名")   # 设置标题
        self.treeview.insert(parent="", index=tkinter.END,
                    values=("yootk", "沐言优拓"))          # 追加列表项
        self.treeview.insert(parent="", index=tkinter.END,
                    values=("teacher", "李兴华"))          # 追加列表项
        self.treeview.insert(parent="", index=tkinter.END,
                    values=("lee", "小李老师"))            # 追加列表项
        self.treeview.bind("<Double-Button-1>", self.item_handle)
                                                    # 事件绑定
        self.treeview.pack(fill=tkinter.X)              # 显示组件
        self.root.mainloop()                        # 循环监听
    def item_handle(self, event):                   # 事件处理
        for index in self.treeview.selection():      # 获得选中项
            values = self.treeview.item(index, "values") # 获得选中内容
            info = "用户 ID：%s、姓名：%s" % values       # 对话框信息
            tkinter.messagebox.showinfo(title="YOOTK 信息提示",
message=info)
def main():                                         # 主函数
    MainForm()                                      # 显示主窗体
if __name__ == "__main__":                          # 判断执行名称
    main()                                          # 调用主函数
```

程序执行结果：

本程序采用普通列表结构显示用户信息，所以在构造 Treeview 类对象实例时使用了 show="headings"属性进行配置，这样每一个列表项就不会显示 text 信息，而当用户双击某列表项后就可以利用 selection()方法获取列表项的索引，并且可以依据此索引实现列表内容的获取。

14.4.8 下拉列表框组件

下拉列表框组件可以将若干个选项的内容定义在一起显示，而后通过修改下拉列表项的形式实现内容的变更。在 tkinter 模块中可以使用 tkinter.ttk.Combobox 类实现下拉列表框组件的定义。下拉列表框的内容可以通过元组来定义，对应的事件为选项选定事件<<ComboboxSelected>>。

实例：定义下拉列表框组件

```python
# coding:UTF-8
import tkinter, tkinter.ttk, tkinter.messagebox, os    # 模块导入
LOGO_PATH = "resources" + os.sep + "yootk-logo.ico"     # 图标路径
class MainForm:                                          # 定义主窗体类
    def __init__(self):                                 # 构造方法
        self.root = tkinter.Tk()                        # 创建窗体
        self.root.title("沐言优拓：www.yootk.com")        # 设置窗体标题
        self.root.iconbitmap(LOGO_PATH)                 # 设置窗体图标
        self.root.geometry("500x100")                   # 设置主窗体尺寸
        self.frame = tkinter.Frame(self.root)           # 创建 Frame
        tkinter.Label(self.frame, text="请选择你所在的城市：",font=("微
软雅黑", 15),
            justify="left").grid(row=0, column=0, sticky=tkinter.W)
                                                        # 显示标签
        city_tuple = ("北京", "上海", "广州", "深圳", "洛阳") # 下拉项
        self.city_combobox = tkinter.ttk.Combobox(self.frame,
values=city_tuple)                                      # 列表项
        self.city_combobox.bind("<<ComboboxSelected>>",
self.show_data)                                         # 选项改变
        self.city_combobox.grid(row=0, column=1)        # 显示组件
        self.frame.pack()                               # Frame 显示
        self.content = tkinter.StringVar()              # 修改内容
        self.label = tkinter.Label(self.root,
textvariable=self.content, width=500,
            height=50, font=("微软雅黑", 20), justify="right") # 标签
        self.label.pack()                               # 显示标签
        self.root.mainloop()                            # 循环监听
    def show_data(self, event):                         # 事件处理
        self.content.set("我所在的城市在：%s" % self.city_combobox.get())
                                                        # 内容显示
def main():                                             # 主函数
    MainForm()                                          # 显示主窗体
if __name__ == "__main__":                              # 判断执行名称
    main()                                              # 调用主函数
```

程序执行结果：

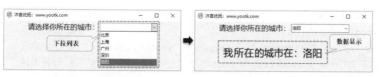

本程序实现了一个下拉列表框组件的定义，每次当组件内容变更后都会产生<<ComboboxSelected>>事件，随后利用事件处理回显用户选定的内容。

14.5 绘 图

图形界面中的所有组件实际上都是通过图形绘制的方式实现的，当用户按下按钮或者是输入文本时本质上都属于绘图内容的变更，所以要想监控到这种变更就必须调用 mainloop() 方法对主窗体进行循环监控。除了使用内置的组件之外，在 tkinter 模块中也提供了 Canvas 绘图类，使用该类可以方便地实现矩形、圆形、弧线、直线或图片的绘制显示。tkinter.Canvas 类的常用方法如表 14-8 所示。

表 14-8　tkinter.Canvas 类的常用方法

序　号	方　　法	类　型	描　　述
1	def __init__(self, master=None, cnf={}, **kw)	构造	创建 Canvas，可以设置宽（width）、高（height）
2	def create_arc(self, *args, **kw)	方法	绘制弧线
3	def create_image(self, *args, **kw)	方法	绘制图像
4	def create_line(self, *args, **kw)	方法	绘制直线
5	def create_oval(self, *args, **kw)	方法	绘制椭圆形
6	def create_polygon(self, *args, **kw)	方法	绘制多边形
7	def create_rectangle(self, *args, **kw)	方法	绘制矩形
8	def create_text(self, *args, **kw)	方法	绘制文本

图形绘制是根据窗体的坐标进行填充的，如果要绘制直线，则需要指定开始坐标与结束坐标，而后将两个坐标点连线即可，如图 14-7 所示；而如果要绘制矩形，也需要采用类似的形式设置两个坐标点，如图 14-8 所示。

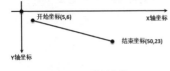

图 14-7　绘制直线

图 14-8　绘制矩形

实例：Canvas 图形绘制

```
# coding:UTF-8
import tkinter, os                          # 模块导入
LOGO_PATH = "resources" + os.sep + "yootk-logo.ico"   # 图标路径
IMAGE_PATH = "resources" + os.sep + "canvas_star.png"  # 背景图片
class MainForm:                             # 定义主窗体类
```

```
    def __init__(self):                              # 构造方法
        self.root = tkinter.Tk()                     # 创建窗体
        self.root.title("沐言优拓：www.yootk.com")     # 设置窗体标题
        self.root.iconbitmap(LOGO_PATH)              # 设置窗体图标
        self.root.geometry("500x280")                # 设置主窗体尺寸
        self.root.resizable(height=False, width=False) # 禁止修改窗体尺寸
        self.canvas = tkinter.Canvas(self.root, height=500, width=200)
                                                     # 创建绘图板
        self.image = tkinter.PhotoImage(file=IMAGE_PATH)  # 底图对象
        self.canvas.create_image((0, 0), anchor=tkinter.NW,
image=self.image)                                    # 图像
        self.canvas.create_rectangle(20, 20, 380, 85, fill="yellow")
                                                     # 矩形
        self.canvas.create_text(200, 50, text="沐言优拓：www.yootk.com",
                fill="red", font=("微软雅黑", 20)) # 文字
        self.canvas.pack(fill="both")                # 画布显示
        self.root.mainloop()                         # 循环监听
def main():                                          # 主函数
    MainForm()                                       # 显示主窗体
if __name__ == "__main__":                           # 判断执行名称
    main()                                           # 调用主函数
```

程序执行结果:

本程序采用绘图的方式从窗体原点位置(0,0)绘制了一张图片，然后又通过坐标的变更实现了文字及矩形的绘制。

14.5.1 graphics 模块

为了方便地实现图形绘制的管理，Python 提供一个第三方绘图模块——graphics 模块，使用该模块最大的特点在于，可以基于面向对象的形式实现图形的绘制处理。下面通过 graphics 模块实现四则运算。

实例：使用 graphics 模块实现四则运算

```
# coding:UTF-8
import graphics                              # pip install graphics.py
```

```python
def main():                                              # 主函数
    win = graphics.GraphWin("四则运算", 700, 230)        # 定义界面标题和界面尺寸
    graphics.Text(graphics.Point(80, 50), "计算数字一：").draw(win)
                                                         # 提示文字
    input_num_a = graphics.Entry(graphics.Point(160, 50), 8)
                                                         # 文本输入框
    input_num_a.setFill("white")                         # 设置底色
    input_num_a.setText(0.0)                             # 设置默认值
    input_num_a.draw(win)                                # 追加组件
    graphics.Text(graphics.Point(280, 50), "计算数字二：").draw(win)
                                                         # 提示文字
    input_num_b = graphics.Entry(graphics.Point(360, 50), 8)
                                                         # 文本输入框
    input_num_b.setFill("white")                         # 设置底色
    input_num_b.setText(0.0)                             # 设置默认值
    input_num_b.draw(win)                                # 追加组件
    graphics.Text(graphics.Point(80, 100), "【四则运算】").draw(win)
                                                         # 提示文字
    graphics.Text(graphics.Point(120, 150), "1.加法计算结果：
").draw(win)
                                                         # 提示文字
    output_add = graphics.Entry(graphics.Point(250, 150), 15)
                                                         # 文本输入框
    output_add.setFill("white")                          # 设置底色
    output_add.draw(win)                                 # 追加组件
    graphics.Text(graphics.Point(400, 150), "2.减法计算结果：
").draw(win)                                          # 提示文字
    output_sub = graphics.Entry(graphics.Point(530, 150), 15)
                                                         # 文本输入框
    output_sub.setFill("white")                          # 设置底色
    output_sub.draw(win)                                 # 追加组件
    graphics.Text(graphics.Point(120, 200), "3.乘法计算结果：
").draw(win)                                          # 提示文字
    output_mul = graphics.Entry(graphics.Point(250, 200), 15)
    output_mul.setFill("white")                          # 设置底色
    output_mul.draw(win)                                 # 追加组件
    graphics.Text(graphics.Point(400, 200), "4.除法计算结果：
").draw(win)                                          # 提示文字
    output_div = graphics.Entry(graphics.Point(530, 200), 15)
    output_div.setFill("white")                          # 设置底色
    output_div.draw(win)                                 # 追加组件
    win.getMouse()                                       # 等待鼠标事件
```

```
    add_result = eval(input_num_a.getText()) +
eval(input_num_b.getText())                      # 加法计算
    sub_result = eval(input_num_a.getText()) -
eval(input_num_b.getText())                      # 减法计算
    mul_result = eval(input_num_a.getText()) *
eval(input_num_b.getText())                      # 乘法计算
    div_result = eval(input_num_a.getText()) /
eval(input_num_b.getText())                      # 除法计算
    output_add.setText(add_result)               # 填充文本
    output_sub.setText(sub_result)               # 填充文本
    output_mul.setText(mul_result)               # 填充文本
    output_div.setText(div_result)               # 填充文本
    win.mainloop()                               # 界面保持显示
if __name__ == "__main__":                       # 判断执行名称
    main()                                       # 调用主函数
```

程序执行结果：

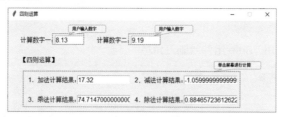

本程序基于 graphics 模块中提供的组件类实现了界面的定义，由于采用的是绘图机制进行管理，所以组件必须设置有相应的坐标后才可以正常显示。当用户输入两个计算数字后，单击窗体的任意位置（由 win.getMouse()方法控制）就会自动执行计算以及结果的填充。

14.5.2　Turtle 组件

Python 中提供的绘图机制大多都是以静态的方式实现的，这样的绘图形式非常枯燥，为了使绘图更加具有视觉性，很多开发者都使用 Turtle 组件。该组件以 X 轴和 Y 轴为坐标原点进行定位，通过程序指定相应的坐标位置，在程序执行时就会以绘笔爬行的动画形式将每一步的绘图步骤详细地展示给用户。Turtle 组件中常用绘图函数如表 14-9 所示。

表 14-9　Turtle 组件中常用绘图函数

序　号	函　数	描　述
1	def shape(name)	设置绘图标记，如 arrow、turtle
2	def pensize(size)	设置绘图笔大小

序 号	函 数	描 述
3	def pencolor(color)	设置绘图笔颜色
4	def fillcolor(color)	设置填充颜色
5	def begin_fill()	绘图开始
6	def forward(point)	向前移动指针
7	def right(point)	向右移动指针
8	def end_fill()	结束填充操作
9	def penup()	抬起画笔
10	def goto(x,y)	移动到指定坐标
11	def color(color)	设置颜色
12	def write(text, *kw)	绘制文字

　　Turtle 组件内部提供有方便的画笔绘图函数，利用坐标的变更以及坐标长度和画笔角度的变更就可以以动画的形式展示出绘图的步骤。下面基于此组件实现一个五角星的绘制。

实例： 使用 Turtle 组件绘制五角星

```python
# coding:UTF-8
import turtle                                          # 模块导入
def main():                                            # 主函数
    turtle.shape(name="turtle")                        # 使用龟状画笔
    turtle.Screen().bgcolor("red")                     # 背景颜色设置为红色
    turtle.Screen().title("沐言优拓：www.yootk.com")    # 设置窗口标题
    turtle.pensize(3)                                  # 设置绘图笔大小
    turtle.pencolor("yellow")                          # 设置绘图笔颜色
    turtle.fillcolor("yellow")                         # 设置填充颜色
    turtle.begin_fill()                               # 绘图开始
    for num in range(5):                               # 绘制5条线
        turtle.forward(320)                            # 向前移动指针
        turtle.right(144)                              # 向右移动指针
    turtle.end_fill()                                 # 结束填充操作
    turtle.penup()                                    # 抬起画笔
    turtle.goto(-200, -120)                           # 向后移动到指定坐标
    turtle.color("White")                             # 设置颜色
    turtle.write("我爱你中国", font=("微软雅黑", 30))   # 绘制文字
    turtle.goto(-300, -150)                           # 向后移动到指定坐标
    turtle.mainloop()                                 # 保持绘图显示
if __name__ == "__main__":                            # 判断执行名称
    main()                                            # 调用主函数
```

程序执行结果：

本程序执行后，窗体就会出现一支龟状（通过代码 name="turtle"设置）画笔，该画笔以爬行的形式绘制五角星直线，绘制完成后会进行颜色的填充，成功绘制了一个黄色的五角星。然后利用 goto()函数修改坐标位置后继续进行文字的绘制。本程序是采用动画形式执行的，但是受到图文限制，只能够展示最终的绘制效果。

14.6　本 章 小 结

1．通过 tkinter.Tk 类可以定义主窗体，开发者可以通过其内置的方法设置窗体的标题、背景色、大小等属性。

2．在主窗体中可以实现不同的 UI 组件配置，所有的 UI 组件要想正确摆放则必须使用相应的布局管理器，tkinter 模块提供了 pack、grid、place 三种布局管理器，也可以使用 Frame 定义独立的空间并实现独立布局。

3．用户在图形界面中的操作都会产生不同的事件，每一个事件都可以编写相应的函数进行事件处理，所有产生的事件都会以 event 对象的形式保存并传递到事件处理函数中供用户使用。

4．pyinstaller 是一个独立的第三方模块，利用此模块可以将 Python 程序转化为可执行文件（Windows 系统中为"*.exe"文件），在有 Python 虚拟机的环境下都可以直接执行。

5．图形界面是基于绘图的一种包装，开发者也可以使用 tkinter.Canvas 手工实现绘图，或者使用 graphics 模块和 Turtle 组件实现绘图操作。

14

附录　ASCII 码

美国信息交换标准代码（American Standard Code for Information Interchange，ASCII）是基于拉丁字母的一套计算机编码系统，主要用于显示现代英语和其他西欧语言。它是最通用的信息交换标准，等同于国际标准 ISO/IEC 646。ASCII 第一次以规范标准的类型发表于 1967 年，最后一次更新是在 1986 年，到目前为止共定义了 128（0～127）个字符。128 个字符的定义及其对应的数值如附表所示。

附表　128 个字符的定义及其对应的数值

ASCII 数值	定义字符	ASCII 数值	定义字符	ASCII 数值	定义字符	ASCII 数值	定义字符
0	NUT	32	(space)	64	@	96	、
1	SOH	33	!	65	A	97	a
2	STX	34	"	66	B	98	b
3	ETX	35	#	67	C	99	c
4	EOT	36	$	68	D	100	d
5	ENQ	37	%	69	E	101	e
6	ACK	38	&	70	F	102	f
7	BEL	39	,	71	G	103	g
8	BS	40	(	72	H	104	h
9	HT	41	)	73	I	105	i
10	LF	42	*	74	J	106	j
11	VT	43	+	75	K	107	k
12	FF	44	,	76	L	108	l
13	CR	45	−	77	M	109	m
14	SO	46	.	78	N	110	n
15	SI	47	/	79	O	111	o
16	DLE	48	0	80	P	112	p
17	DC1	49	1	81	Q	113	q
18	DC2	50	2	82	R	114	r
19	DC3	51	3	83	S	115	s
20	DC4	52	4	84	T	116	t
21	NAK	53	5	85	U	117	u
22	SYN	54	6	86	V	118	v
23	TB	55	7	87	W	119	w

ASCII 数值	定义字符	ASCII 数值	定义字符	ASCII 数值	定义字符	ASCII 数值	定义字符
24	CAN	56	8	88	X	120	x
25	EM	57	9	89	Y	121	y
26	SUB	58	:	90	Z	122	z
27	ESC	59	;	91	[	123	{
28	FS	60	<	92	/	124		
29	GS	61	=	93	]	125	}
30	RS	62	>	94	^	126	`
31	US	63	?	95	_	127	DEL